KEK 物理学シリーズ

4

現代物理学の基礎としての
場の量子論

高エネルギー加速器研究機構 [監修]

［著］
磯 暁

共立出版

KEK 物理学シリーズ創刊の辞

　物質はその構成粒子の数によって，特徴ある現象を発現する．素粒子は文字通り単体物質で，素粒子の固有の性質と力を介する相互作用によって物質の究極像と力の根源を明らかにしてくれる．素粒子の複合系である核子（中性子と陽子）を構成要素とする原子核は有限多体系物質であり，集団運動や粒子相関などの多体系特有の物質形態を誘起する．金属中の電子集団のように，原子や分子の混合気体，液体，固体は無限多体系物質と呼ばれ，相転移に代表される想像を超える新たな物質形態を発現する．近年，新物質の創出などの研究が盛んに行われている．究極の多体系物質は宇宙であろう．そして，この宇宙の誕生・進化を決めているのが，素粒子，原子核，原子，分子である．究極の多体系が基本粒子によって支配されていることは驚きである．

　このような物質の多様な形態を調べる手段として高エネルギー加速器がある．加速器が作り出す，電子，陽電子，光子，ニュートリノ，ミュー粒子，K 中間子，中性子，陽子などの粒子ビームは，単体，有限多体系，無限多体系を様々な角度から探索する実験手段を提供する．高エネルギー加速器研究機構 (KEK) には，電子・陽電子衝突加速器，放射光加速器，大強度陽子加速器（J-PARC：日本原子力研究機構との共同プロジェクト）が稼働しており，上記すべての粒子ビームを生成できる世界でも類のない物質研究拠点となっている．

　KEK 物理学シリーズは，各物質形態の基本概念から解き起こし，最先端の研究成果を紹介し，かつ今後の研究の展開を提示することを企図した野心的な教科書を目指すものである．

2012 年 4 月
大学共同利用機関法人
高エネルギー加速器研究機構長
鈴木厚人

はじめに
場の量子論を学ぶとは

　場の量子論は一生学び続けても新しい発見がある．最初から全てを理解しようと思うことは不可能であり，一冊の本で全てを理解することも不可能である．また，すでに優れた場の理論の教科書が数多く出版されている．そこでこの教科書では，なるべく他の教科書では取り上げられていない話題を中心に場の量子論の一側面を解説することにした．特に重点をおいたのが，場の量子論における「真空」の重要性である．これは多数の粒子の協力現象を研究対象とする物性物理学では当然の考え方で，P. W. Anderson 博士の More is different という言葉に代表される．素粒子物理学でも，南部陽一郎博士により提案された「自発的対称性の破れ」の考え方は，強い相互作用や電弱対称性を記述する素粒子の標準模型を理解するもっとも重要な概念になっている．しかし，粒子の散乱を通して基本粒子の性質を調べる素粒子物理学では，基本粒子の性質にのみ注意が向けられ，時として「真空」が自明な概念ではないということが忘れられがちである．そこでこの教科書では，真空を理解することを主眼として，様々な簡単な例をとりながら場の量子論の解説を試みた．このため，具体的に場の量子論の計算をするために必要な多くの基本的なことを省かざるを得なかった．また系統的に場の量子論を解説することも諦めざるを得なかった．それらについては他の場の量子論の教科書を読んで学んでいただきたい．もう一つ強調したかったのは，場の量子論は難しくない，という点である．場の量子論は基本的に多体系の量子力学に他ならない．このため場の量子論の困難な問題を理解しようとするときには，常に量子力学に戻って考えることがよいことが多い．このため，この教科書では，最初に量子力学と非相対論的な場の量子論について，あまり他の教科書には書かれていないことを中心に解説した．

　場の量子論のテーマは無限に広がっていて，10 人の研究者がいれば 10 通りの場の量子論の見方が存在する．まだ解明されていないこともたくさんあり，おそらく 20 年後の場の量子論には今とは全く違った新しい概念が導入され，今の物理学では理解できない自然現象を説明するのに使われていることだろ

う．ぜひこのようなことを念頭におきながら，本書を読んでいただけると幸いである．

0.1　相対論的量子力学

素粒子物理学を理解するうえで必須の基本的な概念は

- 相対性理論
- 量子力学

である．相対性理論は素粒子が伝搬する時空を記述するための基礎理論であり，量子力学は物質のミクロな性質を記述するための基礎理論である．これらの理論はともに20世紀の初頭に完成し，現在に至るまで詳細に検証されている．

素粒子物理学とは，その名前の通り，物質を構成する基本的な単位である「素粒子」の性質を明らかにする学問である．素粒子は，とても軽いため，多くの場合光速度に近い速さで走っている．このため相対性理論を使うことなく素粒子の運動を記述することはできない．また素粒子はとても小さく量子力学的なコヒーレンスが支配する世界を生きている．そこで，素粒子物理学を理解するためには，相対論的な量子力学を理解することが必須となる．

相対論的な量子力学，特に電子のようなフェルミオンを記述する理論は，1926年，ディラックにより提案された．そこでディラックが発見したことは大変奇妙な性質であった：

- 負エネルギー解とディラックの海
- 反粒子（陽電子）の存在
- 電子・陽電子の対生成・対消滅

ディラックのつくった相対論的不変な電子の理論には，通常の正エネルギーをもつ解以外に，負のエネルギーをもつ解が存在する．系のエネルギーは，負エネルギーをもつ粒子の数が増えるほど，低くなる．これより粒子が何もない状態を「真空」と考えるならば，真空が不安定であることを意味する．ディラックは，この困難を解決するために，「ディラックの海」という概念を提唱した．真空は，粒子が何もない状態なのではなく，全ての負エネルギー解が詰まった状態だというのである．電子はパウリ排他律を満たすフェルミ粒子であるから，はじめに負エネルギー解の状態を全てつくっておけば，これ以上負エネルギー粒子が生成されてエネルギーが下がることはない．そしてディラックの海から

の励起が，電子を表すと考えた．この考えから真空のもつ奇妙な性質が導かれる．電子とは全く反対の性質をもつ反粒子（陽電子）の存在が予言される．電子と陽電子は互いに反対の電荷をもち，対生成したり対消滅したりすることができるというのだ．もともと一つの電子を記述する相対論的な方程式をつくったにもかかわらず，電子や陽電子が多数存在する多粒子系の理論がその帰結として導かれる．外からエネルギーを与えると電子と陽電子が対生成され，粒子数（電子の数と陽電子の数を足したもの）は保存しない．電子の相対論的な量子力学を考えることで，多数の粒子が生成消滅を繰り返す多体系の理論へと自然に導かれていく．

0.2　場の量子論とは

場の量子論とは多粒子系の量子力学であり，粒子数が変化するプロセスを系統的に扱うことのできる枠組みである．そこに現れる基本的な概念は，

- 真空＝粒子がない状態
- 素励起＝真空からの励起
- 集団モードの存在

などである．場の量子論は，相対論的量子力学から生まれた．しかし，現在では，物性理論をはじめ多くの分野の基本言語となっている．例えば，物性系の基礎理論であるフェルミ流体論では，パウリ排他律に従う電子の多体系を扱う．同じ状態を二つ以上の電子が占めることはできないので，電子はエネルギーの低い準位（運動量の大きさの小さな状態）から順番に詰まっていく．すると，運動量空間で電子が詰まっている状態と詰まっていない状態との境界ができる．これがフェルミ面であり，電子多体系の真空に対応する．そこからの素励起が，粒子やホール（反粒子）の生成である．集団モードは，粒子とホールが集団的に対生成された状態に対応する．

相対論的電子を記述する場の理論は，このフェルミ流体論と本質的に等価である．真空は，負エネルギー準位の完全に詰まった状態であり，そこからの素励起が電子と陽電子の生成である．ただし，ギャップのないフェルミ流体（金属を表す）と異なり，電子は 0.5 MeV という質量をもつ．これは温度にすると，5×10^9 K という高温に対応するため，集団モードを励起するには宇宙初期などの高温状態が必要である．場の量子論とは，このような多粒子系のダイナミクスを理解するための道具である．場の量子論が多体量子力学と等価であ

ること，これが場の理論を理解する第一歩である．

　この教科書では，まず多体系の量子力学として場の量子論を導入する．この見方では，粒子が存在しない状態として「真空」を定義する．真空からつくられる励起状態が私たちが実験で観測する「粒子」である．粒子間の相互作用が弱く少数の励起状態だけが関与する物理現象は，摂動的場の理論とよばれる手法を使い解析できる．摂動的な場の理論の基礎，すなわち粒子の散乱を記述する定式化を学ぶことが場の量子論の勉強の第一歩となる．このような有限個の粒子・反粒子が関与する散乱は，ファインマン図により直感的に理解できる．摂動の次数が高くなるにつれて，必要なファインマン図や関与する粒子・反粒子の数も増えてくる．摂動的な真空が安定な場合には，このような見方は大変に便利である．

　しかしそのような場合でも，真空が空疎な状態ではなく，無数の粒子や反粒子の積み重ねでつくられていることが本質的に重要となる場合がある．その顕著な例が量子異常（アノマリー）である．量子異常とは，系のもっている古典的対称性が，真空の量子効果により壊れる現象を指す．量子異常現象には様々な見方が可能だが，一つの見方としてディラックの海として構築されているフェルミ粒子の真空が外場に対して非自明な応答をするという見方をすることができる．これは場の量子論が，単純な有限個の素粒子の集まりだと考えるのでは不十分なことの一つの顕著な例である．

0.3　ゲージ対称性

　電子は電磁相互作用をしている．この相互作用を規定するのが，ゲージ原理とよばれる，対称性によって相互作用が決まるという考えである．

　私たちの宇宙は様々な対称性をもっている．もっとも簡単な対称性は，並進対称性，そして回転対称性であろう．昨日行った実験は明日も同じ結果が再現できる．再現できない場合，それは実験が間違っていると考えるのが普通である．これが時間並進不変性である．同じことは空間の並進や回転についてもいえる．このような対称性は，グローバルな対称性として知られる．

　一方で，電磁相互作用はゲージ対称性とよばれる対称性をもっている．これは局所的な対称性とよばれ，変換のパラメータが時間や空間に依存する．この変換に対する不変性は，理論の物理的な自由度を減らす役割をする．例として電磁場を思い出そう．電磁場の理論は，スカラーポテンシャル $\phi(x)$ とベクトルポテンシャル $\mathbf{A}(x)$ で書かれている．電場と磁場はこれらを使って

$$\mathbf{E} = \frac{\partial}{\partial t}\mathbf{A} - \nabla\phi \tag{0.1}$$
$$\mathbf{B} = \nabla \times \mathbf{A} \tag{0.2}$$

と書かれる．ここで，次のような変換を考えよう．

$$\phi \to \phi + \frac{\partial}{\partial t}\theta \tag{0.3}$$
$$\mathbf{A} \to \mathbf{A} + \nabla\theta \tag{0.4}$$

これをゲージ変換という．ゲージパラメータ θ は，時空の連続的な関数である．つまり，ゲージ変換は局所的な変換である．電場や磁場のように，この変換に対して不変な量をゲージ不変量という．

さて，実験で観測できる量（これを観測可能量という）は，電場や磁場といったゲージ不変量であり，スカラー，ベクトルポテンシャルそのものは観測可能量ではない[1]．それならば，最初からゲージ不変な電場や磁場だけを使って理論をつくることはできないのか？　これは不可能である．例えば，アハラノフ[2]・ボーム効果のように，電場や磁場のないところでも電子は電磁場と相互作用するからだ．

物質の電磁相互作用は，ゲージ・ポテンシャル ϕ と $\mathbf{A}$ という自由度を使って記述される．電場 $\mathbf{E}$ と磁場 $\mathbf{B}$ を使うよりも自由度の数が減っている．電場と磁場は完全に独立な変数ではない．これがゲージ不変性が理論に与える制限の一つである．

ゲージ原理は，現在の素粒子論のもっとも基本的な原理として知られている．素粒子の標準模型とよばれるワインバーグ・サラム理論は，電磁場のゲージ不変性を拡張した非可換ゲージ理論を使って記述される．さらに重力理論も，ゲージ理論の一種であることが知られている．この教科書の二つめの目的は，このゲージ対称性について解説することである．

0.4　真空の不安定性

再び，フェルミ流体論に戻ろう．物性系では電子は結晶中を運動する．そのため，結晶場の振動，つまり音波（フォノン）を通して電子間には弱い引力相

---

[1] Aharonov-Bohm 効果のような例もあるが，その場合でも観測可能なのは，ベクトルポテンシャルを積分した磁束であり，これはゲージ不変である．
[2] つづりは Aharonov だがここでは慣例に従ってアハラノフと書く．

互作用が働く．この結果生じるのが超伝導であり，通常，マイナス270度以下という極低温でのみ発生する．バーディーン，クーパー，シュリーファーは，フォノンの弱い引力相互作用の結果，フェルミ流体として記述される真空が不安定化すること（クーパー不安定性）を示した．そして，フェルミ流体とは全く異なる性質をもつ真空状態（BCS状態）が安定化して超伝導が発現することを明らかにした．

　超伝導で起こったことと全く同じ現象が，素粒子論でも起こることを示したのが南部陽一郎である．南部は，強い相互作用を記述する場の量子論に超伝導の考えを適用し，素粒子の真空もまた不安定化する，という「自発的対称性の破れ」の概念を提唱した．これは驚くべき考えである．真空とは，粒子がない状態である．粒子がない，ということは極めて安定な状態であるように思える．その安定であるべき真空が不安定化し，別の状態になることがあり得る，ということを示したのである．

　自発的対称性の破れは，その後，弱い相互作用の理論にも適用され，素粒子の標準模型として知られるワインバーグ・サラム理論の基礎になった．私たちが粒子とよんでいるものは，空疎な真空の上の寂しい励起ではなく，無数の粒子が相互作用してできた結果つくられた「真空状態」の上の励起状態として理解すべきである，というのが現在の私たちの場の量子論の基本的な理解である．

　素粒子論を学ぶためには，これらの概念に精通している必要がある．ゲージ理論における自発的対称性の破れを理解し，素粒子の真空は一種の超伝導状態になっていることを解説するのが，この教科書の三つめの目的である．

0.5　繰り込み群

　超伝導理論は真空の不安定性を明らかにした．物性理論から得られた，場の量子論のもう一つの重要な考えが，繰り込み群である．場の量子論は，無限自由度の互いに相互作用している系を扱う．このため一つ一つの相互作用がそれほど大きくなくても全体では大きな効果を与えることがある．相対論的な場の量子論では，粒子と反粒子の対生成により，粒子の散乱確率を計算すると紫外発散（エネルギーの大きな粒子・反粒子対による効果）が生じることが知られていた．一方で物性系では，相転移の臨界現象や近藤効果のように，エネルギーの小さな赤外の揺らぎが重要な役割を果たすことが知られている．このような無限自由度の系を，赤外領域から紫外領域まで系統的に扱う手法を与えたのがウィルソン (K. Wilson) である．

ウィルソンは，階層性をもつ場の理論を正しく理解するためにはどのように定式化したらよいのか，という問題をつきつめ，繰り込み群という概念に到達した．量子電磁力学のような簡単な場の理論では，古典的な理論（ラグランジアン）が与えられれば，その量子化は一意的に決まると考えられてきた．しかしウィルソンが示したのは，場の量子論はそれほど簡単に定まるものではないということである．特に，もともととても小さかった相互作用が，量子化に伴いとても大きな値をもち，時には発散してしまうことすらある．このような場合，最初の場の理論の真空は不安定となり，まったく新しい真空状態が実現する．

このウイルソン流の繰り込み群の考え方は場の量子論のもっとも重要な性質[3]の一つであり，この教科書でも取り上げる予定だったが，様々な事情により書くことができなかった．将来，この教科書の後半を書く機会があれば，ぜひ取り上げたい．

0.6 本書の内容

この本の構成は以下のようになっている．

まず第1章では，量子力学の復習をし，正準量子化と経路積分量子化について説明する．これは古典力学のハミルトニアン形式とラグランジュ形式に対応する．その後，ボゴリューボフ変換やスクイーズド状態，時間に依存する調和振動子，非定常系の量子力学，といった場の量子論で真空を決めるうえでのバックボーンとなる基本概念について解説した．

第2章では，場の理論と多体系の量子力学の等価性を理解するため，非相対論的な場の理論について解説する．同種粒子にはボソンとフェルミオンの2種類の統計性をもつが，どちらの統計性をもつかで場の理論の性質，特に真空に対する考え方が大きく変わる．まず格子振動の量子化としてフォノン（ボソン）の場の理論を導出し，その後でフェルミ粒子系を考える．フェルミ粒子系には，集団運動とよばれるボーズ粒子的な励起が存在することが重要である．また相互作用によって「真空」が変わる例として，超流動と超伝導を取り上げる．それぞれミクロな見方を解説してから，マクロな記述方法である有効場の

---

[3] 繰り込み群に関するもっともよいレビューは，繰り込み群をつくり上げた Wilson 自身の解説書である．K. Wilson and J. Kogut, Phys. Rep. 12 (1974) 75-199 および K. Wilson, Rev. Mod. Phys. 47 (1975) 773. 前者は繰り込み群の一般論と臨界現象への応用，後者は近藤問題への応用が解説されている．

理論を導出する．

　第3章では，相対論的なスカラー場の理論を取り上げる．格子振動の量子化とのアナロジーで，クライン・ゴルドン方程式が導入され，伝搬関数，N点グリーン関数の生成母関数などを計算する．また粒子の散乱を記述するための便利な道具であるファインマン図について説明する．通常の場の量子論の教科書は，この摂動計算に多くのページ数を割くのが普通である．本書では，この部分は必要最低限にとどめた．

　第4章では，相互作用がない自由スカラー場の場合ですら，観測者が変わると真空（つまり粒子のない状態）は変わり得ることを示す．静止系で粒子がない状態を加速運動をする観測者がみると，あたかも多数の粒子が励起しているようにみえるというウンルー効果を解説する．これと密接に関係するのが，強い電場での粒子生成であるシュウィンガー効果とブラックホールからのホーキング輻射である．

　第5章では，相対論的な電子（フェルミ粒子）の場の理論であるディラック場について解説する．またワイル粒子，マヨラナ粒子の違いについて説明し，ディラックの海が重要な役割をする量子異常現象を解説する．

　第6章では，素粒子論のもっとも重要な指導原理となっているゲージ対称性について説明する．また対称性に付随して現れるネーター電荷の保存則を解説し，大局的な対称性と局所的な対称性で現れる保存則の違いについて説明する．その後でゲージ場の量子化を簡単に解説するが，かなり省略して書かざるを得なかったので，詳細は他の教科書を参照していただきたい．

　第7章では，真空の不安定性を理解するために不可欠な有効作用の概念を導入する．この章は計算が多く，はじめて場の理論を学ぶ読者には多少難しいかも知れない．有効作用の計算方法，スカラー場に対する量子的な輻射補正を使った対称性の破れの機構（コールマン・ワインバーグ (Coleman-Weinberg) 機構）を説明する．またタッドポールを使った有効作用の計算方法も説明し，それを使ってスカラー量子電磁力学における有効作用を1ループで計算する．最後に繰り込み群で改善された有効作用について解説する．

　第8章で素粒子の標準模型である電弱理論について解説する．はじめに標準模型の基本的な性質を説明し，その後，ヒッグス場が真空期待値をもつことで，電弱対称性が自発的に破れる機構を解説する．次いで，場の理論的な観点から，どのようにゲージ場が質量を獲得するのかを説明し，最後に，ヒッグス粒子発見の意義とこれからの素粒子物理学の方向性についての私見を，一切の

数式は使わずにお話しとして述べて終わりにする．
　タイトルに星のついている節は，とばして読んでも構わない．

0.7　この教科書に書かれていないこと

　この教科書では，なるべく他の（相対論的な）場の量子論の教科書に書かれていない話題を選んで解説した．このため，数多くのことを省かざるを得なかった．もっとも重要なのが，摂動を使った散乱振幅の計算とそれに対する輻射補正の計算である．これは量子電磁力学や標準模型の正しさを証明するための最重要課題であり，標準模型の先にある素粒子模型を探るもっとも重要な道である．これについては，巻末にある参考書を系統的に読んで学んでいただきたい．また多くの非摂動的な手法についてもページ数の関係で省かざるを得なかった．真空が非自明な状態をとると各種のソリトン励起が発生する．ソリトンの存在は，物性系でも素粒子においても様々な自然現象に関係するだけでなく，双対性など場の量子論の根幹にかかわる重要な問題であり，これだけで数冊の本が必要なほどの広大な分野である．ぜひ他の教科書で学んでいただきたい．

　これら以外にも，重力場の理論，超対称性，格子場の理論など場の量子論は無限の広がりをもっており，さらに有限温度，有限密度，非平衡現象など本書で扱うことのできなかった重要な問題がいくらでも存在する．これらを全て最初に勉強しようと考えるのは現実的ではない．自分が興味をもった物理現象を理解するために必要な手法を一つずつ泥縄式に学んでいくのが一番の近道である．

0.8 謝辞

　最後に私がどのように場の理論を学んできたのかを簡単に紹介しながら，教えを乞うてきた多くの方々に感謝したい．私が物理学科へ進学し研究への道を歩み始めたとき，物理の世界は高温超伝導に湧いていた．分数量子ホール効果や低次元量子スピン系に触発された高温超伝導の研究は，南部陽一郎博士がBCS超伝導から自発的対称性の破れへと導かれたように，場の量子論の本質的に新しい重要な概念が生まれつつあることを予感させた．このような中で，私は統計物理学への道を進むべきか，それとも，素粒子物理学の道を進むべきかを迷っていたが，南部先生のように物性物理学的な考え方をもって素粒子論の発展に寄与したいと考え，最終的に素粒子物理学の道を進むことに決めた．本書が随所で物性的な例を多用しているのは，私のこのような出発点に原因がある．大学院で研究を始めた頃，多くの物性の先生方に多体系の面白さを教えていただいた．また学生の時に夜を徹して議論した仲間，共同研究者たちとの議論が私の場の理論の理解の土台になっている．大学院を出て，本格的に研究者の道を歩み始めたときに，強く影響を受けたのが藤川和男先生と（故）崎田文二先生である．お二人からは，常に基本に立ち戻って考える姿勢を教えてもらった．一見ナイーブな質問を繰り出しながら前へ進んで行く研究姿勢は，多くの秀才に圧倒されていた素粒子物理学の世界で，自分も研究者としてやっていくことができるかも知れないという希望を与えてくれた．特に崎田文二先生からは，研究者としてだけでなく人生の大先輩として様々なアドバイスをいただいた．ニューヨーク，ウェストサイドのレストランでワインを飲みながら夜遅くまで語り合った日々を懐かしく思い出す．現在の勤務地であるつくばへ移ってからは，川合光さん（現京都大学教授）から限りなく多くのことを学んだ．また，ここに名前を挙げられなかった多くの方々，特に一緒にやってきた共同研究者の方々には深く感謝したい．あらためて人生は，研究という一見ドライな活動においてですら，人とのつながりであることを強く感じている．

　5.1節は，当初，共著者になる予定だった橋本省二さんが執筆したものをそのまま使わせていただいた．台湾清華大学のChong-Sun Chu教授は，締切間際に執筆に集中する場を提供してくれた．木村嘉孝KEK名誉教授，高﨑史彦KEK名誉教授，共立出版の吉村修司さんは，遅れに遅れた執筆で多大のご迷惑をおかけしたにもかかわらず，暖かく見守っていただいた．また川村浩之さん（順天堂大学准教授）は，原稿を細かく読んでくれただけでなく，何回も諦めたくなる気持ちを奮い立たせてくれた．他にも多くの方，特に礒野裕さん，

河本祥一さん，小山陽次さんからは数多くのコメントをいただいた．これらの方々のおかげで執筆完成までたどり着くことができた．ここに感謝したい．

　最後に，大学院の指導教官として学生のときから暖かく見守ってくれた猪木慶治先生，学問の世界への興味を知らず知らずのうちに与えてくれた同じ素粒子物理学者の父（親）[4]，それを支えてくれた母（紀美子），研究や執筆で迷惑をかけながらも家庭を支えてくれている妻（千恵）にこころより感謝したい．息子（穣）と娘（光）からは，意外な質問とナイーブなコメントで自分の研究の方向性を考えなおすきっかけをもらっている[5]．

2014 年 12 月
台湾新竹 清華大学にて
磯　暁

---

[4] 「おや」ではなく名前です．
[5] 研究推進のためにはナイーブな質問が大事なことは，藤川，崎田両先生から学んだ．これはファインマンのノーベル賞講演の最後に強調されている「他人とは異なる独自の視点で研究に取り組むことの重要さ」に関係あるのだろう．人生においても同様なことを子供から学ぶとは意外である．

目　　次

はじめに　場の量子論を学ぶとは　　iii
- 0.1　相対論的量子力学　　iv
- 0.2　場の量子論とは　　v
- 0.3　ゲージ対称性　　vi
- 0.4　真空の不安定性　　vii
- 0.5　繰り込み群　　viii
- 0.6　本書の内容　　ix
- 0.7　この教科書に書かれていないこと　　xi
- 0.8　謝辞　　xii

第1章　量子力学と調和振動子　　1
- 1.1　古典力学と変分原理　　1
- 1.2　正準量子化　　3
- 1.3　調和振動子とコヒーレント状態　　6
- 1.4　ウイグナー分布関数　　8
- 1.5　相空間上の並進演算子 D_α　　11
- 1.6　*伏見分布関数　　13
- 1.7　スクイーズ変換　　15
- 1.8　*スクイーズ変換の繰り返し　　18
- 1.9　ボゴリューボフ変換　　20
- 1.10　フェルミオンのボゴリューボフ変換　　23
- 1.11　時間変化する調和振動子と粒子生成　　25
- 1.12　*断熱近似（WKB 近似）　　28
- 1.13　経路積分　　32
- 1.14　調和振動子の経路積分　　35
- 1.15　相互作用による摂動　　39

- 1.16 相互作用表示 41
- 1.17 *非定常系の量子力学 43
- 1.18 有限温度の量子力学 47
- 1.19 コヒーレント状態を使った経路積分 48
- 1.20 *スピンコヒーレント状態 50
- 1.21 まとめ 55

第2章　多粒子系の量子力学と非相対論的場の量子論　57

- 2.1 格子振動の場の理論 57
- 2.2 *弱く相互作用するボーズ粒子とBEC 62
- 2.3 Gross-Pitaevski 方程式 70
- 2.4 フェルミ流体 74
- 2.5 集団運動 80
- 2.6 1次元フェルミオンのボソン化 82
- 2.7 *BCS 理論と超伝導 85
- 2.8 Ginzburg-Landau 理論 91
- 2.9 マイスナー効果 94
- 2.10 渦糸とジョセフソン効果 97
- 2.11 まとめ 100

第3章　相対論的な場の量子論　103

- 3.1 ローレンツ対称性 103
- 3.2 自由スカラー場の量子化 104
- 3.3 なぜ正振動数解は消滅演算子をもつか？ 108
- 3.4 伝搬関数 110
- 3.5 *伝搬関数の性質 113
- 3.6 多自由度系の量子力学と場の量子論 115
- 3.7 相互作用とファインマン図 117
- 3.8 ループのあるファインマン図 121
- 3.9 頂点関数とS行列 122
- 3.10 補足：自然単位系 124
- 3.11 まとめ 127

第4章　場の量子論と真空　　　　　　　　　　　　　129

- 4.1　ウンルー効果 129
- 4.2　*Unruh-DeWitt 検出器とウンルー効果 135
- 4.3　*補足：ウンルー効果でのボゴリューボフ係数の導出 ... 137
- 4.4　一様電場中の粒子生成：Schwinger 効果 139
- 4.5　*加速する鏡による粒子生成 144
- 4.6　*ブラックホールからのホーキング輻射 151
- 4.7　まとめ 157

第5章　フェルミ粒子とディラックの海　　　　　　　　159

- 5.1　電子のスピン 159
- 5.2　ディラック方程式 161
- 5.3　ディラック方程式の1粒子解 164
- 5.4　ディラック場の量子化 166
- 5.5　フェルミオンの伝搬関数 168
- 5.6　ワイル粒子 169
- 5.7　パリティと荷電共役変換 171
- 5.8　マヨラナ粒子とマヨラナ質量項 173
- 5.9　シーソー機構 175
- 5.10　*ディラックの海とカイラルアノマリー 176
- 5.11　グラスマン数とフェルミオンの経路積分 183
- 5.12　ディラック場の経路積分 186
- 5.13　まとめ 187

第6章　対称性とゲージ場の量子化　　　　　　　　　　189

- 6.1　位相変換と粒子数保存則 189
- 6.2　対称性と保存則 191
- 6.3　大局的な時空対称性 192
- 6.4　アーベル型ゲージ場理論 194
- 6.5　*局所的対称性と保存則 196
- 6.6　ゲージ対称性とガウスの法則 198
- 6.7　アハラノフ・ボーム効果 200
- 6.8　ゲージ場の量子化 202

6.9	*共変ゲージでの経路積分量子化	205
6.10	接続の理論としての非可換ゲージ対称性	207
6.11	*非可換ゲージ場の量子化	212
6.12	まとめ	214

第7章 有効作用 215

7.1	有効作用と1PI図	215
7.2	ループ展開	217
7.3	有効作用の1ループ展開と鞍点近似	219
7.4	質量項のある実スカラー場の1ループ有効作用	221
7.5	1ループ有効作用とCW機構	224
7.6	*タッドポールを使った有効作用の計算方法	230
7.7	*スカラー量子電磁力学	232
7.8	波動関数の繰り込みとLee模型	235
7.9	*繰り込み群で改善された有効ポテンシャル	238
7.10	まとめ	243

第8章 電弱理論とヒッグスの場の理論 245

8.1	標準模型	245
8.2	標準模型とヒッグス場	249
8.3	対称性の自発的破れとヒッグス機構	253
8.4	*電磁場の質量とゲージ不変性	256
8.5	フェルミ場の質量生成	259
8.6	ヒッグス粒子の発見の意義(お話)	261

参考文献 267

索　引 273

第1章 量子力学と調和振動子

　場の量子論は，無限の自由度をもつ調和振動子系と考えることができる．そこで，調和振動子の量子力学を深く理解することが，場の量子論を理解する近道である．この章では，量子力学を復習し，場の量子論で役に立ついくつかの重要な概念をまとめておこう．特に，コヒーレント状態，ボゴリューボフ変換，時間に依存する調和振動子などの，普通の量子力学の教科書ではあまり取り扱われない話題を丁寧に解説する．

1.1 古典力学と変分原理

　古典力学を記述するやり方に，ハミルトニアン形式とラグランジュ形式の2種類がある．

　ラグランジュ形式では，粒子のラグランジアン $L(x, \dot{x})$ から出発する．質量 m の粒子がポテンシャル $V(t)$ にいるとき，そのラグランジアンは

$$L(x, \dot{x}) = \frac{m\dot{x}^2}{2} - V(t) \tag{1.1}$$

で与えられる．これをある時間間隔で積分したもの

$$S[x(t)] = \int_{t_i}^{t_f} L(x, \dot{x}) dt \tag{1.2}$$

は作用関数とよばれる．時刻 t_i と t_f での位置を固定して，この作用関数が極値をとるように $\{x(t) | t_i \leq t \leq t_f\}$ での変分を 0 とおいて得られる方程式

$$\delta S = 0 \quad \rightarrow \quad \frac{d}{dt}\frac{\partial L}{\partial \dot{x}} = \frac{\partial L}{\partial x} \tag{1.3}$$

は，オイラー・ラグランジュ方程式とよばれ，この力学系の運動方程式を与える．式 (1.1) のラグランジアンを代入すると，ニュートン方程式 $m\ddot{x} = -V'(t)$ が再現される．

一方，ハミルトン形式では，座標と運動量を独立変数として扱う．運動量 $p = \partial L/\partial \dot{x} = m\dot{x}$ を使って，ハミルトニアンを

$$H(x,p) = p\dot{x} - L(x,\dot{x}) = \frac{p^2}{2m} + V(t) \tag{1.4}$$

で定義すると，ハミルトンの運動方程式

$$\dot{x} = \frac{\partial H}{\partial p}, \quad \dot{p} = -\frac{\partial H}{\partial x} \tag{1.5}$$

が得られる．(1.4) でハミルトニアンが与えられる場合，ハミルトンの運動方程式は $\dot{x} = p/m$ と $\dot{p} = -V'(t)$ となり，ニュートン方程式と等価である．

座標と運動量の 2 変数 $X = (x,p)$ でつくられる空間のことを相空間という．相空間上には，ポアソン括弧

$$\{A, B\} = \frac{\partial A}{\partial x}\frac{\partial B}{\partial p} - \frac{\partial B}{\partial x}\frac{\partial A}{\partial p} \tag{1.6}$$

を定義できる．すると，座標と運動量 x と p の組は，$\{x, p\} = 1$ を満たす．座標と運動量を互いに共役な正準変数という．（偶数次元の）多変数相空間上でポアソン括弧を与えると，正準変数の組が指定される．正準変数の与え方のことを，相空間のシンプレクティック構造とよぶ．

ポアソン括弧は，反対称 $\{A, B\} = -\{B, A\}$ で，双線形

$$\{A+B, C\} = \{A, C\} + \{B, C\} \tag{1.7}$$

という性質をもつ．ポアソン括弧を使うと，ハミルトンの運動方程式は

$$\dot{X} = \{X, H\} \tag{1.8}$$

と書くことができる．

ハミルトニアンが与えられると，粒子の運動は相空間上の軌跡として記述される．このとき，ハミルトンの運動方程式は時間に関して 1 階の微分方程式なので，初期条件として相空間上での粒子の位置を与えると，その後の運動は完全に決まる．例えば，$V(t) = m\omega^2 x^2/2$ で与えられる調和振動子の場合，粒子の軌跡は図 1.1 のように原点を中心とした楕円運動を描く．この軌跡上では，粒子のエネルギー（ハミルトニアン）$E = p^2/2m + m\omega^2 x^2/2$ が保存している．

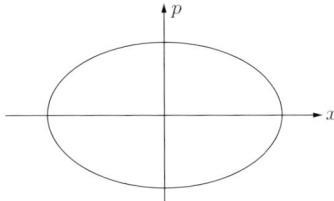

図 1.1　相空間上の粒子の軌跡（調和振動子）

1.2　正準量子化

古典力学系を量子化する方法としてもっともよく使われるのが，正準量子化である．古典力学では，粒子は相空間の上を運動し，その軌跡は線で描かれた．量子力学の基本原理は不確定性原理

$$\Delta x \Delta p \geq 2\pi\hbar \tag{1.9}$$

である．量子化を行うと，相空間の上の軌跡が厳密には決められないことを意味する．このことを数式で表現するために，相空間の座標をある空間のベクトルに作用する線形演算子と読み替え $(X \to \hat{X})$，共役な変数の間のポアソン括弧を，これらの線形演算子の交換関係

$$\{x, p\} = 1 \longrightarrow \frac{1}{i\hbar}[\hat{x}, \hat{p}] = \hat{1} \tag{1.10}$$

に読み替える．このような交換関係を満たす線形演算子は，有限次元のベクトル空間上では実現できず，必然的に無限次元の行列（つまり微分演算子）を使わざるを得ない．これは，有限次元空間に作用する演算子がトレース (trace) の中で可換であることを使うと，(1.10) の左辺のトレースが 0 に，右辺のトレースはそのベクトル空間の次元になり矛盾することから理解できる．

これらの線形演算子が作用するベクトルを，波動関数 $|\Psi\rangle$ とよぶ．座標演算子と運動量演算子は可換でないため，同時対角化はできない．波動関数は，そのどちらかを対角化した表示で表される．例えば座標を対角化した表示での波動関数は，$\Psi(x) = \langle x|\Psi\rangle$ と書ける．この座標表示の波動関数を使うと，座標演算子と運動量演算子は

$$\langle x|\hat{x}|\Psi\rangle = x\Psi(x), \quad \langle x|\hat{p}|\Psi\rangle = -i\hbar\frac{\partial\Psi(x)}{\partial x} \tag{1.11}$$

と表わせる．これは，$\langle x|[\hat{x},\hat{p}]|\Psi\rangle = i\hbar\langle x|\Psi\rangle$ を満たし，(1.10) と整合する．

位置の固有状態 $|x\rangle$ は座標演算子の固有関数 ($\hat{x}|x\rangle = x|x\rangle$) で，場所 x に局在する状態を表す．このため，異なる固有値 x と x' をもつ固有ベクトルは互いに直交する．また，これらのベクトルの内積を $\langle x|x'\rangle = \delta(x-x')$ と正規直交にとることができる．これらの状態は完全系をなす，つまりどんな状態もこれらの状態の線形結合で書けることから，1 の分解とよばれる恒等式

$$\int dx |x\rangle\langle x| = \hat{1} \tag{1.12}$$

が得られる．ここで，右辺の $\hat{1}$ は，状態空間に作用する単位演算子である．この 1 の分解は，経路積分を導出するうえでの重要な関係式となる．運動量の固有状態 $|p\rangle$ は

$$\langle x|p\rangle = \frac{e^{ipx/\hbar}}{\sqrt{2\pi\hbar}} \tag{1.13}$$

で定義され，$\langle p|p'\rangle = \delta(p-p')$ を満たす．これから，運動量表示を使った 1 の分解

$$\int dp |p\rangle\langle p| = \hat{1} \tag{1.14}$$

も証明できる．

ハミルトンの運動方程式 (1.8) は，(1.10) の置換えのルールを使うと

$$\dot{\hat{X}} = \frac{1}{i\hbar}[\hat{X},\hat{H}] \tag{1.15}$$

となり，演算子 $\hat{X}$ の時間発展は

$$\hat{X}(t) = e^{i\hat{H}t/\hbar}\hat{X}(0)e^{-i\hat{H}t/\hbar} \tag{1.16}$$

と解くことができる．このように，演算子が時間発展する見方をハイゼンベルグ表示という．粒子の座標が時間発展する古典力学との対応をみるには，ハイゼンベルグ表示が適している．ハイゼンベルグ表示では，状態ベクトル $|\Psi\rangle$ は初期状態のまま固定され，時間発展しない．

状態 $|\Psi\rangle$ に対して，時刻 t での演算子 $\hat{X}(t)$ の期待値は，

$$\langle\Psi|\hat{X}(t)|\Psi\rangle = \langle\Psi(t)|\hat{X}(0)|\Psi(t)\rangle \tag{1.17}$$

と書き換えることができる．ここで，

$$|\Psi(t)\rangle = e^{-i\hat{H}t/\hbar}|\Psi\rangle \tag{1.18}$$

と時間発展する状態 $|\Psi(t)\rangle$ を定義した．このように，演算子の時間発展の代わりに，状態が時間発展すると考える見方を，シュレーディンガー表示という．すると，状態ベクトルは $|\Psi(t)\rangle$ は，

$$i\hbar\frac{d}{dt}|\Psi(t)\rangle = \hat{H}|\Psi(t)\rangle \tag{1.19}$$

を満たす．この方程式に左から $|x\rangle$ をかけて x 表示の波動関数 $\langle x|\Psi(t)\rangle = \Psi(t,x)$ を使うと，この式はシュレーディンガー方程式

$$i\hbar\frac{\partial \Psi(t,x)}{\partial t} = H\left(x, -i\hbar\frac{\partial}{\partial x}\right)\Psi(t,x) \tag{1.20}$$

になる．

これまでは時間に依存しないハミルトニアンを考えてきたが，ハミルトニアン $\hat{H}(t)$ が時間にあらわに依存する場合，方程式 (1.19) の解を $|\Psi(t)\rangle = U(t,0)|\Psi(0)\rangle$ と書くと，$U(t,0)$ は

$$i\hbar\frac{dU(t,0)}{dt} = \hat{H}(t)U(t,0) \tag{1.21}$$

を満たす．この解は，$t = N\epsilon$ として，

$$\begin{aligned}U(t,0) &= T\exp\left(-i\int_0^t dt'\hat{H}(t')/\hbar\right) \\ &\equiv \lim_{\epsilon\to 0} e^{-i\epsilon\hat{H}(t)/\hbar}e^{-i\epsilon\hat{H}(t-\epsilon)/\hbar}\cdots e^{-i\epsilon\hat{H}(t-(N-1)\epsilon)/\hbar}e^{-i\epsilon\hat{H}(0)/\hbar}\end{aligned} \tag{1.22}$$

と求められる．時間間隔が無限小の極限では，ハミルトニアンのあらわな時間変化が無視できるので，時間推進演算子が，$e^{-i\epsilon\hat{H}(t)/\hbar}$ で近似できる．そこで，時間間隔 t を N 分割し，各微小時間間隔 ϵ の推進演算子 $e^{-i\epsilon\hat{H}(s)/\hbar}$ を右から順にかけると，有限時間間隔での時間推進演算子が得られる．記号 T は，このように演算子を時間順序に右から並べる操作を意味し，T 積（時間順序積）とよばれる．

1.3 調和振動子とコヒーレント状態

もっとも簡単な量子力学系は調和振動子であるが，これはまた場の量子論の基礎である．調和振動子のハミルトニアンは

$$\hat{H} = \frac{\hat{p}^2}{2} + \frac{\omega^2 \hat{x}^2}{2} \tag{1.23}$$

で与えられる．簡単のため粒子の質量は 1 とした．ここで消滅演算子 $\hat{a}$ と生成演算子 $\hat{a}^\dagger$ を

$$\hat{a} = \frac{\omega \hat{x} + i\hat{p}}{\sqrt{2\hbar\omega}}, \quad \hat{a}^\dagger = \frac{\omega \hat{x} - i\hat{p}}{\sqrt{2\hbar\omega}} \tag{1.24}$$

と定義すると，それらは $[\hat{a}, \hat{a}^\dagger] = 1$ を満たし，ハミルトニアンは

$$\hat{H} = \hbar\omega \left(\hat{a}^\dagger \hat{a} + \frac{1}{2} \right) \tag{1.25}$$

と書ける．

このハミルトニアンの固有状態は，$\hat{a}|0\rangle = 0$ を満たす基底状態から

$$|n\rangle = \frac{(\hat{a}^\dagger)^n}{\sqrt{n!}}|0\rangle \quad (n \geq 0) \tag{1.26}$$

のように生成演算子を n 回かけることでつくることができる．この状態は，

$$\hat{H}|n\rangle = E_n|n\rangle, \quad E_n = \hbar\omega \left(n + \frac{1}{2} \right) \tag{1.27}$$

を満たす．真空からの励起を数える個数演算子を $\hat{N} = \hat{a}^\dagger \hat{a}$ で定義すると，$\hat{N}|n\rangle = n|n\rangle$ を満たす．場の量子論は（空間運動量で指定される）多数の調和振動子系と考えられ，各調和振動子（モードとよぶ）の励起数 n を，そのモードにある粒子数と解釈する．

これらの状態は，正規直交性 $\langle n|m\rangle = \delta_{nm}$ を満たし，かつ完全系をなすので，1 の分解

$$\sum_{n=0}^{\infty} |n\rangle\langle n| = \hat{1} \tag{1.28}$$

が成立する．粒子数の異なる状態をつなぐのが生成消滅演算子で，その遷移行列は

$$\langle n+1|\hat{a}^\dagger|n\rangle = \sqrt{n+1} \tag{1.29}$$

となる．生成演算子によって n 粒子状態から $(n+1)$ 粒子状態をつくる行列要素の2乗は $|\langle n+1|\hat{a}^\dagger|n\rangle|^2 = n+1$ であるので，粒子数 n とともに急速に大きくなる．このように，生成演算子 $\hat{a}^\dagger$ をかけたときに粒子数が n から $n+1$ へ変化する振幅は，粒子数 n とともに増大する．これがボース粒子の特徴である．この性質を光の量子である光子にあてはめてみよう．ある決まった波長と偏光をもつ電磁場は

$$\hat{A}(t) = \hat{a}f(t) + \hat{a}^\dagger \bar{f}(t) \tag{1.30}$$

と展開できる．$f(t) = e^{-i\omega t + ikx}/\sqrt{2\omega}$ は波長 k をもつ平面波である[1]．(1.29)から

$$|\langle n+1|\hat{A}(t)|n\rangle|^2 = (n+1)|f(t)|^2 \tag{1.31}$$

となる．粒子数 $n=0$ の状態（真空）から光子をつくる振幅に比べて，始状態に光子が n 個ある状態 ($n \neq 0$) から光子を生成する振幅は，$n+1$ 倍に増大している．このように，同じ波長の波，つまり同じ位相をもった波が増幅されて放出される効果は誘導放射とよばれ，レーザー発振の基本原理になっている．

粒子数の固有状態をとる代わりに，次のようなコヒーレント状態

$$|\alpha\rangle = e^{-\frac{|\alpha|^2}{2}} e^{\alpha \hat{a}^\dagger}|0\rangle = e^{-\frac{|\alpha|^2}{2}} \sum_{n=0}^{\infty} \frac{\alpha^n}{\sqrt{n!}}|n\rangle \tag{1.32}$$

を定義することもできる．この状態は

$$\hat{a}|\alpha\rangle = \alpha|\alpha\rangle \tag{1.33}$$

を満たし，消滅演算子の固有状態となっている．コヒーレント状態は，異なる粒子数の状態を一つの位相 α で重ね合わせている．この状態の内積[2]をとると

$$\langle \bar{\beta}|\alpha\rangle = e^{-(|\alpha^2|+|\beta^2|)/2} e^{\alpha \bar{\beta}} \tag{1.34}$$

となる[3]．正規性 $\langle \bar{\alpha}|\alpha\rangle = 1$ は満たすが，直交条件は満たしてはいない．それ

---

[1] ここでは，偏光ベクトルは簡単のために省略した．
[2] コヒーレント状態を議論するとき，z の複素共役 z^* を $\bar{z}$ と書くことが多いので，ここでもその慣例に従い，$|z\rangle$ のブラベクトルを $\langle \bar{z}|$ と書いた．これは z と $\bar{z}$ が独立変数であることを強調したいためである．
[3] ケットベクトル $|\alpha\rangle$ に対応したブラベクトルを $\langle \bar{\alpha}|$ と書く．これは内積の規格化をせずに $|\alpha\rangle = e^{\alpha \hat{a}^\dagger}|0\rangle$ としたときによく使われる記号だが，ここでは規格化したベクトルに対しても，同様の記法を使う．

にもかかわらず 1 の分解

$$\int \frac{d\alpha d\bar{\alpha}}{\pi}|\alpha\rangle\langle\bar{\alpha}| = \hat{1} \tag{1.35}$$

が成立する[4]．このようなコヒーレント状態の性質を過剰完全（overcomplete）という．この式を示すには，左から $\langle n|$ を，右から $|m\rangle$ をかけて，両辺ともに δ_{nm} となることを示せばよい．証明は簡単なので，読者に任せる．

(1.30) の期待値をコヒーレント状態でとると，

$$\langle \bar{\alpha}|\hat{A}(t)|\alpha\rangle = \alpha f(t) + \bar{\alpha}\bar{f}(t) \tag{1.36}$$

となる．一方，粒子数の固有状態で期待値をとると，消えてしまう．このことから，コヒーレント状態は，位相がそろい古典的な振幅をもつ波を表すことがわかる．この性質のため，レーザーやボーズ凝縮など，古典的に位相がそろったままで時間発展する波動関数を記述するのに，コヒーレント状態は便利な波動関数である．

最後に，コヒーレント状態を使った計算で有用となるいくつかの性質を述べておく．(1.34) 式より，自明に

$$\langle \bar{\beta}|\hat{a}^{\dagger}|\alpha\rangle = \bar{\beta}\langle \bar{\beta}|\alpha\rangle = \left(\partial_{\alpha} + \frac{\bar{\alpha}}{2}\right)\langle \bar{\beta}|\alpha\rangle$$

$$\langle \bar{\beta}|\hat{a}|\alpha\rangle = \alpha\langle \bar{\beta}|\alpha\rangle = \left(\partial_{\bar{\beta}} + \frac{\beta}{2}\right)\langle \bar{\beta}|\alpha\rangle \tag{1.37}$$

が求められる．これと，(1.35) 式の 1 の分解を使うと，任意の演算子 $\hat{A}$ に対して

$$\langle \bar{\beta}|\hat{a}^{\dagger}\hat{A}|\alpha\rangle = \bar{\beta}\langle \bar{\beta}|\hat{A}|\alpha\rangle, \quad \langle \bar{\beta}|\hat{A}\hat{a}^{\dagger}|\alpha\rangle = \left(\partial_{\alpha} + \frac{\bar{\alpha}}{2}\right)\langle \bar{\beta}|\hat{A}|\alpha\rangle$$

$$\langle \bar{\beta}|\hat{a}\hat{A}|\alpha\rangle = \left(\partial_{\bar{\beta}} + \frac{\beta}{2}\right)\langle \bar{\beta}|\hat{A}|\alpha\rangle, \quad \langle \bar{\beta}|\hat{A}\hat{a}|\alpha\rangle = \alpha\langle \bar{\beta}|\hat{A}|\alpha\rangle \tag{1.38}$$

が成立する．

1.4　ウイグナー分布関数

コヒーレント状態は相空間 (x, p) に局在した状態と解釈できる．このことを

---

[4] 積分測度は $\alpha = \mathrm{Re}(\alpha) + i\mathrm{Im}(\alpha)$ のとき，$d\alpha d\alpha^{*} = d\mathrm{Re}(\alpha)d\mathrm{Im}(\alpha)$ で定義した．

みるためにこの節では相空間上のウイグナー (Wigner) 分布関数を導入しよう．これを使って量子状態を古典的な分布関数に置き換えることで，量子的な期待値の計算が，相空間の古典的な積分に置き換えることができる．

まず，状態 $|\psi\rangle$ に対する密度行列

$$\hat{\rho} = |\psi\rangle\langle\psi| \tag{1.39}$$

を導入しよう．この状態に対するウイグナー分布関数 $f_W(q,p)$ は

$$\begin{aligned} f_W(q,p) &= \int_{-\infty}^{\infty} dr e^{ipr/\hbar} \langle q+\frac{r}{2}|\hat{\rho}|q-\frac{r}{2}\rangle \\ &= \int_{-\infty}^{\infty} dr e^{ipr/\hbar} \psi\left(q+\frac{r}{2}\right)\psi^*\left(q-\frac{r}{2}\right) \end{aligned} \tag{1.40}$$

で定義される．これは実関数であり，

$$\begin{aligned} \int_{-\infty}^{\infty} \frac{dp}{2\pi\hbar} f_W(q,p) &= |\psi(q)|^2 \\ \int_{-\infty}^{\infty} \frac{dq}{2\pi\hbar} f_W(q,p) &= \int_{-\infty}^{\infty} \frac{drdq}{2\pi\hbar} e^{ipr/\hbar}\psi\left(q+\frac{r}{2}\right)\psi^*\left(q-\frac{r}{2}\right) \\ &= \left|\int_{-\infty}^{\infty} \frac{dx}{\sqrt{2\pi\hbar}} e^{ipx/\hbar}\psi(x)\right|^2 \equiv |\tilde{\psi}(p)|^2 \end{aligned} \tag{1.41}$$

を満たす．このため，$f_W(q,p)$ は状態 $|\psi\rangle$ の相空間での分布関数と解釈できる．二つめの等式は，$x = q+r/2$, $x' = q-r/2$ と変数変換すれば示せる．$\tilde{\psi}(p)$ は $\psi(x)$ のフーリエ変換である．さらに積分すると，規格化条件

$$\int_{-\infty}^{\infty} \frac{dpdp}{2\pi\hbar} f_W(q,p) = 1 \tag{1.42}$$

を満たし，これは位置と運動量の不確定性関係を表している．

また演算子 $\hat{A}$ に対して，そのウイグナー表示を

$$A_W(q,p) = \int_{-\infty}^{\infty} dr e^{ipr/\hbar} \langle q+\frac{r}{2}|\hat{A}|q-\frac{r}{2}\rangle \tag{1.43}$$

で定義すると，任意の二つの演算子に対して

$$\text{Tr}\hat{A}\hat{B} = \int_{-\infty}^{\infty} \frac{dqdp}{2\pi\hbar} A_W(q,p) B_W(q,p) \tag{1.44}$$

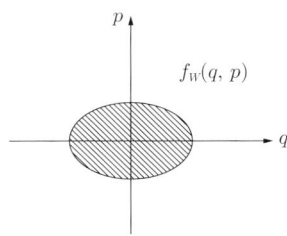

図 1.2 状態 $|0\rangle$ は，相空間上の原点近傍に局在するウイグナー分布関数 $f_W(q,p)$ をもつ．

が簡単に証明できる．これから，密度行列 $\hat{\rho}$ で指定される状態に対して，その状態での演算子 $\hat{A}$ の期待値は

$$\langle \psi | \hat{A} | \psi \rangle = \mathrm{Tr}\hat{A}\hat{\rho} = \int_{-\infty}^{\infty} \frac{dqdp}{2\pi\hbar} A_W(q,p) f_W(q,p) \tag{1.45}$$

で与えられる．これらの性質状態が混合状態の場合にも適用でき，ウイグナー分布関数が相空間の分布関数として解釈できることを正当化している．

コヒーレント状態に対応するウイグナー分布関数は，相空間上に局在している．ここでは基底状態 $|0\rangle$ に対するウイグナー分布関数をみてみよう．基底状態の波動関数 $\psi_0(x)$ は

$$\langle x | \hat{a} | 0 \rangle \propto \left(\omega x + \hbar \frac{\partial}{\partial x} \right) \psi_0(x) = 0 \tag{1.46}$$

から簡単に $\psi_0(x) = (\omega/\pi\hbar)^{1/4} e^{-\omega x^2/2\hbar}$ と求めらる．これからウイグナー分布関数を計算すると，図 1.2 のような，原点を中心に（楕円形の）ガウス型に分布した関数が求められる．計算は読者に任せる．これは基底状態の波動関数が相空間の原点近傍に局在していることに対応している．しかし，より一般的な状態に対して，ウイグナー分布関数は激しく振動し，また必ずしも正定値とはならず，通常の非負の確率分布関数と解釈することはできない．そこでウイグナー分布関数と同じような性質をもつ関数として，ウイグナー分布関数をガウス関数と掛け合わせた新しい関数

$$f_H(q,p) \equiv \int_{-\infty}^{\infty} \frac{dq'dp'}{\pi\hbar} e^{-\omega(q-q')^2/\hbar - (p-p')^2/\hbar\omega} f_W(q',p') \tag{1.47}$$

を定義しよう．これは伏見分布関数[5]とよばれ，ウイグナー分布関数と同じ

---

[5] K. Husimi, Proc. Phys. Math. Soc. Jpn. 22 (1940) 264.

ような性質をもち，さらに相空間上で正定値であることが証明できる．一見，ガウス関数で粗視化しているようにみえるが，波動関数のもつ一切の量子的な情報は失われていない．これは数学的にはコヒーレント状態が過剰完全であること，物理的には相空間上での量子力学的な不確定性関係に関係する．伏見分布関数のより詳細は 1.6 節で議論する．

1.5 相空間上の並進演算子 D_α

コヒーレント状態をより系統的に扱うために，この節では，いくつかの便利な演算子とそれらの等式を紹介する．まずユニタリー演算子 D_α を

$$D_\alpha = e^{\alpha \hat{a}^\dagger - \bar{\alpha} \hat{a}} \tag{1.48}$$

で定義しよう．$\alpha \hat{a}^\dagger - \bar{\alpha} \hat{a}$ が反エルミートであることから

$$D_\alpha^\dagger = D_\alpha^{-1} = D_{-\alpha} \tag{1.49}$$

がわかる．また二つの演算子 A, B の交換子 $[A, B]$ が A, B それぞれと可換な場合には，

$$e^{A+B} = e^{-[A,B]/2} e^A e^B \tag{1.50}$$

が成立する [6]．この関係式と真空条件 $\hat{a}|0\rangle = 0$ より，コヒーレント状態 $|\alpha\rangle$ はユニタリー演算子 D_α を用いて，

$$|\alpha\rangle = D_\alpha |0\rangle \tag{1.53}$$

と書ける．また，$[\alpha \hat{a}^\dagger - \bar{\alpha} \hat{a}, \hat{a}] = -\alpha$ より

$$\hat{a}_{new} \equiv D_\alpha \hat{a} D_\alpha^\dagger = \hat{a} - \alpha \tag{1.54}$$

---

[6] より一般的には，Baker-Campbell-Hausdorff の関係式

$$e^A e^B = \exp\left(A + B + \frac{1}{2}[A,B] + \frac{1}{12}[A,[A,B]] - \frac{1}{12}[B,[A,B]] + \cdots\right) \tag{1.51}$$

が成立する．今の場合，右辺の交換子 $[A, B]$ が定数 $|\alpha|^2$ となり，それ以降の項が全て消える．これを使って

$$D_\alpha = e^{-|\alpha|^2/2} e^{\alpha \hat{a}^\dagger} e^{-\bar{\alpha} \hat{a}} \tag{1.52}$$

が証明できる．

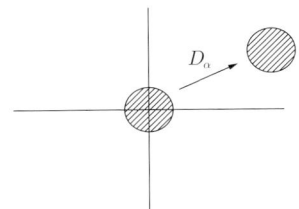

図 1.3 並進演算子 D_α は，相空間上の原点近傍に局在する状態 $|0\rangle$ を形を変えずに並進する．

が成立する[7]．すると

$$\hat{a}_{new}|\alpha\rangle = D_\alpha \hat{a} D_\alpha^\dagger |\alpha\rangle = D_\alpha \hat{a} D_\alpha^\dagger D_\alpha |0\rangle = 0 \tag{1.55}$$

なので，コヒーレント状態の満たすべき関係式 $\hat{a}|\alpha\rangle = \alpha|\alpha\rangle$ が導かれる．生成消滅演算子の定義 (1.24) を思い出すと，ユニタリー演算子 D_α は，相空間 (x,p) 上の並進演算子になっていることがわかる[8]．図 1.3 は，相空間上での原点近傍に局在しているコレーレント状態 $|0\rangle$ を D_α で並進する様子を表す．

このユニタリー演算子 D_α を使えば，コヒーレント状態を基底状態にもつハミルトニアンも簡単に構成できる．新しいハミルトニアン

$$\hat{H}_{new} = D_\alpha \hat{H} D_\alpha^\dagger = \hbar\omega \left(\hat{a}_{new}^\dagger \hat{a}_{new} + \frac{1}{2} \right) \tag{1.58}$$

の基底状態は，$\hat{a}_{new}|0_{new}\rangle = 0$ を満たす状態，すなわち，もとの演算子のコヒーレント状態 $|0_{new}\rangle = |\alpha\rangle$ である．励起状態は新しい生成演算子 $\hat{a}_{new}^\dagger$ でつ

---

[7] c を数として $[A,B] = c$ のとき，$f(t) = e^{tA}Be^{-tA} = B + tc$ が成立する．この関係式は $f(t)$ に対する微分方程式をたてると容易に示せる．

[8] 生成消滅演算子 $\hat{a}, \hat{a}^\dagger$ と単位演算子 $\hat{i}$ のなす代数は，Heisenberg-Weyl 代数とよばれる．Heisenberg-Weyl 群の要素は，実数 t と複素数 α をパラメータとして

$$T(t,\alpha) = e^{it}D_\alpha \tag{1.56}$$

で定義される．これらは関係式

$$T(t,\alpha)T(s,\beta) = T(t+s+\text{Im}(\alpha\beta^*), \alpha+\beta) \tag{1.57}$$

を満たす．この代数は一定磁場中の 2 次元量子力学に現れる磁場中の並進演算子の満たす群構造と同じである．$\text{Im}(\alpha\beta^*) \neq \text{Im}(\beta\alpha^*)$ なので，位相項は磁場中並進演算子の非可換性を表す．磁場中の並進演算子については，例えば R. Kubo, S. J. Miyake and N. Hashitsume, Solid State Physics, Vol. 17 (ed. F. Seitz and D. Turnbull, Academic Press, 1965) p.269．

くられる．ハミルトニアンをもとの生成消滅演算子で書き直すと，

$$\begin{aligned}\hat{H}_{new} &= \hbar\omega\left((\hat{a}^\dagger - \bar{\alpha})(\hat{a} - \alpha) + \frac{1}{2}\right) \\ &= \hat{H} - \hbar\omega(\alpha\hat{a}^\dagger + \bar{\alpha}\hat{a} - |\alpha|^2) \\ &\to \hat{H} - \sqrt{2\hbar\omega}\,\alpha\omega\hat{x} + \hbar\omega|\alpha|^2 \quad (\alpha \text{ が実数の場合}) \\ &\ \hat{H} - \sqrt{2\hbar\omega}\,\beta\hat{p} + \hbar\omega|\alpha|^2 \quad (\alpha = i\beta \text{ が虚数の場合}) \end{aligned} \quad (1.59)$$

となる．このように，コヒーレント状態を基底状態とするハミルトニアンは，もとのハミルトニアンに，座標 $\hat{x}$ または運動量 $\hat{p}$ の線形項が付け加わったものである．これらの線形項は，調和振動子の停留点（位置または運動量）をずらすが，その周りの振動数は変えない．これは式 (1.54) の，コヒーレント状態をつくるユニタリー演算子が相空間の並進であったこととも整合的である．

1.6 *伏見分布関数

1.4 節では，ウィグナー分布関数を使うことで量子的な計算が相空間上の古典的な計算に帰着することをみたが，ウィグナー分布関数は必ずしも正定値ではなく，相空間の確率密度と解釈するには困難が生じる．また関数として激しく振動し，実際的な計算（特に数値計算）には困難を生じることがある．そこで，この節では，相空間上で常に正の値をとる分布関数である伏見関数を説明しよう [9]．特に，伏見分布関数は，状態 $|\psi\rangle$ とコヒーレント状態 $|\alpha\rangle$ との重なりの 2 乗 $|\langle\bar{\alpha}|\psi\rangle|^2$ と解釈できることを示す．

コヒーレント状態 $|\alpha\rangle$ のパラメータ α を実部と虚部に分解して

$$\alpha = \sqrt{\frac{\omega}{2\hbar}}\left(x_\alpha + i\frac{p_\alpha}{\omega}\right) \quad (1.60)$$

と書くと，

$$\alpha\hat{a}^\dagger - \bar{\alpha}\hat{a} = \frac{i}{\hbar}(p_\alpha\hat{x} - x_\alpha\hat{p}) \quad (1.61)$$

となる．コヒーレント状態は式 (1.53) より

$$|\alpha\rangle = e^{\alpha\hat{a}^\dagger - \bar{\alpha}\hat{a}}|0\rangle = e^{-ix_\alpha\hat{p}/\hbar}e^{ip_\alpha\hat{x}/\hbar}e^{ip_\alpha x_\alpha/2\hbar}|0\rangle \quad (1.62)$$

---
[9] 相空間上の分布関数の一般的な性質については，H. W. Lee, Physics Reports 259 (1995) 147-211 にまとまった解説がある．

となり，重なりは，$\langle x|\psi\rangle = \psi(x)$, $\langle x|0\rangle = \psi_0(x)$ と書くと

$$\begin{aligned}
\langle\psi|\alpha\rangle &= \int dx \langle\psi|x\rangle\langle x|\alpha\rangle \\
&= e^{ip_\alpha x_\alpha/2\hbar} \int dx \psi^*(x) e^{-x_\alpha \partial_x} e^{ip_\alpha x/\hbar} \psi_0(x) \\
&= \left(\frac{\omega}{\pi\hbar}\right)^{1/4} e^{ip_\alpha x_\alpha/2\hbar} \int dx \psi^*(x) e^{-x_\alpha \partial_x} e^{ip_\alpha x/\hbar} e^{-\omega x^2/2\hbar} \\
&= \left(\frac{\omega}{\pi\hbar}\right)^{1/4} e^{ip_\alpha x_\alpha/2\hbar} \int dx (e^{x_\alpha \partial_x} \psi^*(x)) e^{ip_\alpha x/\hbar} e^{-\omega x^2/2\hbar} \\
&= \left(\frac{\omega}{\pi\hbar}\right)^{1/4} e^{ip_\alpha x_\alpha/2\hbar} \int dx \psi^*(x+x_\alpha) e^{ip_\alpha x/\hbar} e^{-\omega x^2/2\hbar} \quad (1.63)
\end{aligned}$$

と計算される．二つめの等式は式 (1.62)，三つめの等式は式 (1.46) で解いた $\psi_0(x)$ を使い，四つめの等式では微分演算子 $e^{-x_\alpha \partial_x}$ を部分積分して，$\psi^*(x)$ にかかる微分演算子 $e^{x_\alpha \partial_x}$ に置き換えた．絶対値の 2 乗をとると，

$$\begin{aligned}
|\langle\bar\alpha|\psi\rangle|^2 &= \left(\frac{\omega}{\pi\hbar}\right)^{1/2} \int dx dy \psi^*(x+x_\alpha) \psi(y+x_\alpha) e^{ip_\alpha(x-y)/\hbar} e^{-\omega(x^2+y^2)/2\hbar} \\
&= \left(\frac{\omega}{\pi\hbar}\right)^{1/2} \int dq dr \psi^*\left(q+\frac{r}{2}\right) \psi\left(q-\frac{r}{2}\right) e^{ip_\alpha r/\hbar} e^{-\omega(q-x_\alpha)^2/\hbar} e^{-\omega r^2/4\hbar} \\
&= \left(\frac{\omega}{\pi\hbar}\right)^{1/2} e^{\hbar\omega \partial_{p_\alpha}^2/4} \int dq f_W(q,p_\alpha) e^{-\omega(q-x_\alpha)^2/\hbar} \quad (1.64)
\end{aligned}$$

となる．二つめの等式では，$x+x_\alpha = q+r/2$, $y+x_\alpha = q-r/2$ と変数を置き換えた．ここで，演算子 $e^{\hbar\omega \partial_{p_\alpha}^2/4}$ の関数 $g(p_\alpha) = \langle p_\alpha|g\rangle$ への作用は

$$e^{\hbar\omega \partial_{p_\alpha}^2/4} g(p_\alpha) = \langle p_\alpha | e^{-\omega \hat{x}^2/4\hbar} |g\rangle = \int dp' \langle p_\alpha | e^{-\omega \hat{x}^2/4\hbar} |p'\rangle g(p') \quad (1.65)$$

であるが，積分核 $\langle p_\alpha | e^{-\omega \hat{x}^2/4\hbar} | p'\rangle$ は

$$\begin{aligned}
\langle p_\alpha | e^{-\omega \hat{x}^2/4\hbar} | p'\rangle &= \int dx \langle p_\alpha|x\rangle \langle x| e^{-\omega \hat{x}^2/4\hbar} |p'\rangle = \int \frac{dx}{2\pi\hbar} e^{i(p_\alpha-p')x/\hbar} e^{-\omega x^2/4\hbar} \\
&= \frac{1}{\sqrt{\pi\hbar\omega}} e^{-(p_\alpha-p')^2/\hbar\omega}
\end{aligned} \quad (1.66)$$

で与えられる．これを使うと，確かに式 (1.64) は

$$|\langle\bar\alpha|\psi\rangle|^2 = \langle\bar\alpha|\hat\rho|\alpha\rangle = \int \frac{dq dp}{\pi\hbar} f_W(q,p) e^{-\omega(q-x_\alpha)^2/\hbar} e^{-(p-p_\alpha)^2/\hbar\omega}$$

$$= f_H(q_\alpha, p_\alpha) = e^{\hbar\omega \partial_{p_\alpha}^2/4} e^{\hbar \partial_{q_\alpha}^2/4\omega} f_W(q_\alpha, p_\alpha) \tag{1.67}$$

となって伏見分布関数に一致する．最後の等式は，(1.66) と同様の式を $e^{\hbar \partial_{q_\alpha}^2/4\omega}$ に対して適用した．このことから，伏見分布関数が正定値であることが自明にわかる．伏見分布関数は，量子カオスのような相空間のダイナミクスを議論するうえでたいへん有用である．演算子 $\hat{H} = -\hbar^2(\partial_q^2 + \omega^2 \partial_p^2)/2$ を使うと，

$$f_H(q, p) = e^{-\frac{\hat{H}}{2\hbar\omega}} f_W(q, p) \tag{1.68}$$

とも略記できる．相空間上の分布関数のより詳細は，脚注 9 の文献をみてほしい．伏見分布関数の種々の性質は，式 (1.38)，演算子 D_α の性質，1 の分解 (1.35) を組み合わせることでだいたい証明できる．

また伏見分布関数は，2 次元強磁場中の電子密度とも解釈できる．2 次元空間の磁場中の量子力学はエネルギー準位がランダウレベルに量子化される．もっとも低いランダウレベルに限定すると 2 次元空間の座標は互いに正準共役となり，空間自体が相空間と解釈される．このときの粒子密度（これは正定値である一定値より常に小さい）がちょうど伏見分布関数に対応している [10]．

1.7　スクイーズ変換

コヒーレント状態をつくる演算子に加えて，もう一つ有用な演算子を紹介する．相空間 (x, p) に作用するユニタリー演算子 S_θ として

$$S_\theta = e^{\theta F_0}, \quad F_0 = \frac{\hat{a}^2 - \hat{a}^{\dagger 2}}{2} = \frac{i}{2\hbar}(\hat{x}\hat{p} + \hat{p}\hat{x}) \tag{1.69}$$

を定義する．すると $[F_0, \hat{x}] = \hat{x}$ および $[F_0, \hat{p}] = -\hat{p}$ を使って

$$S_\theta \hat{x} S_\theta^\dagger = e^\theta \hat{x}, \quad S_\theta \hat{p} S_\theta^\dagger = e^{-\theta} \hat{p} \tag{1.70}$$

となる．よってこの演算子は，図 1.4 のように相空間の中で，波動関数を x 方向に拡大し（$\theta > 0$ のとき），p 方向には縮小する演算子となっていることがわかる．量子力学には不確定性関係があり，一つの状態が閉める相空間の面積は一定であるが，この演算子をかけることで，波動関数の相空間での広がりを一

---

[10] R. Kubo, S. J. Miyake and N. Hashitsume, Solid State Physics, Vol.17 (ed. F. Seitz and D. Turnbull, Academic Press, 1965) p.269 を参照．

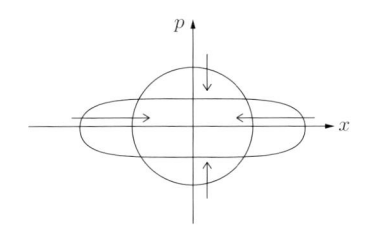

図 1.4　スクイーズ変換 S_θ は，相空間の x 方向に拡大し，p 方向を縮小する．

方向に絞る，つまりスクイーズ (squeeze) することができる．この演算子をかけてつくられる状態

$$|\theta\rangle = S_\theta |0\rangle \tag{1.71}$$

はスクイーズド状態とよばれ，量子光学などで重要な役割を果たす．

上記の変換を，位相も入れて一般化しておく．

$$F_\phi = \frac{(\hat{a}e^{i\phi})^2 - (\hat{a}^\dagger e^{-i\phi})^2}{2} \tag{1.72}$$

と定義すると，

$$[F_\phi, \hat{a}e^{i\phi}] = \hat{a}^\dagger e^{-i\phi}, \quad [F_\phi, \hat{a}^\dagger e^{-i\phi}] = \hat{a}e^{i\phi} \tag{1.73}$$

を満たす．これから

$$e^{\theta F_\phi} \begin{pmatrix} \hat{a} \\ \hat{a}^\dagger \end{pmatrix} e^{-\theta F_\phi} = \begin{pmatrix} \cosh\theta & \sinh\theta\, e^{-2i\phi} \\ \sinh\theta\, e^{2i\phi} & \cosh\theta \end{pmatrix} \begin{pmatrix} \hat{a} \\ \hat{a}^\dagger \end{pmatrix} \tag{1.74}$$

が成立する．このように，この変換は生成演算子と消滅演算子を混合する．この一般化された変換は，図 1.5 のように，相空間の中で傾いた方向

$$\hat{a}e^{i\phi} + \hat{a}^\dagger e^{-i\phi} \propto \omega \hat{x}\cos\phi - \hat{p}\sin\phi \tag{1.75}$$

を e^θ 倍し，それに直交する方向を $e^{-\theta}$ 倍する．その結果，相空間で状態が占める面積は保存される．

$S_\theta^\phi = e^{\theta F_\phi}$ と書き，一般化されたスクイーズド状態を

$$|\theta, \phi\rangle = S_\theta^\phi |0\rangle \tag{1.76}$$

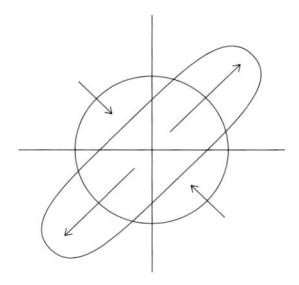

図 1.5 スクイーズ変換の演算子 F_ϕ は，傾いた方向で相空間の面積をスクイーズする．

で定義すると，関係式

$$\begin{aligned} 0 &= S_\theta^\phi \hat{a}|0\rangle = S_\theta^\phi \hat{a}(S_\theta^\phi)^{-1}|\theta,\phi\rangle \\ &= (\cosh\theta\,\hat{a} + \sinh\theta\,e^{-2i\phi}\hat{a}^\dagger)|\theta,\phi\rangle \end{aligned} \qquad (1.77)$$

を満たすので，状態 $|\theta,\phi\rangle$ は，比例係数 c を使って

$$|\theta,\phi\rangle = c\,\exp\left(\frac{-1}{2}\tanh\theta\,e^{-2i\phi}\hat{a}^\dagger\hat{a}^\dagger\right)|0\rangle \qquad (1.78)$$

$$= c\sum_n \left(\frac{-\tanh\theta\,e^{-2i\phi}}{2}\right)^n \frac{\sqrt{(2n)!}}{n!}|2n\rangle \qquad (1.79)$$

と解ける．この比例係数は，規格化条件 $\langle\theta,\phi|\theta,\phi\rangle = 1$ より $c = 1/\sqrt{\cosh\theta}$ と求まる．この式をみると，状態 $|\theta,\phi\rangle$ は，粒子"対"のコヒーレントな重ね合わせになっていることがわかる．

スクイーズド状態での粒子数は，(1.74) を使うと，

$$N_\theta = \langle\theta\phi|\hat{a}^\dagger\hat{a}|\theta\phi\rangle = \langle 0|e^{-\theta F_\phi}\hat{a}^\dagger\hat{a}e^{\theta F_\phi}|0\rangle = (\sinh\theta)^2 \qquad (1.80)$$

で与えられる．またスクイーズド状態と真空状態の重なりは

$$|\langle 0|\theta\phi\rangle|^2 = \frac{1}{\cosh\theta} = \exp\left(-\frac{1}{2}\log(1+N_\theta)\right) \quad \leq 1 \qquad (1.81)$$

で与えられる．θ が大きくなるほど，つまり生成された粒子数が増えるほど，真空状態との重なりは小さくなっていく．

1.8 *スクイーズ変換の繰り返し

前節でみたようにスクイーズ変換が起こると粒子が生成される．以下では，ランダムな位相をもつスクイーズ変換を繰り返したときに生成される粒子数変化をみてみよう[11]．真空 $|0\rangle$ から出発し，状態は

$$|0\rangle \to |S_1\rangle = S_{\theta_1}^{\phi_1}|0\rangle \to |S_2\rangle = S_{\theta_2}^{\phi_2}|S_1\rangle \to \cdots \to |S_n\rangle = S_{\theta_n}^{\phi_n}|S_{n-1}\rangle \tag{1.82}$$

と変化していく．状態 $|S_n\rangle$ で生成されている粒子数は

$$N_n = \langle S_n|\hat{a}^\dagger \hat{a}|S_n\rangle = \langle 0|S_n^{-1}\hat{a}^\dagger \hat{a} S_n|0\rangle \quad \text{ただし } S_n = S_{\theta_n}^{\phi_n} \cdots S_{\theta_1}^{\phi_1} \tag{1.83}$$

で与えられる．各 n に対して，

$$S_n \hat{a} S_n^{-1} = \alpha_n \hat{a} + \beta_n^* \hat{a}^\dagger, \quad |\alpha_n|^2 - |\beta_n|^2 = 1 \tag{1.84}$$

と定義する．これを逆に解くと

$$S_n^{-1} \hat{a} S_n = \alpha_n^* \hat{a} - \beta_n^* \hat{a}^\dagger \tag{1.85}$$

である．すると，生成される粒子数は $N_n = |\beta_n|^2$ となる．これらの係数 α_n, β_n は，

$$\alpha_n \hat{a} + \beta_n^* \hat{a}^\dagger = S_{\theta_n}^{\phi_n}(\alpha_{n-1}\hat{a} + \beta_{n-1}^*\hat{a}^\dagger)(S_{\theta_n}^{\phi_n})^{-1} \tag{1.86}$$

を使うと

$$\begin{pmatrix} \alpha_n \\ \beta_n^* \end{pmatrix} = \begin{pmatrix} \cosh\theta_n & \sinh\theta_n e^{2i\phi_n} \\ \sinh\theta_n e^{-2i\phi_n} & \cosh\theta_n \end{pmatrix} \begin{pmatrix} \alpha_{n-1} \\ \beta_{n-1}^* \end{pmatrix} \tag{1.87}$$

という関係を満たすことがわかる．よって，n 回の変換の後に得られる粒子数は，$|\beta_{n-1}|^2 = N_{n-1}, |\alpha_{n-1}|^2 = 1 + N_{n-1}$ を使うと

---

[11] スクイーズ変換がランダムな位相で繰り返されることで粒子生成される例として，宇宙初期のインフレーション膨張の後に起こった可能性のある前加熱 (preheating) とよばれる熱化現象がある．詳細は Lev Kofman, Andrei Linde and Alexei A. Starobinsky の論文 Towards the theory of reheating after inflation, Phys. Rev. D 56 (1997) 3258 を参照．

$$
\begin{aligned}
N_n = |\beta_n|^2 &= |s\alpha_{n-1}e^{-2i\phi_n} + c\beta_{n-1}^*|^2 \\
&= s^2(1 + |\beta_{n-1}|^2) + c^2|\beta_{n-1}|^2 + (sce^{-2i\phi_n}\alpha_{n-1}\beta_{n-1} + c.c.) \\
&= s^2 + (1 + 2s^2)N_{n-1} + 2\sqrt{N_{n-1}(N_{n-1}+1)}s\sqrt{1+s^2}\cos\varphi
\end{aligned}
\tag{1.88}
$$

となる．ただし $s = \sinh\theta_n$, $c = \cosh\theta_n$ と略記した．また位相 φ を

$$\varphi = -2\phi_n + \arg(\alpha_{n-1}\beta_{n-1}) \tag{1.89}$$

として定義した[12]．$N_{n-1} \gg 1$ であれば，

$$N_n = |\beta_n|^2 = \left((1 + 2s^2) + 2s\sqrt{1+s^2}\cos\varphi\right)N_{n-1} \equiv e^{2\pi\mu_n}N_{n-1}$$

と近似できて，生成された最後の粒子数は，その前の粒子数に比例する．比例係数の最大値，最小値は $s > 0$ とすると，スクイーズ変換の位相 φ によって

$$(\sqrt{1+s^2} - s)^2 \leq e^{2\pi\mu_n} \leq (\sqrt{1+s^2} + s)^2 \tag{1.90}$$

となる．$s = \sinh\theta_n \sim 0$ のときは，粒子数変化率は

$$e^{2\pi\mu_n} \sim 1 + 2s\cos\varphi \tag{1.91}$$

となり，位相がランダムに与えられるとすると，粒子数の増加と減少はほぼ同じ確率で起こる．このために平均すると全体の粒子数はあまり変わらない．しかし s が少しでも大きくなると，粒子数変化率はほとんどの位相に対して 1 を超えることがわかる．図 1.6 では，$s = 0.5$ のときの粒子数変化率を位相の関数として図示した．$s \gg 1$ のときには，$\sqrt{1+s^2} \sim s(1 + 1/2s^2)$ より

$$1/(2s)^2 < e^{2\pi\mu_n} < (2s)^2 \tag{1.92}$$

となるが，ほとんどの位相領域で粒子数が大幅に増大する．$e^{2\pi\mu_n} = 1$ となるときの位相 $\varphi (< \pi)$ の値を $\tilde{\phi}$ と書くと，この値は係数 $s = \sinh\theta_n$ が大きくなるとともに，図 1.7 のように変化する．以上のことから，1 回ごとの位相がランダムに変化する場合でも，スクイーズ変換が繰り返されると平均としては粒子数が増大していくことがわかる．

---
[12] $s < 0$ のときは，その位相も含める．

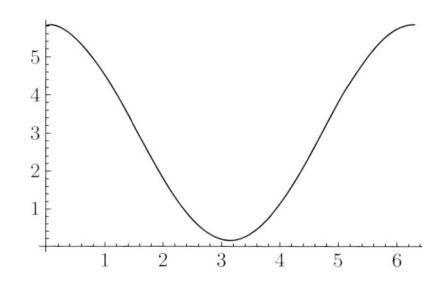

図 **1.6** $s = 0.5$ のときの粒子数変化率．縦軸が粒子数変化率 $e^{2\pi\mu n}$，横軸が位相角 $0 < \varphi_n < 2\pi$．ほとんどの領域で粒子数変化率が 1 を超えていることがわかる．

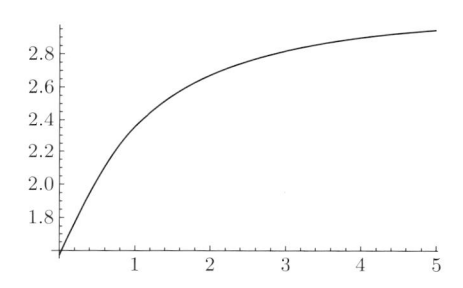

図 **1.7** 横軸は s の値．縦軸は，粒子数が変化しないときの位相値 $\tilde{\phi}$ を $0 < \varphi < \pi$ の範囲で求めたもの．これより小さな位相では粒子数が増大し，$\tilde{\phi} < \varphi < 2\pi - \tilde{\phi}$ のときに減少する．$\varphi > 2\pi - \tilde{\phi}$ だとまた粒子数は増大する．s が大きくなると，$\tilde{\phi} \to \pi$ に漸近して，粒子数が減少する位相の領域がどんどん π 近傍に収束していくことがわかる．

1.9 ボゴリューボフ変換

スクイーズ変換は，一つの調和振動子の生成消滅演算子を混ぜる変換で，一つのモードの粒子対を生成する．このような変換が可能なのは，この粒子が電荷や運動量など保存量をもたない場合に限られる．この制約を回避するため，この節では，二つの調和振動子を導入し，それらの生成消滅演算子を混ぜる変換として，ボゴリューボフ変換を定義する．

同じ振動数をもつ二つの調和振動子系のハミルトニアンは

$$\hat{H} = \hat{H}_1 + \hat{H}_2, \quad \hat{H}_i = \frac{\hat{p}_i^2}{2} + \frac{\omega^2 \hat{x}_i^2}{2} = \hbar\omega \left(\hat{a}_i^\dagger \hat{a}_i + 1 \right) \tag{1.93}$$

で与えられる．この系の基底状態は，それぞれの調和振動子の基底状態の直積 $|0\rangle \equiv |0\rangle_1 \otimes |0\rangle_2$ で与えられる．ここで，次のユニタリー演算子

$$U_\theta = e^{\theta G_\phi}, \quad G_\phi = (\hat{a}_1 \hat{a}_2 e^{i\phi} - \hat{a}_1^\dagger \hat{a}_2^\dagger e^{-i\phi}) \tag{1.94}$$

を導入する．演算子 G_ϕ は反エルミート $G_\phi^\dagger = -G_\phi$ で，

$$[G_\phi, \hat{a}_1] = \hat{a}_2^\dagger e^{-i\phi}, \quad [G_\phi, \hat{a}_2^\dagger] = \hat{a}_1 e^{i\phi} \tag{1.95}$$

を満たす．これより

$$\begin{pmatrix} \hat{a}_{1,new} \\ \hat{a}_{2,new}^\dagger \end{pmatrix} \equiv U_\theta \begin{pmatrix} \hat{a}_1 \\ \hat{a}_2^\dagger \end{pmatrix} U_\theta^\dagger$$
$$= \begin{pmatrix} \cosh\theta & \sinh\theta\, e^{-i\phi} \\ \sinh\theta\, e^{i\phi} & \cosh\theta \end{pmatrix} \begin{pmatrix} \hat{a}_1 \\ \hat{a}_2^\dagger \end{pmatrix} \tag{1.96}$$

となる．このように二つの異なる調和振動子の消滅演算子と生成演算子を混ぜる変換は，ボゴリューボフ (Bogoliubov) 変換とよばれる．スクイーズ変換と異なり，各調和振動子に対応する粒子の量子数（電荷や運動量）が逆であれば，これらの量子数の保存則と矛盾しない．例えば，$\hat{a}_{1,2}$ としてそれぞれ運動量 $\mathbf{k}, -\mathbf{k}$ をもつモードとすると，ボゴリューボフ変換 (1.96) は，同じ運動量 $\mathbf{k}$ をもつ演算子の混合になっており，運動量の保存に矛盾せず，粒子生成が記述できる．

ボゴリューボフ変換された状態を基底状態にもつハミルトニアンは，変換 U_θ を使えば

$$\hat{H}_{new} = U_\theta \hat{H} U_\theta^\dagger = \hbar\omega \left(\sum_{i=1,2} \hat{a}_{i,new}^\dagger \hat{a}_{i,new} + 1 \right) \tag{1.97}$$

と簡単につくることができる．もとの演算子で書き直すと，

$$\hat{H}_{new} = \hbar\omega \big(\cosh 2\theta \sum_i \hat{a}_i^\dagger \hat{a}_i + \sinh 2\theta\, (\hat{a}_1 \hat{a}_2 e^{i\phi} + \hat{a}_1^\dagger \hat{a}_2^\dagger e^{-i\phi})$$
$$+ 1 + 2\sinh^2\theta \big) \tag{1.98}$$

となり，全粒子数演算子

$$\hat{N} \equiv \sum_{i=1,2} \hat{a}_i^\dagger \hat{a}_i \tag{1.99}$$

とは可換ではない．つまり，このハミルトニアンで時間発展する系は，全粒子数を保存していない．上の構成方法から明らかなように，このハミルトニアンの基底状態は，$|\theta\rangle = U_\theta |0\rangle$ で与えられ，

$$\hat{a}_{i,new}|\theta\rangle = U_\theta \hat{a}_i U_\theta^\dagger |\theta\rangle = 0 \quad (i=1,2) \tag{1.100}$$

を満たす．

この条件を満たす状態は，式 (1.96) を使って，(1.79) と同様に

$$|\theta\rangle \propto e^{-e^{-i\phi} \tanh\theta \, \hat{a}_1^\dagger \hat{a}_2^\dagger}|0\rangle \tag{1.101}$$

となる．この波動関数を規格化すると，

$$|\theta\rangle = \frac{1}{\cosh\theta} e^{-t \hat{a}_1^\dagger \hat{a}_2^\dagger}|0\rangle = \frac{1}{\cosh\theta} \sum_{n=0}^\infty (-t)^n |n\rangle_1 \otimes |n\rangle_2 \tag{1.102}$$

となる．ただし $t \equiv e^{-i\phi} \tanh\theta$ とおいた．この状態は，それぞれの調和振動子が同じエネルギーレベルに励起している状態の重ね合わせ状態になっている．このような状態を絡み合った状態 (entangled state) という．場の理論は，無数の調和振動子がより集まったものである．その場合，調和振動子の励起数 n は，粒子数に対応する．ボゴリューボフ変換された状態 $|\theta\rangle$ は，粒子 1 と粒子 2 がそれぞれ n 個ずつ対生成された状態の重ね合わせになっている．

この状態 $|\theta\rangle$ は，$|0\rangle$ からユニタリー変換で構成されたことからわかるように純粋状態である．すなわち $\hat{\rho} \equiv |\theta\rangle\langle\theta|$ という密度行列をつくると $\hat{\rho}^2 = \hat{\rho}$ を満たす．ここで粒子 2 を観測せずに粒子 1 だけに興味があるとしよう．例えば粒子 1 の粒子数の期待値を計算してみよう．そのとき，直接 (1.102) から期待値を計算することもできるが，まず粒子 2 の状態空間について和（トレース）をとると

$$\langle\theta|\hat{a}_1^\dagger \hat{a}_1|\theta\rangle = \text{Tr}(\hat{\rho}\hat{a}_1^\dagger \hat{a}_1) = \text{Tr}_1(\hat{\rho}_1 \hat{a}_1^\dagger \hat{a}_1) \tag{1.103}$$

と書き直せる．ただし Tr は全空間でのトレース，Tr_i は状態空間 i に制限したトレースを意味し，$\text{Tr} = \text{Tr}_1 \otimes \text{Tr}_2$ である．トレースの定義は $\text{Tr}_i \hat{O} = \sum_{n=0}^\infty {}_i\langle n|\hat{O}|n\rangle_i$ で与えられる．$\hat{\rho}_1 = \text{Tr}_2 \hat{\rho}$ は全体の密度行列 $\hat{\rho} = |\theta\rangle\langle\theta|$ を状態空間 2 で部分トレースをとることで得られる新しい密度行列であり，具体的に計算すると

$$\hat{\rho}_1 = \frac{1}{(\cosh\theta)^2}\sum_n |t|^{2n}|n\rangle_{11}\langle n| = \frac{1}{(\cosh\theta)^2}e^{-\tilde{\beta}\hat{N}_1} \qquad (1.104)$$

となる．ただし，$\tilde{\beta}$ を $(\tanh\theta)^2 = e^{-\tilde{\beta}}$ で定義し，また状態 1 の粒子数演算子

$$\hat{N}_1 \equiv \hat{a}_1^\dagger \hat{a}_1 = \sum_n n|n\rangle_{11}\langle n| \qquad (1.105)$$

を使った．この密度行列は，$\hbar\omega/\tilde{\beta}$ の温度をもつカノニカル分布と同じ混合状態になっている．これを使って粒子 1 の粒子数の期待値を計算すると

$$N_1 = \langle\theta|\hat{a}_1^\dagger \hat{a}_1|\theta\rangle = \frac{1}{(\cosh\theta)^2}\mathrm{Tr}_1(e^{-\tilde{\beta}\hat{N}_1}\hat{a}_1^\dagger \hat{a}_1) = (\sinh\theta)^2 \qquad (1.106)$$

となる．このように絡み合った純粋状態を部分系に着目すると，有限温度系と同じ性質をもつ．このような現象は，ブラックホール時空からのホーキング輻射，加速運動する観測者が感じる有限温度効果（ウンルー効果）などでも起こり，絡み合った状態から得られる有限温度効果とみなすことができる[13]．

最後に，ボゴリューボフ変換された状態と真空との重なりは

$$|\langle 0|\theta\rangle|^2 = \frac{1}{(\cosh\theta)^2} = \exp\left(-\log(1+N_1)\right) \qquad (1.107)$$

で与えられる．

1.10　フェルミオンのボゴリューボフ変換

二つのボーズ粒子的な生成消滅演算子を混ぜるボゴリューボフ変換は，式 (1.96) で定義される．これをフェルミ粒子的な反交換関係を満たす演算子 $\hat{b}, \hat{b}^\dagger$ に拡張しておこう．フェルミ粒子は，パウリ排他律を満たし，同じ状態に二つの粒子が占有できない．このことは，生成演算子を 2 回かけると状態が消えること，

$$(\hat{b}^\dagger)^2 = 0 \qquad (1.108)$$

を意味している．つまり $\hat{b}|0\rangle = 0$ を満たす真空状態に生成演算子を作用して得られる励起状態は $\hat{b}^\dagger|0\rangle$ のみである．ボゴリューボフ変換を定義するために，

---
[13] これらの例については第 4 章で詳しく解説する．

$$\{\hat{b}_i, \hat{b}_j^\dagger\} = \delta_{ij}, \quad \{\hat{b}_i, \hat{b}_j\} = 0 \tag{1.109}$$

を満たす二つのフェルミ粒子的な演算子 ($i = 1, 2$) を導入する.

ここで，次のユニタリー演算子 U_θ

$$U_\theta = e^{\theta G}, \quad G = \hat{b}_1 \hat{b}_2 - \hat{b}_2^\dagger \hat{b}_1^\dagger \tag{1.110}$$

を導入する．ボソンのときと同様に位相も入れることは可能だが，簡単のため位相は $\phi = 0$ とする．G は

$$[G, \hat{b}_1] = -\hat{b}_2^\dagger, \quad [G, \hat{b}_2^\dagger] = \hat{b}_1 \tag{1.111}$$

を満たす．これから

$$\begin{pmatrix} \hat{b}_{1,new} \\ \hat{b}_{2,new}^\dagger \end{pmatrix} \equiv U_\theta \begin{pmatrix} \hat{b}_1 \\ \hat{b}_2^\dagger \end{pmatrix} U_\theta^\dagger = \begin{pmatrix} \cos\theta & -\sin\theta \\ \sin\theta & \cos\theta \end{pmatrix} \begin{pmatrix} \hat{b}_1 \\ \hat{b}_2^\dagger \end{pmatrix} \tag{1.112}$$

を示すことができる．ボゴリューボフ変換された状態

$$|\theta\rangle = U_\theta |0\rangle \tag{1.113}$$

は

$$\begin{aligned} \hat{b}_{1,new}|\theta\rangle &= (\hat{b}_1 \cos\theta - \hat{b}_2^\dagger \sin\theta)|\theta\rangle = 0 \\ \hat{b}_{2,new}|\theta\rangle &= (\hat{b}_1^\dagger \sin\theta + \hat{b}_2 \cos\theta)|\theta\rangle = 0 \end{aligned} \tag{1.114}$$

を満たす．これを解き，ボソンのときと同様に規格化定数を計算すると

$$|\theta\rangle = \cos\theta \exp(t\hat{b}_1^\dagger \hat{b}_2^\dagger)|0\rangle = \cos\theta|0\rangle + \sin\theta|1\rangle_1 \otimes |1\rangle_2 \tag{1.115}$$

ただし $t = \tan\theta$ と書いた．ボソンのときと同様に粒子対が生成されているが，パウリ排他律のため一つの粒子対で終わっている．粒子1の平均粒子数は

$$N_1 = \langle\theta|\hat{b}_1^\dagger \hat{b}_1|\theta\rangle = \sin^2\theta \tag{1.116}$$

となり，真空との重なりは

$$|\langle 0|\theta\rangle|^2 = \cos^2\theta = \exp(\log(1 - N_1)) \tag{1.117}$$

となる．生成された粒子数 N_1 が小さいときは，統計性が関係なくなり，(1.107) と同じ結果 e^{-N_1} を与える．

1.11 時間変化する調和振動子と粒子生成

この節ではスクイーズ変換の応用として，振動数が時間に依存するような調和振動子を考えよう．

調和振動子の振動数 $\omega(t)$ が次のように時間変化する場合を考える．

$$\omega(t \to -\infty) = \omega_-, \quad \omega(t \to +\infty) = \omega_+ \tag{1.118}$$

まず，$\omega(t)$ の時間変化が十分ゆっくり ($|\dot\omega|/\omega^2 \ll 1$) で断熱近似が成立すると仮定しよう．すると振動数 ω_- の調和振動子の基底状態から出発したとき，その状態は，そのまま ω_+ の振動子の基底状態へと遷移する．より一般に，励起された振動子の数は断熱保存量となる．一方，振動数の変化が急激だと，基底状態から出発しても，振動数の変化によって励起状態へと遷移する確率が発生する．このような非断熱的遷移が，粒子生成を引き起こす．

ポテンシャルが時間変化する調和振動子のハミルトニアンは

$$H = \frac{\hat p^2}{2} + \frac{\omega(t)^2 \hat x^2}{2} \tag{1.119}$$

で与えられる．$t \to \pm\infty$ では振動数 $\omega_\pm$ の調和振動子となるので，ハイゼンベルグ表示での座標演算子は

$$\hat x(t) = \sqrt{\frac{\hbar}{2\omega_\pm}} \left(\hat a_\pm e^{-i\omega_\pm t} + \hat a_\pm^\dagger e^{+i\omega_\pm t} \right) \quad (t \to \pm\infty) \tag{1.120}$$

と展開できる．ハイゼンベルグ演算子 $\hat x(t), \hat p(t)$ の満たす方程式

$$\frac{d\hat x}{dt} = \frac{i}{\hbar}[H, \hat x] = \hat p, \quad \frac{d\hat p}{dt} = \frac{i}{\hbar}[H, \hat p] = -\omega^2(t)\hat x \tag{1.121}$$

より

$$\left(\frac{d^2}{dt^2} + \omega^2(t) \right) \hat x(t) = 0 \tag{1.122}$$

が導かれる．この方程式は，t を（仮想的に）空間座標だと解釈すると，場所

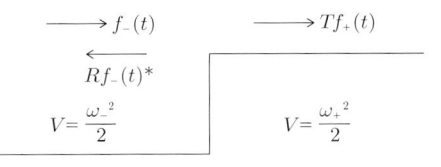

```
      ──────→ f_-(t)           ──────→ Tf_+(t)
      ←──────
       Rf_-(t)*
      V = ω_-²/2              V = ω_+²/2
```

図 1.8 振動数が時刻 $t=0$ で，ω_- から ω_+ に急激に変わる調和振動子．このときの粒子生成は，時刻 t を（空間）座標だと思ったときの散乱問題に帰着する．左側 $t<0$ から入射する波 $f_-(t)$ は，ポテンシャルの壁で散乱されて，反射波 $f_-(t)^*$ と透過波 $f_+(t)$ に分かれる．

に依存するポテンシャル $-\omega^2(t)/2$ をもつ 1 次元シュレーディンガー方程式である．2 階微分方程式なので二つ独立解がある．$t \to \pm\infty$ では (1.120) の各項

$$f_\pm(t) = \sqrt{\frac{\hbar}{2\omega_\pm}} e^{-i\omega_\pm t} \quad \text{および} \quad f_\pm^*(t) \tag{1.123}$$

で与えられ[14]，ポテンシャルの影響で散乱し $t = \pm\infty$ での二つの漸近解が混じり合う．(1.122) の二つの解 $f_1(t)$ と $f_2(t)$ に対して，内積（ロンスキアンともいう）を

$$(f_1, f_2) = \frac{i}{\hbar}(f_1^* \dot{f}_2 - \dot{f}_1^* f_2) \tag{1.124}$$

で定義すると，式 (1.122) を使って，この内積が時間不変であることが示される．特に，$t \to \pm\infty$ では，

$$(f_\pm, f_\pm) = -(f_\pm^*, f_\pm^*) = 1, \quad (f_\pm, f_\pm^*) = 0 \tag{1.125}$$

となる．ポテンシャルが不連続な場合でも，不連続点で，波動関数とその微分が連続であるという接続条件をおくことで，この内積は保存される．

以下では，簡単のため，振動数が時刻 $t=0$ で急激に変化 $(\omega(t) = \theta(-t)\omega_- + \theta(t)\omega_+)$ する場合を考えよう．時刻 $t<0$ と $t>0$ では，それぞれ振動数の異なる調和振動子で記述され，$t=0$ で非断熱的遷移を引き起こす．この系のシュレーディンガー方程式を，散乱問題として解いてみよう．図 1.8 のように左から入ってきた入射波は $t=0$ で散乱する．その一部は反射し，残りが透過する．このような境界条件をもつ解は，反射係数 R と透過係数 T を使って

---

[14] 波動関数に対する複素共役には f^* を使うが，これは $\bar{f}$ と同じものであり深い意味はない．

$$t < 0: \quad f_-(t) + R f_-^*(t)$$
$$t > 0: \quad T f_+(t) \tag{1.126}$$

と書ける．$t = 0$ で，波動関数とその微分が等しいという接続条件を使うと，

$$\frac{1}{T} = \frac{1}{2}\left(\sqrt{\frac{\omega_-}{\omega_+}} + \sqrt{\frac{\omega_+}{\omega_-}}\right), \quad \frac{R}{T} = \frac{1}{2}\left(\sqrt{\frac{\omega_-}{\omega_+}} - \sqrt{\frac{\omega_+}{\omega_-}}\right) \tag{1.127}$$

と与えられる．内積の保存から，$1 - |R|^2 = |T|^2$ が保証されているが，実際に，解 (1.127) は $(1/T)^2 - (R/T)^2 = 1$ を満たしている．そこで角度 θ を

$$1/T = \cosh\theta, \quad R/T = \sinh\theta \tag{1.128}$$

で定義しよう．$t > 0$ の解 $f_+(t)$ を $t < 0$ に接続すると，

$$f_+(t) \to \cosh\theta\, f_-(t) + \sinh\theta\, f_-^*(t) \tag{1.129}$$

となる．これを $\hat{x}(t) = f_+(t)\hat{a}_+^\dagger + f_+^*(t)\hat{a}_+$ に代入して，$t < 0$ の展開式 $\hat{x}(t) = f_-(t)\hat{a}_- + f_-(t)^*\hat{a}_-$ と比べると，両側で定義された生成消滅演算子間の関係式

$$\hat{a}_- = \hat{a}_+ \cosh\theta + \hat{a}_+^\dagger \sinh\theta \tag{1.130}$$

が導かれる．この関係式は，スクイーズド状態をつくり出す演算子 (1.69) を使うことで，

$$\hat{a}_- = e^{\theta F_0} \hat{a}_+ e^{-\theta F_0} \tag{1.131}$$

と書ける．ここで，$t > 0$ および $t < 0$ での真空状態を，それぞれ

$$\hat{a}_\pm |0_\pm\rangle = 0 \tag{1.132}$$

で定義しよう．すると，(1.131) より，これら二つの漸近的な真空状態は

$$|0_-\rangle = e^{\theta F_0}|0_+\rangle = S_\theta |0_+\rangle \tag{1.133}$$

で関係している．これは，$t < 0$ で基底状態（粒子数 0）から出発すると，$t = 0$ で非断熱的に状態が変化し，$t > 0$ では，励起状態 $e^{\theta F}|0_+\rangle$ に持ち上げられる

ことを意味する．生成される粒子数は，式 (1.80) より

$$N_+ = \langle \hat{N}_+ \rangle = \langle 0_-|\hat{a}_+^\dagger \hat{a}_+|0_-\rangle = (\sinh\theta)^2 = \frac{(\omega_+ - \omega_-)^2}{4\omega_+\omega_-} \quad (1.134)$$

となる．すなわち，非断熱的遷移により粒子が生成される．

場の量子論では，このような時間に依存する調和振動子の例は，外場中での粒子生成の問題として頻繁に現れる．特に，膨張する時空（宇宙）では，過去に粒子のない「真空」状態から出発しても，宇宙が膨張するにつれて粒子が生成される．

振動数が急激に変わる場合は，生成消滅演算子の混合を表す式 (1.130) は (1.120) から直接求められる．急激でない場合には，上記の散乱問題を解く必要があるが，超幾何関数を使った厳密解が知られている [15]．特に，

$$\omega(t) = \sqrt{A + B\tanh(\rho t)}, \quad \sqrt{A - B} = \omega_-, \quad \sqrt{A + B} = \omega_+ \quad (1.135)$$

の場合には，生成される粒子数は

$$\sinh^2\theta = \frac{\sinh^2(\pi(\omega_+ - \omega_-)/2\rho)}{\sinh(\pi\omega_-/\rho)\sinh(\pi\omega_+/\rho)} \quad (1.136)$$

で与えられる．$\rho \to \infty$ は非断熱極限に対応し，本文の $(R/T)^2$ に一致する．一方で $\rho \to 0$ は断熱極限に対応し，$\omega_+ > \omega_-$ のとき $\sinh^2\theta \to e^{-2\pi\omega_-/\rho}$ と指数関数で粒子生成が抑制される．

1.12 *断熱近似（WKB 近似）

前の節では，$t = 0$ で急激にポテンシャル（振動数）が変わる例で，スクイーズ変換による真空の変化とそれに伴う粒子生成をみた．この節では，より一般的に振動数が時間変化する状況を考えよう．

振動数の時間変化が遅いときは，断熱近似が適用できる．系統的に断熱近似を実行するため，便宜的に微小パラメータ ϵ を導入して，方程式 (1.122) を

$$\left(\epsilon^2 \frac{d^2}{dt^2} + \omega^2(t)\right)\hat{x}(t) = 0 \quad (1.137)$$

---

[15] 時間変化する調和振動子の一般解については，例えば N. D. Birrell and P. C. W. Davies, Quantum fields in curved space (Cambridge Monographs on Mathematical physics, 1984) の 3.4 節を参照せよ．

と書き換える[16]．ϵ 一つにつき，時間微分が一つ増加しており，ϵ が小さいことは，時間変化が遅いことに対応する．この方程式の解を，

$$\sqrt{\frac{\epsilon}{2W(t)}} e^{\mp \frac{i}{\epsilon} \int^t W(t')dt'} \tag{1.138}$$

とおいてみよう．この解を (1.137) に代入すると，

$$\epsilon^2 \left(\frac{1}{2} \frac{W''(t)}{W(t)} - \frac{3}{4} \frac{(W'(t))^2}{W(t)^2} \right) = \omega(t)^2 - W(t)^2 \tag{1.139}$$

が得られる．この方程式を，ϵ^2 について逐次的に解くことで，（時間変化によって）補正を受けた振動数 $W(t)$ を

$$W(t) = \omega_0(t) + \epsilon^2 \omega_1(t) + \epsilon^4 \omega_2(t) + \cdots \tag{1.140}$$

と求めることができる．具体的に 2 次まで逐次近似を行うと，

$$\begin{aligned}
\omega_0(t) &= \omega(t) \\
\omega_1(t) &= \frac{3}{8} \frac{\omega'^2}{\omega^3} - \frac{1}{4} \frac{\omega''}{\omega^2} \\
\omega_2(t) &= \frac{1}{16} \frac{\omega''''}{\omega^4} - \frac{5}{8} \frac{\omega'''\omega'}{\omega^5} - \frac{13}{32} \frac{(\omega'')^2}{\omega^5} + \frac{99}{32} \frac{\omega''\omega'^2}{\omega^6} - \frac{297}{128} \frac{\omega'^4}{\omega^7}
\end{aligned} \tag{1.141}$$

となる．$\omega_i(t)$ の各項は，それぞれ $2i$ 個の時間微分を含んでいる．振動数として 0 次の ω_0 をとり，正振動数の波動関数を

$$f_0(t) = \sqrt{\frac{\epsilon}{2\omega(t)}} e^{-\frac{i}{\epsilon} \int^t \omega(t')dt'} \tag{1.142}$$

で近似するのが，通常の WKB 近似である．ϵ の高次まで取り入れるのは，時間変化の高次効果を取り入れることに対応する．この意味で，この逐次近似は，高次 WKB 近似とよばれている．

ϵ^{2n} の項まで取り入れた振動数 $W(t)$ を $W_n(t)$ と書き，この次数までの WKB 波動関数を

$$f_n(t) = \sqrt{\frac{\epsilon}{2W_n(t)}} e^{-\frac{i}{\epsilon} \int^t W_n(t')dt'} \tag{1.143}$$

---

[16] t を座標 x に読み替え，$\epsilon = \hbar$ としたものが通常のシュレーディンガー方程式である．

と書くと，この波動関数は

$$(f_n, f_n) = -(f_n^*, f_n^*) = 1, \quad (f_n, f_n^*) = 0 \tag{1.144}$$

を満たしている．ただし内積は式 (1.124) で $\hbar = 1$ とおいたもので定義した．振動数の時間変化が小さいほど，低次の WKB 近似が厳密に解いた波動関数に近くなる．

以下では，もっとも簡単な WKB 波動関数を使って，粒子生成を議論しよう．（以下 $\epsilon = 1$ とする．）方程式 (1.122) の一つの解は，WKB 波動関数を使って

$$f(t) = \alpha(t) f_0(t) + \beta(t) f_0^*(t) \tag{1.145}$$

と展開できる．WKB 近似がよいとすると，係数 $\alpha(t), \beta(t)$ の時間変化は $f_0(t)$ の時間変化に比べて十分ゆっくりだと考えられる．すると波動関数の規格化条件 $(f, f) = 1$ より

$$|\alpha(t)|^2 - |\beta(t)|^2 = 1 \tag{1.146}$$

が要請される．方程式 (1.122) は 2 階微分方程式であり，一般に解は 2 種類ある．このため，その 1 階微分も指定しないと解 $f(t)$ を一意に指定することができない．ここでは

$$\dot{f}(t) = -i\omega(t)\alpha(t) f_0(t) + i\omega(t)\beta(t) f_0^*(t) \tag{1.147}$$

となるように選ぶことにする．$f(t)$ を直接微分したものと比較すると，この条件は

$$\left(\dot{\alpha} - \frac{\alpha \dot{\omega}}{2\omega}\right) f_0(t) + \left(\dot{\beta} - \frac{\beta \dot{\omega}}{2\omega}\right) f_0^*(t) = 0 \tag{1.148}$$

と等価である．式 (1.147) を使って，$f(t)$ の運動方程式 (1.122) に代入すると，

$$\ddot{f} + \omega^2 f = \left(\dot{\alpha} + \frac{\alpha \dot{\omega}}{2\omega}\right)(-i\omega f_0(t)) + \left(\dot{\beta} + \frac{\beta \dot{\omega}}{2\omega}\right)(i\omega f_0^*(t)) = 0 \tag{1.149}$$

となり，(1.148) と連立させると，α, β に対する微分方程式

$$\dot{\alpha} = \frac{\dot{\omega}}{2\omega}\beta e^{2i \int \omega dt}, \quad \dot{\beta} = \frac{\dot{\omega}}{2\omega}\alpha e^{-2i \int \omega dt} \tag{1.150}$$

が導出できる．この二つの方程式は，$|\alpha|^2 - |\beta|^2$ を保存しているので，上記の規格化条件 (1.146) と整合的なことがわかる．この微分方程式を

$$\alpha(t=0) = 1, \quad \beta(t=0) = 0 \tag{1.151}$$

という初期条件のもとで解くことにしよう．この解は，次のような状況での粒子生成に対応している．

まず調和振動子の位置演算子 $\hat{x}(t)$ を

$$\hat{x}(t) = \hat{a}_0 f(t) + \hat{a}_0^\dagger f^*(t) = \hat{a}(t) f_0(t) + \hat{a}^\dagger(t) f_0^*(t) \tag{1.152}$$

と 2 通りに展開する．$f(t)$ は運動方程式の厳密解であるが，$f_0(t)$ は各時刻での近似解である．時刻 $t=0$ では初期条件 (1.151) により，$f(t)$ と $f_0(t)$ が一致する．これらは正振動数解であり，その係数が初期時刻 $t=0$ での消滅演算子 $\hat{a}_0$ を与える．初期時刻 $t=0$ で定義された真空状態は

$$\hat{a}_0 |0, t=0\rangle = 0 \tag{1.153}$$

を満たす．この状態の時間発展は，厳密な波動関数 $f(t)$ の時間変化で支配されている．一方，式 (1.152) での $\hat{x}(t)$ の二つめの展開は，後の時刻 $t>0$ で近似的な真空を定義するための生成消滅演算子を，WKB 波動関数 $f_0(t)$ の係数として与える式と読むことができる．すなわち，時刻 $t>0$ での近似的な真空状態である"断熱真空"を，

$$\hat{a}(t) |0, t\rangle = 0 \tag{1.154}$$

で定義する．式 (1.145) の厳密解 $f(t)$ は，正振動数解 $f_0(t)$ と負振動数解 $f_0(t)^*$ の時間依存する係数をもつ線形結合で書かれている．この関係を (1.152) に代入すると，時刻 $t=0$ と時刻 t で定義された生成消滅演算子の間には

$$\begin{pmatrix} \hat{a}(t) \\ \hat{a}^\dagger(t) \end{pmatrix} = \begin{pmatrix} \alpha(t) & \beta^*(t) \\ \beta(t) & \alpha^*(t) \end{pmatrix} \begin{pmatrix} \hat{a}_0 \\ \hat{a}_0^\dagger \end{pmatrix} \tag{1.155}$$

の関係式が成立する．式 (1.151) より $t=0$ ではこの行列は単位行列であるから，この初期条件は $t=0$ で真空状態から出発したことを意味している．式 (1.155) は，1.7 節のスクイーズ変換であり [17]，時間に依存する調和振動子系

---
[17] 対角成分の位相は，$\hat{a}(t) \to e^{i\varphi(t)} \hat{a}(t)$ の変換で消すことができる．

では粒子生成が起こることを意味する．真空から出発したとき，生成される粒子数は，式 (1.80) より $|\beta|^2$ で与えられる．この生成粒子数は，連立方程式 (1.150) を初期条件 (1.151) のもとで解いて求めればよい．

係数 α, β の物理的な意味がわかった．そこで，微分方程式 (1.150) から，生成粒子数 $n(t) = |\beta(t)|^2$ に対する微分方程式を求めると，

$$\frac{dn(t)}{dt} = \beta^* \dot{\beta} + \dot{\beta}^* \beta = \frac{\dot{\omega}}{2\omega} \left(\beta^* \alpha e^{-2i \int_0^t \omega dt} + c.c. \right) \quad (1.156)$$

となる．右辺を再度 $n(t)$ で表すために，$c(t) = \beta^* \alpha$ に対する微分方程式をつくると

$$\begin{aligned}\frac{dc(t)}{dt} &= \beta^* \dot{\alpha} + \dot{\beta}^* \alpha = \frac{\dot{\omega}}{2\omega} \left(|\beta|^2 e^{2i \int_0^t \omega dt} + |\alpha|^2 e^{2i \int_0^t \omega dt} \right) \\ &= \frac{\dot{\omega}(t)}{2\omega(t)} (1 + 2n(t)) e^{2i \int_0^t \omega dt}\end{aligned} \quad (1.157)$$

となる．2行目では，$|\alpha|^2 - |\beta|^2 = 1$ と定義 $n = |\beta|^2$ を使った．$c(t) = 0$ の初期条件で $c(t)$ を積分し，$n(t)$ の微分方程式に代入すると，

$$\frac{dn(t)}{dt} = \frac{\dot{\omega}(t)}{2\omega(t)} \int_0^t dt' \frac{\dot{\omega}(t')}{\omega(t')} (1 + 2n(t')) \cos \left(2 \int_{t'}^t \omega(t'') dt'' \right) \quad (1.158)$$

が得られる．ある時刻での粒子数生成率は，振動数変化がなくなると消える．また $(1 + 2n)$ はボーズ粒子性からくる増幅因子で，$2n$ は誘導輻射に対応する．重要なのは，粒子生成率が，その時刻よりも前の時刻の振動積分で書かれていることである．周期 2ω の振動項は，エネルギー $\hbar\omega$ の粒子対がつくられた状態とつくられていない状態の間の干渉を表す．この振動項のため，t' と t が時間間隔 $1/\omega(t)$ 以上離れた積分は相殺し，t' 積分の大部分の寄与は，t 近傍からくる．

1.13　経路積分

これまで，演算子形式で量子力学，特に調和振動子系を扱ってきた．場の量子論は，無限個の調和振動子の集まりであり，同様に演算子形式で扱うこともできるが，無限に多数の自由度をもつため，経路積分を使った定式化の方が便利なことが多い．そのための準備として，この節では経路積分を導入する．

ハミルトニアン $\hat{H} = \hat{p}^2/2m + V(\hat{x})$ で時間発展する量子系を考えよう．時

刻 0 に $|\psi_i\rangle$ で表される初期状態が，時刻 T に別の状態 $|\psi_f\rangle$ へ遷移する振幅 $\mathcal{A}_{fi}$ は，

$$\mathcal{A}_{fi} = \langle \psi_f | e^{-i\hat{H}T/\hbar} | \psi_i \rangle \tag{1.159}$$

で与えられる．この遷移振幅を，1 の分解 (1.12) を使って書き換える．時間間隔 T を N 等分して，$T = N\epsilon$ と書くと，時刻 0 から T への遷移振幅は，

$$\mathcal{A}_{fi} = \int dx_f dx_i \psi_f^*(x_f) \psi_i(x_i) \langle x_f | (e^{-i\hat{H}\epsilon/\hbar})^N | x_i \rangle$$

$$= \int [dx]\, \psi_f^*(x_f) \psi_i(x_i) \prod_{m=0}^{N-1} \langle x_{m+1} | e^{-i\hat{H}\epsilon/\hbar} | x_m \rangle \tag{1.160}$$

と，時間間隔 ϵ の遷移振幅 N 個の積で書くことができる．ここで，$[dx] = \prod_{n=0}^{N} dx_n$ という記号を導入し，$x_0 = x_i$, $x_N = x_f$ と書いた．

N は最終的に無限大の極限をとる．すると時間間隔 ϵ は無限小になる．無限小の時間間隔 ϵ に対しては，粒子の位置もほとんどその値を変えないであろう．古典的に考えれば，粒子の位置の変化は，その時刻の速度を $\dot{x}_m$ とすると $(x_{m+1} - x_m) = \dot{x}_m \epsilon$ で近似できる．量子論の場合も，微小時間間隔での遷移振幅が 0 でない値をもつのは，同じような条件が満たされるときだけだと考えられる．そこで，各遷移振幅は，ϵ の 2 次以上の項を無視すれば，1 の分解 (1.14) を使って次のように変形できる：

$$\langle x_{m+1} | e^{-i\hat{H}\epsilon/\hbar} | x_m \rangle = \int dp_m \langle x_{m+1} | p_m \rangle \langle p_m | (1 - i\hat{H}\epsilon/\hbar) | x_m \rangle$$

$$= \int dp_m \langle x_{m+1} | p_m \rangle \langle p_m | (1 - iH(x_m, p_m)\epsilon/\hbar) | x_m \rangle$$

$$= \int \frac{dp_m}{2\pi\hbar} \exp\left[\frac{i}{\hbar}\left(p(x_{m+1} - x_m) - H(x_m, p_m)\epsilon\right)\right]$$

$$= \int \frac{dp_m}{2\pi\hbar} e^{i\epsilon(p_m \dot{x}_m - H(x_m, p_m))/\hbar} \tag{1.161}$$

ここで，$\langle x|p\rangle = e^{ipx/\hbar}/\sqrt{2\pi\hbar}$ を使った[18]．これを (1.160) の各遷移振幅につ

---

[18] p の完全系を入れる位置は，ハミルトニアンの左だが，右に入れてもよい．その差は ϵ の高次だからである．その場合は，$H(x_{m+1}, p_m)$ となる．両者の中間値をとり，$H((x_{m+1} + x_m)/2, p_m)$ ととるやり方を中点処方とよび，演算子の順序付けをワイル順序にとることに対応している．詳しくは例えば，崎田文二，吉川圭二著「径路積分による多自由度の量子力学」(岩波書店，1986；岩波オンデマンドブックス，2013) を参照．経路積分での様々な微妙な問題が注意深く議論されている．

いて行うと，

$$\begin{aligned}\mathcal{A}_{fi} &= \int [dx][dp]\psi_f^*(x_f)\psi_i(x_i)\prod_{m=0}^{N-1} e^{i\epsilon(p_m\dot{x}_m - H(x_m,p_m))/\hbar} \\ &= \int [dx][dp]\psi_f^*(x_f)\psi_i(x_i) e^{i\int_0^T dt(p\dot{x}-H(x,p))/\hbar} \end{aligned} \quad (1.162)$$

が得られる．ただし $[dp] = \prod_{n=0}^{N-1}(dp_n/2\pi\hbar)$ であり，2 行目では $N \to \infty$ の極限をとって離散和を連続積分に置き換えた．式 (1.162) は，散乱振幅の相空間での経路積分表示とよばれる．

ハミルトニアンが $H(x,p) = p^2/2m + V(t)$ で与えられる場合，(1.161) の運動量積分はガウス積分となり

$$\langle x_{m+1}|e^{-i\hat{H}\epsilon/\hbar}|x_m\rangle = \sqrt{\frac{m}{2\pi i\epsilon\hbar}}\, e^{i\epsilon(m\dot{x}_m^2/2 - V(x_m))/\hbar} \quad (1.163)$$

と実行できる．これを各遷移振幅に代入し，

$$\mathcal{D}x = \lim_{N\to\infty} \left(\frac{m}{2\pi i\epsilon\hbar}\right)^{N/2} \prod_{n=0}^N dx_n \quad (1.164)$$

と書くと，遷移振幅の（座標空間での）経路積分表示

$$\mathcal{A}_{fi} = \int_{x_i}^{x_f} \mathcal{D}x\, \psi_f^*(x_f)\psi_i(x_i) e^{iS[\{x(t)\}]/\hbar} \quad (1.165)$$

が得られる．$S[\{x(t)\}]$ は，境界条件 $x(0) = x_i$, $x(T) = x_f$ を満たす経路 $\{x(t)\}$ についての作用積分である．ある状態から別の状態へ遷移する確率は，経路ごとの重み $e^{iS/\hbar}$ をつけて，座標空間の中で境界条件を満たす全ての経路について足し上げれば求められる．

このように，遷移振幅 $\mathcal{A}_{fi}$ は，演算子形式 (1.159) と経路積分形式 (1.165) の 2 通りで与えられる．

古典力学には，ハミルトン形式とラグランジュ形式の 2 種類があった．それに対応して，量子力学にも二つの定式化がある．演算子形式 (1.159) は，状態の時間発展など，ヒルベルト空間の構造を調べるのに適している．一方で，経路積分表示 (1.165) は，ラグランジュ形式に対応し，古典対応をみることに適している．(1.165) は，各経路の重みが作用積分をプランク定数で割り，虚数 i をかけたものの指数関数になっている．プランク定数を小さくとる極限が古

典極限であることを思い出すと，これらの無数ある経路の中でもっとも寄与の大きな経路は，作用関数が極値をとる経路であることがわかる．極値をとらない経路の寄与は，経路の微小な変化で $e^{iS[\{x(t)\}]/\hbar}$ の複素位相が急速に変化し，積分には効かなくなると期待される．よって古典極限では，積分は鞍点，すなわち作用の極値をとる経路を x_{cl} の和

$$\mathcal{A}_{fi} \sim \int dx_i dx_f \psi_f^*(x_f) \psi_i(x_i) \sum_{x_{cl}} K_{cl} e^{iS[\{x_{cl}(t)\}]/\hbar} \tag{1.166}$$

で与えられる．K_{cl} はそれぞれの経路 x_{cl} の周りのガウス積分からくる重みである．作用積分が極値をとる経路とは，古典運動方程式（ハミルトン・ヤコビ方程式）を満たす経路である．よって，古典極限（作用積分の大きさに比べてプランク定数を小さくする極限）では，経路積分が，古典運動方程式を満たす経路についての離散和として評価できる．

1.14 調和振動子の経路積分

経路積分の例として調和振動子を取り上げよう．ハミルトニアンは，(1.23)で与えられる．初期状態および終状態として，座標の固有状態 $|x_i\rangle$ と $|x_f\rangle$ をとる．すると遷移振幅は，

$$\langle x_f | e^{-iHT/\hbar} | x_i \rangle = \int_{x(0)=x_i}^{x(T)=x_f} \mathcal{D}x \exp\left[\frac{i}{\hbar} \int_0^T dt \left(\frac{\dot{x}^2}{2} - \frac{\omega^2 x^2}{2}\right)\right] \tag{1.167}$$

で与えられる．ここで経路積分 $\int \mathcal{D}x$ は，両端を固定した境界条件をもつ全ての経路についての和である．作用は変数 x について2次形式なので，この積分は関数空間（与えられた境界条件をもつ関数 $\{x(t)|t \in [0,T]\}$ 全体のつくる空間）についてのガウス積分として実行できる．

量子力学の問題としては，遷移振幅 $\langle x_f | x_i(T) \rangle$ そのものよりも，$\langle T(\prod_n \hat{x}_{t_n}) \rangle$ のような相関関数が必要となることが多い．（この期待値の意味は後で定義する．）そこで以下では，遷移振幅を一般化し，変数 $x(t)$ に共役な源 (source) 項 $J(t)$ を導入して

$$Z_0[J] \equiv \int_{x(0)=0}^{x(T)=0} \mathcal{D}x \exp\left[\frac{i}{\hbar} \int_0^T dt \left(\frac{\dot{x}(t)^2}{2} - \frac{\omega^2 x(t)^2}{2} + \hbar J(t) x(t)\right)\right] \tag{1.168}$$

という経路積分を求める問題を考える．ただし簡単のため $x(0) = x(T) = 0$ とした．作用関数 $S_0[J]$ を部分積分すると

$$S_0[J] = \int_0^T dt \left(\frac{1}{2} x(t)(-\partial_t^2 - \omega^2) x(t) + \hbar J(t) x(t) \right) \quad (1.169)$$

となる．これは，$x(t)$ について 2 次式なので，次のように平方完成

$$S_0[J] = \frac{1}{2} \int_0^T dt\, y(t)(-\partial_t^2 - \omega^2) y(t) + \frac{i}{2} \int_0^T dt \int_0^T dt'\, \hbar J(t) G(t,t') \hbar J(t')$$

$$y(t) \equiv x(t) + i\hbar \int_0^T dt' G(t,t') J(t') \quad (1.170)$$

することができる[19]．またグリーン関数 $G(t,t')$ は，微分方程式

$$(\partial_t^2 + \omega^2) G(t,t') = i\delta(t-t') \quad (1.172)$$

の解であり，ディリクレ (Dirichlet) 型境界条件

$$G(0,t') = G(T,t') = 0 \quad (1.173)$$

を満たすものとする．

このようなグリーン関数は，$0 \le t, t' \le T$ のとき，

$$G(t,t') = i\theta(t-t') \frac{\sin\omega(t-T) \sin\omega t'}{\omega \sin\omega T} + i\theta(t'-t) \frac{\sin\omega(t'-T) \sin\omega t}{\omega \sin\omega T} \quad (1.174)$$

で与えられる．境界条件を満たすことは，ヘヴィサイド (Heaviside) 階段関数 $\theta(x<0) = 0$ の性質より示すことができる．

変数をずらしても積分測度 $\mathcal{D}x$ は不変なので，$x(t)$ についての経路積分の代わりに y で積分してもよい．y 積分は平方完成されていて J には依存しないので，これを Z_0 と書くと

---

[19] n 行縦ベクトル v, J と $n \times n$ 対称行列 M が与えられたとき

$$\frac{1}{2} v^t M v + J^t v = \frac{1}{2}(v + M^{-1}J)^t M(v + M^{-1}J) - \frac{1}{2} J^t M^{-1} J \quad (1.171)$$

が成立する．M は $M^t = M$ および $(M^{-1})^t = M^{-1}$ を満たす．本文では，この等式が，関数 $x(t)$ の関数空間へ一般化されている．微分演算子 $(-\partial_t^2 - \omega^2)$ が行列 M に対応し，$-iG(t,t')$ がその逆行列 M^{-1} に対応する．

$$Z_0[J]_{x_i=0}^{x_f=0} = Z_0 \exp\left(-\frac{\hbar}{2}\int_0^T dt dt' J(t) G(t,t') J(t')\right) \tag{1.175}$$

と求めることができる[20]．Z_0 が遷移振幅 $\langle x_f | x_i(T)\rangle$ に対応する．これを求めるには，具体的に $y(t)$ についての経路積分を評価する必要があるが，相関関数 $\langle x_f | T(\prod_n \hat{x}_{t_n})|x_i(T)\rangle$ の計算には，J 依存性だけわかれば十分である．

その具体例として，2 点の相関関数をみてみよう．$Z_0[J]$ を $iJ(t)$ で 2 回変分をとり，その後で $J=0$ とおくと，

$$\hbar G_0(t,t') = \left.\frac{\delta^2 Z_0[J]}{\delta(iJ(t))\delta(iJ(t'))}\right|_{J=0} = \int_{x(0)=x_i}^{x(T)=x_f} \mathcal{D}x\, e^{iS_0[J=0]/\hbar}\, x(t)x(t') \tag{1.176}$$

が得られる．二つめの等号は，$Z_0[J]$ の定義式 (1.168) から導かれる．この式を使うと，グリーン関数を演算子形式でも表すことができる．経路積分を定義するとき，時間発展演算子 $e^{-iHT/\hbar}$ を微小時間間隔 $T=N\epsilon$ に分割し，そこに完全系（1 の分解）を挿入した．同じ考えを (1.176) の右辺に適用する．この見方では，経路積分に新たに加わった $x(t)x(t')$ は，時刻 t と t' でそれぞれ挿入された演算子と考えられる．t, t' の大小で順番が変わるので，求めるグリーン関数は，

$$\begin{aligned}\hbar G_0(t,t') &= \theta(t-t')\langle x_f|e^{-i\hat{H}(T-t)/\hbar}\,\hat{x}\,e^{-i\hat{H}(t-t')/\hbar}\,\hat{x}\,e^{-i\hat{H}t'/\hbar}|x_i\rangle \\ &\quad + \theta(t'-t)\langle x_f|e^{-i\hat{H}(T-t')/\hbar}\,\hat{x}\,e^{-i\hat{H}(t'-t)/\hbar}\,\hat{x}\,e^{-i\hat{H}t/\hbar}|x_i\rangle \\ &\equiv \langle x_f, T|T\{\hat{x}(t)\hat{x}(t')\}|x_i, 0\rangle \end{aligned} \tag{1.177}$$

に等しい．$T\{\cdots\}$ は T 積（時間順序積）とよばれる．またハイゼンベルグ演算子 $\hat{x}(t)$

$$\hat{x}(t) = e^{i\hat{H}t/\hbar}\hat{x}e^{-i\hat{H}t/\hbar} \tag{1.178}$$

の，固有値 x_f をもつ固有状態を，

---

[20] 両端が $x_{i,f} \neq 0$ のときも，多少複雑になるが，$x(t)$ を $x_i + (x_f - x_i)t/T$ だけずらすことで，同様に平方完成して解くことができる．このとき，$Z_0[J]$ には，$J(t)$ の 1 次の項も含まれる．これは，$\hat{x}(t)$ の 1 点の期待値が消えずに残ることを意味している．境界条件の両端が原点だと，その両側に均等に揺らぐことで座標演算子の期待値（1 点関数）は消えてしまうが，境界条件が原点からずれると，その間をつなぐ座標演算子の期待値は消えず，$\langle \hat{x}(t)\rangle \neq 0$ となる．これが，一般の境界条件では，$J(t)$ の 1 次が残る理由である．

$$|x_f, t\rangle \equiv e^{i\hat{H}t/\hbar}|x_f\rangle, \quad \hat{x}(t)|x_f, t\rangle = x_f|x_f, t\rangle \tag{1.179}$$

で定義した．シュレーディンガー表示の波動関数とは，時間発展が逆なことに注意せよ．式 (1.177) のように，演算子形式では，グリーン関数は時間順序積のついた相関関数である．

次に，より一般的な N 点関数を考えよう．記法を簡単化するため，しばらく $\langle x_f, T|\mathcal{O}|x_i, 0\rangle$ を $\langle \mathcal{O} \rangle$ と書く．N 点関数を求めるには，$Z_0[J]$ を $(iJ(t_i))$ で N 回変分すればよい．すると経路積分を行う際の経路上に，N 個の演算子 $x(t_i)$ が挿入される．これを演算子表示で表すと，2 点関数 (1.177) のときと同様に，経路積分に挿入された N 個の $x(t_i)$ は時間順序積となり

$$\left.\frac{\delta^N Z_0[J]}{\delta(iJ(t_1))\cdots\delta(iJ(t_N))}\right|_{J=0} = \left\langle T\left(\prod_n \hat{x}(t_n)\right)\right\rangle \tag{1.180}$$

と書ける．これは，$Z_0[J]$ を $iJ(t)$ でテイラー展開したときの N 次の係数と考えられるので，テイラー展開は，

$$Z_0[J] = \left\langle T\exp\left(i\int_{t_i}^{t_f}dt J(t)\hat{x}(t)\right)\right\rangle \tag{1.181}$$

のようにまとめることができる．つまり $Z_0[J]$ は，N 点関数の生成母関数である．

(1.175) からわかるように，N が奇数だと，N 点関数は $J=0$ とおくことで消えてしまう[21]．具体的に 4 点関数 ($N=4$) を計算すると

$$\begin{aligned}
&\langle T(\hat{x}(t_1)\hat{x}(t_2)\hat{x}(t_3)\hat{x}(t_4))\rangle \\
&= \langle T(\hat{x}(t_1)\hat{x}(t_2))\rangle\langle T(\hat{x}(t_3)\hat{x}(t_4))\rangle \\
&\quad + \langle T(\hat{x}(t_1)\hat{x}(t_3))\rangle\langle T(\hat{x}(t_2)\hat{x}(t_4))\rangle + \langle T(\hat{x}(t_1)\hat{x}(t_4))\rangle\langle T(\hat{x}(t_2)\hat{x}(t_3))\rangle \\
&= \hbar^2(G_0(t_1,t_2)G_0(t_3,t_4) + G_0(t_1,t_3)G_0(t_2,t_4) + G_0(t_1,t_4)G_0(t_2,t_3))
\end{aligned} \tag{1.182}$$

と，二つのグリーン関数の積を全ての組合せについて足し上げた和になる．これは N がより大きい場合も成立する．つまり，N 点関数は，$N/2$ 個のグリーン関数の積を，全ての可能な組合せについて和をとった形で表される．これを

---

[21] この性質は境界条件を $x_i \neq 0$ または $x_f \neq 0$ と変えると満たされない．

ウイック (Wick) の定理とよぶ．

最後に，これまでとは異なる境界条件をもったファインマン型のグリーン関数を定義しよう．平衡系の場の量子論では，真空から真空への遷移を考えることが多い．そこで，時刻 $t = t_i$ で真空状態 $|\mathbf{0}\rangle$ にあり，時刻 $t = t_f$ で再び真空へ戻る遷移 $\langle\mathbf{0}|e^{-i\hat{H}T/\hbar}|\mathbf{0}\rangle = \langle\mathbf{0}, T|\mathbf{0}, 0\rangle$ を考える．この遷移振幅は，零点エネルギー $E_0 = \hbar\omega/2$ を使って，$\langle\mathbf{0}|e^{-i\hat{H}T/\hbar}|\mathbf{0}\rangle = e^{-iE_0T/\hbar}$ となり，遷移確率 $|\langle\mathbf{0}, t = T|\mathbf{0}, t = 0\rangle|^2$ は 1 である．場の理論では，調和振動子は相互作用のない自由粒子に対応するので，このことは，相互作用がないと真空はいつまで経っても真空のままであることを意味する．このような，真空と真空を結ぶグリーン関数は

$$\hbar G_F(t, t') = \langle\mathbf{0}, T|T(\hat{x}(t)\hat{x}(t'))|\mathbf{0}, 0\rangle$$
$$= \int dx_f \psi_{\mathbf{0}}^*(x_f) \int dx_i \psi_{\mathbf{0}}(x_i) \langle x_f, T|T(\hat{x}(t)\hat{x}(t'))|x_i, 0\rangle \quad (1.183)$$

で与えられる．ここで，$\psi_{\mathbf{0}}(t)$ は，真空 (調和振動子の基底状態) の波動関数である．これをファインマン・グリーン関数という．ファインマン・グリーン関数を求めるには，(1.183) の積分を実行するよりも，直接演算子形式で考える方が簡単である．真空の条件式 $\hat{a}|\mathbf{0}\rangle = 0$ および $\hat{x}$ の展開式 (1.120) を使うと，

$$G_F(t, t') = \frac{e^{-i\omega T/2}}{2\omega}\left(\theta(t - t')e^{-i\omega(t-t')} + \theta(t' - t)e^{-i\omega(t'-t)}\right) \quad (1.184)$$

となることが容易にわかる．全体にかかっている位相因子 $e^{-iE_0T/\hbar} = e^{-i\omega T/2}$ は基底状態の零点エネルギー $E_0 = \hbar\omega/2$ に起因し，2 点関数を $\langle\mathbf{0}, T|\mathbf{0}, 0\rangle = e^{-iE_0T/\hbar}$ で規格化すると消える．源 (source) があるときの真空から真空への遷移振幅は，(1.175) と同様に計算でき，

$$Z_0[J]_F \equiv Z_{0,F} \exp\left(\frac{\hbar}{2}\int_0^T dt dt'\, iJ(t)\, G_F(t, t')\, iJ(t')\right) \quad (1.185)$$

となる．$Z_{0,F} = e^{-i\omega T/2}$ である．$\langle\hat{x}(t)\rangle = 0$ なので，源 $J(t)$ の 1 次はない．

1.15　相互作用による摂動

ウイックの定理 (1.182) がもっとも威力を発揮するのは，調和振動子のハミ

ルトニアンが相互作用による摂動を受けた場合である．そこでこの節では，調和振動子に相互作用ハミルトニアン $\hat{H}_I$ が付け加えられた系のグリーン関数を摂動で計算しよう．

ハミルトニアンとして

$$\hat{H} = \hat{H}_0 + \hat{H}_I \tag{1.186}$$

を考える．例えば $\hat{H}_I = \lambda(t)\hat{x}^4$ のように，係数があらわに時間に依存していてもよい[22]．$\hat{H}_0$ は，調和振動子のハミルトニアン (1.23) であり，全ハミルトニアン $\hat{H}$ と区別するために，添字 0 をつけた．この系の作用は相互作用のない作用 $S_0[J]$ に相互作用項を付け加えた $S[J] = S_0[J] - \int dt H_I$ で与えられる．経路積分の導出からわかるように，この系の相関関数の生成母関数は

$$Z[J] = \int \mathcal{D}x \exp\left[\frac{i}{\hbar}S_0 - \frac{i}{\hbar}\int dt H_I + i \int dt J(t)x(t)\right] \tag{1.187}$$

で与えられる．J で展開した N 次の項が N 点の相関関数を与える．この生成母関数は，相互作用がない場合の $Z_0[J]$ を使って，次のように書き換えられる．

$$\begin{aligned}
Z[J] &= \exp\left(-\frac{i}{\hbar}\int dt H_I(\delta/\delta(iJ))\right) Z_0[J] \\
&= \exp\left(-\frac{i}{\hbar}\int dt H_I(\delta/\delta(iJ))\right) Z_0[J] \, e^{i \int dt J(t)\varphi(t)}|_{\varphi=0} \\
&= \exp\left(-\frac{i}{\hbar}\int dt H_I(\delta/\delta(iJ))\right) Z_0[\delta/\delta(i\varphi)] \, e^{i \int dt J(t)\varphi(t)}|_{\varphi=0} \\
&= Z_0[\delta/\delta(i\varphi)] e^{-\frac{i}{\hbar}\int dt H_I(\varphi(t))} \, e^{i \int dt J(t)\varphi(t)}|_{\varphi=0}
\end{aligned} \tag{1.188}$$

2 行目では，補助変数 $\varphi(t)$ を導入して 1 を挿入した．最後の行では，2 項目 Z_0 を左へ移動し，その後で V に入っている (iJ) での変分を φ に置き換えた．この Z_0 は，(1.175) または (1.185) を使うと

$$Z_0[\delta/\delta(i\varphi)] = \exp\left(\int dt ds \frac{\hbar}{2}\frac{\delta}{\delta\varphi(t)}G(t,s)\frac{\delta}{\delta\varphi(s)}\right) \tag{1.189}$$

である．グリーン関数は境界条件に応じて，異なるものを意味する．すなわち $Z_0[\delta/\delta(i\varphi)]$ の操作は，$\varphi(t)$ と $\varphi(y)$ を消して，そこにグリーン関数 $\hbar G(x,y)$ を付与することに対応する．$Z[J]$ を J で展開した N 次の項は，N 点関数を求

---

[22] より一般的には，H_I は運動量 p の関数でも構わないが，以下では簡単のために座標 x だけの関数とする．

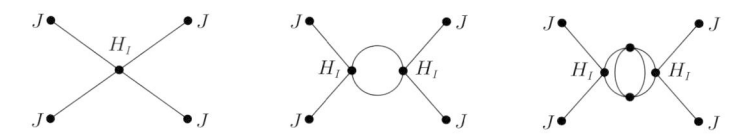

図 1.9 x^4 型の相互作用を摂動として入れた 4 点関数（四つの J を使う）の例．左より，H_I を一つ，二つ，四つ使用．黒点が φ の挿入を表す．

めることに対応する．N 点関数を摂動的に計算するためには，$Z[J]$ で H_I を順次展開していき，$e^{iJ\varphi}$ の展開で得られた N 個の φ と H_I の展開で得られた複数個の φ を，(1.189) で消す操作を行えばよい．具体例として，図 1.9 では，$H_I = \lambda x^4$ の場合の 4 点関数を三つ図示した[23]．

N 点関数が欲しい場合は，以下の操作を行う．

- 外線 J で外から供給された $\varphi(t)$ を N 個用意する．
- $H_I(\varphi)$ を摂動の欲しい次数まで指数関数から落とす．
- φ をグリーン関数でつなぐ．

これが摂動計算の基本的な操作であり，場の量子論でも全く同じである．このようにして書かれた図 1.9 のようなグラフをファインマン図とよぶ．各ファインマン図の重みは，上記の展開を注意深く追っていけば得られる．特に注意が必要なのは，グリーン関数でつなぐときの重複度であるが，上の基本操作を思い出すのが確実である．

1.16 相互作用表示

この節では，一般的に，相互作用のある場合の N 点関数を演算子形式でみてみよう．このような系の時間発展を記述するには，相互作用表示をとるのが便利である．初期時刻 t_i を基準にして，シュレーディンガー表示の演算子 $\hat{\mathcal{O}}^S$ から

$$\hat{\mathcal{O}}^I(t) = U_0^\dagger(t, t_i)\, \hat{\mathcal{O}}^S\, U_0(t, t_i), \quad U_0(t, t_i) = e^{-i\hat{H}_0(t-t_i)/\hbar} \quad (1.190)$$

により相互作用表示の演算子 $\hat{\mathcal{O}}^I(t)$ を定義する．ハイゼンベルグ表示と違う点

---
[23] $\lambda = 0$ で相互作用がない場合でも，四つの外線を二つずつ結ぶことで，4 点関数をつくることができる．このようなファインマン図を非連結グラフ（図）という．図 1.9 では連結グラフ（図）のみ図示してある．

は，演算子の時間発展を，$\hat{H}_0$ だけを使って定義した点である．このため，相互作用表示の状態ベクトルは，

$$|\Psi(t)\rangle_I = U_0^\dagger(t,t_i)|\Psi(t)\rangle_S = U_0^\dagger(t,t_i)U(t,t_i)|\Psi(t_i)\rangle_S \quad (1.191)$$

で時間発展している．$U(t,t_i)$ は (1.22) で定義した，全ハミルトニアンの時間推進演算子 $U(t,t_i) = T\exp(-i\int_{t_i}^t dt\hat{H}/\hbar)$ である．相互作用表示の状態ベクトルは

$$i\hbar\frac{\partial}{\partial t}|\Psi(t)\rangle_I = U_0^\dagger(t,t_i)\hat{H}_1^S U(t,t_i)|\Psi(t_i)\rangle_S = \hat{H}_1^I(t)|\Psi(t)\rangle_I \quad (1.192)$$

のように，相互作用表示の摂動ハミルトニアン項 $\hat{H}_1^I(t)$ で時間発展している．これを積分すると，相互作用表示の状態ベクトルの時間発展を

$$|\Psi(t)\rangle_I = U^I(t,t')|\Psi(t')\rangle_I \quad (1.193)$$

と書いたとき，時間推進演算子が

$$U^I(t,t') = T\exp\left(-i\int_{t'}^t dt'' H_1^I(t'')/\hbar\right) = U_0^\dagger(t,t')U(t,t') \quad (1.194)$$

で与えられることがわかる．二つめの等号は (1.191) を使った．これから，ハイゼンベルグ表示と相互作用表示の演算子の間の関係式は

$$\hat{O}^H(t) = U^{I\dagger}(t,t_i)\hat{O}^I(t)U^I(t,t_i) \quad (1.195)$$

となる．

さて，$\hat{H}_0$ の真空 $|\mathbf{0}\rangle$ 間の遷移振幅を計算しよう．$\hat{H}_0$ の真空状態は，全ハミルトニアン $\hat{H}$ に含まれる相互作用項 $\hat{H}_1$ のため，励起される．終状態として再び $\hat{H}_0$ の真空に戻る遷移振幅は，シュレーディンガー表示では

$$\mathcal{M} = \langle\mathbf{0}|U(t_f,t_i)|\mathbf{0}\rangle = \langle\mathbf{0}|Te^{-i\int_{t_i}^{t_f}dt(\hat{H}_0+\hat{H}_1)/\hbar}|\mathbf{0}\rangle \quad (1.196)$$

であるが，これを $\hat{H}_1$ で展開して，相互作用表示の演算子の定義 (1.190) を使って書き換え，再び指数の肩に乗せると，

$$\mathcal{M} = \langle\mathbf{0}|e^{-i\hat{H}_0(t_f-t_i)/\hbar}T(e^{-i\int_{t_i}^{t_f}\hat{H}_1^I(t)/\hbar dt})|\mathbf{0}\rangle \quad (1.197)$$

となる．相互作用表示の消滅演算子で消える状態[24)]

$$|\mathbf{0}, t\rangle = e^{i\hat{H}_0(t-t_i)/\hbar}|\mathbf{0}\rangle, \quad \hat{a}^I(t)|\mathbf{0}, t\rangle = 0 \qquad (1.198)$$

を使うと，

$$\mathcal{M} = \langle \mathbf{0}, t_f | T e^{-i\int_{t_i}^{t_f} \hat{H}_1^I(t)/\hbar \, dt} | \mathbf{0}, t_i \rangle = \langle T e^{-i\int_0^T dt \hat{H}_1^I(t)/\hbar} \rangle_0 \qquad (1.199)$$

と書かれる．これは，相互作用表示の時間推進演算子が (1.194) であることからも理解できる．すなわち，調和振動子 $\hat{H}_0$ に摂動 $\hat{H}_1$ が加わると，摂動項の中の生成演算子が右側の真空を励起することで，非自明な遷移振幅が得られる．

より一般に，任意の演算子の相関関数も同様に求められる．例えば，相互作用があるときのファインマン・グリーン関数は，シュレーディンガー表示では，

$$\begin{aligned}\hbar G(t_1, t_2) &= \theta(t_1 - t_2)\langle \mathbf{0}|U(t_f, t_1) \, \hat{x} \, U(t_1, t_2) \, \hat{x} \, U(t_2, t_i)|\mathbf{0}\rangle \\ &+ \theta(t_2 - t_1)\langle \mathbf{0}|U(t_f, t_2) \, \hat{x} \, U(t_2, t_1) \, \hat{x} \, U(t_1, t_i)|\mathbf{0}\rangle\end{aligned} \qquad (1.200)$$

で定義されるが，これを $\mathcal{M}$ の場合と同じように相互作用表示の演算子で書き換えると，

$$\hbar G(t_1, t_2) = \left\langle T \, \hat{x}^I(t_1)\hat{x}^I(t_2) \, e^{-i\int_0^T dt \hat{H}_1^I(t)/\hbar} \right\rangle_0 \qquad (1.201)$$

となる．

1.17　*非定常系の量子力学

膨張宇宙のように空間そのものが時間変化したり，強い電場中の量子系のように真空が不安定[25)]な場合，初期状態と終状態は一般的に異なっている．このような真空（基底状態）の時間発展が本質的な系を，ここでは非定常系とよぶ．非定常系の量子的性質を知るためには，式 (1.182) でやったような，始状態，終状態ともに真空にいると仮定した摂動展開は正しくない．この節では，このような時間発展する量子系での物理量の時間変化を計算する一般的な処方

[24)] 消滅演算子は自由ハミルトニアン $\hat{H}_0$ で定義した．この状態は，ハミルトニアンが $\hat{H} = \hat{H}_0$ のときの (1.179) と同じなので，同じ記号を使っている．
[25)] 強い電場中では，電子陽電子対が発生して真空の絶縁破壊が起こる．これを Schwinger 効果といい，4.5 節で解説する．

箋を導入する．

時刻 $t = t_i$ で始状態として，$\hat{H}_0$ の真空状態 $|\Psi_i\rangle = |0\rangle$ をとろう．相互作用表示では，この状態は時間推進演算子 $U^I(t, t_i)$ で発展する．計算したい物理量は，この始状態に対する物理量の時間変化である．例えば，ハイゼンベルグ演算子 $\hat{\mathcal{O}}^H(t)$ の期待値

$$\mathcal{O}(t) = \langle \Psi_i | \hat{\mathcal{O}}^H(t) | \Psi_i \rangle \equiv \langle \hat{\mathcal{O}}^H(t) \rangle_0 \qquad (1.202)$$

を計算しよう．相互作用表示の演算子を使うと，

$$\begin{aligned}\mathcal{O}(t) &= \langle 0 | U^{\dagger I}(t, t_i) \hat{\mathcal{O}}^I(t) U^I(t, t_i) | 0 \rangle \\ &= \langle 0 | U^I(t_i, t_f) U^I(t_f, t) \hat{\mathcal{O}}^I(t) U^I(t, t_i) | 0 \rangle \end{aligned} \qquad (1.203)$$

となる．今，仮に $t_f \to \infty, t_i \to -\infty$ の極限をとり，真空が一意で安定であるという仮定，すなわち位相因子 θ を用いて $U(\infty, -\infty)|0\rangle = e^{i\theta}|0\rangle$ と書けるという仮定を使うと

$$\begin{aligned}\mathcal{O}(t) &= \langle 0 | U^{\dagger I}(\infty, -\infty) U^I(\infty, t) \hat{\mathcal{O}}^I(t) U^I(t, -\infty) | 0 \rangle \\ &= \frac{\langle 0 | U^I(\infty, t) \hat{\mathcal{O}}^I(t) U^I(t, -\infty) | 0 \rangle}{\langle 0 | U^I(\infty, -\infty) | 0 \rangle} \end{aligned} \qquad (1.204)$$

となる．同じ仮定のもとで，演算子 $\hat{\mathcal{O}}_1^I(t_1) \hat{\mathcal{O}}_2^I(t_2)$ の T 積に対しては

$$\mathcal{O}(t_1, t_2) = \frac{\langle 0 | T \left(\hat{\mathcal{O}}_1^I(t_1) \hat{\mathcal{O}}_2^I(t_2) U^I(\infty, -\infty) \right) | 0 \rangle}{\langle 0 | U^I(\infty, -\infty) | 0 \rangle} \qquad (1.205)$$

となることがわかる．

しかしながら，このような真空に対する仮定は一般には正しくない．非定常な量子力学系では，始状態と終状態は一般的に異なる．このような場合には，(1.204) のように $U^{\dagger I}(t_f, t_i)$ を分離せず，そのまま (1.203) を計算しなければならない．演算子の積に対しては，式 (1.205) の代わりに

$$\mathcal{O}(t_1, t_2) = \left\langle U^I(t_i, t_f) T \left(\hat{\mathcal{O}}_1^I(t_1) \hat{\mathcal{O}}_2^I(t_2) U^I(t_f, t_i) \right) \right\rangle_0 \qquad (1.206)$$

となる．この期待値は，図 1.10 で図示したように解釈できる．まず初期時刻 t_i に初期状態 $|\Psi_i\rangle$ から出発し，時刻 t_1 と t_2 で演算子が挿入されて，t_f まで

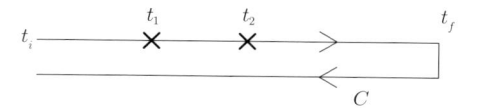

図 1.10 時刻 t_i から出発して再び t_i に戻る閉じた経路 C. 途中の時刻 t_1, t_2 に演算子が挿入される. また摂動計算するときには, 上下両方の経路上に相互作用ハミルトニアンが挿入される.

時間発展する. その後, 時刻 t_f から時刻 t_i へ時間を逆行し初期状態へ戻る. この時間を逆行する演算子は, 時間反順序積 $\tilde{T}$ を使って

$$U^I(t_i, t_f) = U^{\dagger I}(t_f, t_i) = \tilde{T} \exp\left(i \int_{t_i}^{t_f} dt' \hat{H}^I(t')/\hbar\right) \quad (1.207)$$

と書くことができる. ここで時間反順序積とは, T 積とは反対に時間の逆順に並べる演算子である. 式 (1.206) は, 図 1.10 のような閉じた経路での時間順序積 T_c を定義すると,

$$\mathcal{O}(t_1, t_2) = \left\langle T_c \left(\hat{O}_1^I(t_1) \hat{O}_2^I(t_2) \exp\left(-i \int_C dt' \hat{H}^I(t')/\hbar\right)\right) \right\rangle_0 \quad (1.208)$$

と書くこともできる. 演算子 $\hat{x}(t)$ もこの経路 C 上に定義される. 特に2点関数に対しては

$$\hbar G(t_1, t_2) = \left\langle T_C \; \hat{x}^I(t_1) \hat{x}^I(t_2) \; e^{-i \int_C dt \hat{H}_1^I(t)/\hbar} \right\rangle_0 \quad (1.209)$$

となる. これを式 (1.201) と比較すると, 摂動ハミルトニアンを挿入する場所が $t \in [0, T]$ から $t \in C_+[0, T] + C_-[T, 0]$ の閉経路 C 上に拡張されている.

これらの演算子の期待値を摂動展開で計算するには, 推進演算子 U^I を相互作用ハミルトニアンで展開し, ウイックの定理を使えばよい. このとき, (真空状態の) グリーン関数としては, 経路 C 上で時間順序化されたグリーン関数 $G_C(t, t')$ を使う必要がある. このグリーン関数は

$$\hbar G_C(t, t') = \begin{cases} \hbar G_F(t, t') = \langle T \hat{x}(t) \hat{x}(t') \rangle_0 & t, t' \in C_+ \\ \hbar G_<(t, t') = \langle \hat{x}(t') \hat{x}(t) \rangle_0 & t \in C_+, \; t' \in C_- \\ \hbar G_>(t, t') = \langle \hat{x}(t) \hat{x}(t') \rangle_0 & t' \in C_+, \; t \in C_- \\ \hbar G_{\tilde{F}}(t, t') = \langle \tilde{T} \hat{x}(t) \hat{x}(t') \rangle_0 & t, t' \in C_- \end{cases} \quad (1.210)$$

のように, 演算子 $\hat{x}$ が経路 C の上下どちらにあるかにより, 異なっている. 調

和振動子での $G_F(t,t')$ の具体系は (1.184) で与えられる。$G_<(t,t'), G_>(t,t')$ は Wightman グリーン関数で

$$G_<(t,t') = \frac{e^{-iE_0T/\hbar}}{2\omega}e^{-i\omega(t'-t)}$$
$$G_>(t,t') = \frac{e^{-iE_0T/\hbar}}{2\omega}e^{-i\omega(t-t')} \qquad (1.211)$$

となる。また

$$\begin{aligned}G_{\tilde{F}}(t,t') &= \frac{e^{-iE_0T/\hbar}}{2\omega}\left(\theta(t-t')e^{-i\omega(t'-t)} + \theta(t'-t)e^{-i\omega(t-t')}\right) \\ &= \theta(t-t')G_<(t,t') + \theta(t'-t)G_>(t,t') \end{aligned} \qquad (1.212)$$

は時間反順序積のグリーン関数である。この計算方法は，Schwinger-Keldysh 形式（または閉時間経路形式）とよばれ，このルールを使うことで，非定常系，特に基底状態が不安定な系での物理量の時間発展を摂動的に計算することが可能となる。

最後に，非定常系の量子力学を経路積分で書くためには，経路積分の経路 $\{x(t)|t\in[t_i,t_f]\}$ を，$\{x(t)|t\in C\}$ に拡張すればよい。グリーン関数が経路 C 上で定義されていることに対応し，源 $J(t)$ も経路 C 上に拡張して分配関数を定義する。この分配関数を $C_\pm$ 上の $J(t)$ で変分することで，上記のグリーン関数が求められる。

この節の方法は，場の量子論へも拡張され，初期宇宙での粒子生成などに応用される。非平衡場の量子論は，とても重要な分野であり，宇宙でのバリオン数生成やレプトン数生成，暗黒物質の誕生，さらにはインフレーション宇宙後の宇宙再加熱時における粒子生成など数多くの素粒子宇宙物理学への応用がある。またクオークグルーオンプラズマの生成，熱化など有限温度，密度の多体系のダイナミクスを理解するためにも不可欠な手法である。この教科書では紙数の都合でこれ以上ふれることができないが，ぜひ他の教科書などで勉強してほしい[26]。

---

[26] 非平衡場の量子論の教科書はあまり多くないが，ここでは次に 2 冊だけ挙げておく：カダノフ，ベイム著「量子統計力学」(丸善プラネット，2011), E. A. Calzetta and B.-L. B. Hu, Nonequilibrium quamtum field theory (Cambridge monographs on mathematical physics, 2008). これ以外に，レビューとして Jurgen Berges, Introduction to nonequilibrium quantum field theory, AIP Conf. Proc. 739 (2005) 3-62 があり，ウェブサイト http://arxiv.org/abs/hep-ph/0409233 で入手が可能．

1.18 有限温度の量子力学

これまでは始状態（または終状態）として純粋状態を考えてきた．しかし量子統計力学へ応用する場合，熱平衡状態を考えることが多い．熱平衡状態は，密度行列で指定される混合状態である．この節ではこれまでの議論を密度行列に一般化する．

規格化された波動関数 $|\psi\rangle$ に対する密度行列として

$$\hat{\rho} = |\psi\rangle\langle\psi| \tag{1.213}$$

を定義すると，

$$\hat{\rho}^2 = \hat{\rho}, \quad \text{Tr}(\hat{\rho}) = 1 \tag{1.214}$$

を満たす．これは純粋状態に対する密度行列である．これを拡張し，正規直交条件を満たす $|\psi_i\rangle$ に対して

$$\hat{\rho} = \sum p_i |\psi_i\rangle\langle\psi_i| \quad \text{ただし } p_i \geq 0, \ \sum_i p_i = 1 \tag{1.215}$$

という混合状態の密度行列を定義する．特に熱平衡状態（カノニカル分布）の密度行列は $p_i = e^{-\beta E_i}/Z$ で与えられる．ただし $\beta = 1/k_B T$ で T は温度，E_i は状態 $|\psi_i\rangle$ のエネルギー，$Z = \sum_i e^{-\beta E_i}$ である．始状態がこのような密度行列で指定されると，ある演算子の期待値は

$$\langle \cdots \rangle_0 \longrightarrow \text{Tr}(\hat{\rho} \cdots) \tag{1.216}$$

と，真空状態での期待値を，密度行列でのトレースに置き換えて計算すればよい．特に始状態が熱平衡状態にあり，その後，何らかの摂動（相互作用）のために異なる状態へと時間変化すると，それに伴い演算子の期待値も時間変化する．このような物理量の時間発展を摂動計算するためには，(1.210) を熱平衡状態でのグリーン関数に一般化しておく必要がある．

調和振動子系に対する，熱平衡状態の密度行列と分布関数 $f(\omega)$

$$\hat{\rho} = \frac{1}{Z} \sum_{n=0}^{\infty} e^{-\beta\omega n} |n\rangle\langle n|, \quad f(\omega) = \frac{1}{e^{\beta\omega} - 1} \tag{1.217}$$

を使うと，Wightman グリーン関数は

$$\begin{aligned}G_<(t,t') &= \frac{e^{-iE_0T/\hbar}}{2\omega}\left(e^{-i\omega(t'-t)}(1+f(\omega))+e^{-i\omega(t-t')}f(\omega)\right)\\ G_>(t,t') &= \frac{e^{-iE_0T/\hbar}}{2\omega}\left(e^{-i\omega(t'-t)}f(\omega)+e^{-i\omega(t-t')}(1+f(\omega))\right)\end{aligned} \tag{1.218}$$

となる．時間順序，時間反順序グリーン関数は，それらの定義より

$$\begin{aligned}G_F(t,t') &= \theta(t-t')G_>(t,t')+\theta(t'-t)G_<(t,t')\\ G_{\bar{F}}(t,t') &= \theta(t-t')G_<(t,t')+\theta(t'-t)G_>(t,t')\end{aligned} \tag{1.219}$$

で与えられる．恒等式

$$1+f(\omega)=e^{\beta\omega}f(\omega) \tag{1.220}$$

より，Wightman グリーン関数の間には，

$$G_<(t,t')=G_>(t-i\beta,t') \tag{1.221}$$

の Kubo-Martin-Schwinger 関係式が成立している．これは熱平衡状態でのグリーン関数に成り立つ一般的な関係式であり，どのような相互作用があっても成立する．

1.19　コヒーレント状態を使った経路積分

1.13 節では，座標を対角化した完全系 $|x\rangle$ を用いて経路積分を定式化した．このため経路は，$x(t)$ で与えられる．この節は，1.3 節で定義したコヒーレント状態を使った経路積分の定式化を簡単に紹介しよう．

コヒーレント状態 (1.32) の内積は

$$\langle\bar{z}|w\rangle=e^{-(|z|^2+|w|^2)/2}e^{\bar{z}w} \tag{1.222}$$

で与えられ，1 の分解は

$$\int d^2z|z\rangle\langle\bar{z}|=\hat{1}\quad\text{ただし } d^2z\equiv d\mathrm{Re}(z)d\mathrm{Im}(z)/\pi \tag{1.223}$$

と書けることを思い出しておこう．

1.13節と同様に，始状態から終状態への遷移振幅 $\mathcal{A}_{fi} = \langle \psi_f | e^{-i\hat{H}T/\hbar} | \psi_i \rangle$ の時間間隔 T を N 等分して，上の 1 の分解を挿入すると

$$\mathcal{A}_{fi} = \int [d^2 z] \psi_f^*(z_f) \psi_i(\bar{z}_i) \prod_{m=0}^{N-1} \langle \bar{z}_{m+1} | e^{-i\hat{H}\epsilon/\hbar} | z_m \rangle$$

$$[d^2 z] = \prod_{m=0}^{N-1} d^2 z_i, \quad z_0 = z_i,\ z_{N-1} = z_f \tag{1.224}$$

と書き直せる．ここで，ハミルトニアンが $\hat{H}(\hat{a}^\dagger, \hat{a})$ と書かれているとしよう．ただし H を生成消滅演算子で展開したとき，全ての生成演算子が消滅演算子の左側に来るように順序付けをしてあるとする．すると，$z_{m+1} \sim z_m + \dot{z}_m \epsilon$ と置き換え，ϵ の高次を無視すると

$$\langle \bar{z}_{m+1} | e^{-\frac{i\epsilon}{\hbar} \hat{H}} | z_m \rangle = \langle \bar{z}_{m+1} | 1 - \frac{i\epsilon}{\hbar} \hat{H} | z_m \rangle$$
$$= 1 + \dot{\bar{z}}_m z_m \epsilon - \frac{i\epsilon}{\hbar} H(\bar{z}_m, z_m) = e^{\frac{i\epsilon}{\hbar}(-i\hbar \dot{\bar{z}}_m z_m - H(\bar{z}_m, z_m))} \tag{1.225}$$

となる．$\dot{\bar{z}}z$ の項は，内積 $\langle \bar{z}_m + \dot{\bar{z}}_m \epsilon | z_m \rangle \sim e^{\dot{\bar{z}}_m \epsilon}$ から与えられる．これを (1.224) に代入すると，コヒーレント状態の経路積分

$$\mathcal{A}_{fi} = \int [d^2 z] \psi_f^*(z_f) \psi_i(\bar{z}_i) \exp\left[\frac{i}{\hbar} \int_{t_i}^{t_f} dt \, (i\hbar \bar{z} \dot{z} - H(\bar{z}, z))\right] \tag{1.226}$$

が得られる．この経路積分は，相空間 (x, p) 上の経路積分と考えられ，時間について 1 階微分なのが特徴である．ラグランジアン $L = i\hbar \bar{z} \dot{z} - H(\bar{z}, z)$ は $p\dot{q} - H$ の形をしており，z の正準共役量が $i\hbar \bar{z}$ で与えられる．これを量子化すると

$$[z, \bar{z}] = 1 \tag{1.227}$$

となり，これは $[a, a^\dagger] = 1$ の交換関係に対応する．空間 $(z, \bar{z})$ は，座標空間 x 上の経路積分に比べて見かけ上の自由度が 2 倍になっているが，これは相空間上の自由度が互いに正準共役になっているためであり，相空間 (x, p) と等しい．コヒーレント状態を使った経路積分は，フェルミ粒子の経路積分 (5.11 節) や，スピン自由度をもつ量子系の経路積分などに偉力を発揮する．

1.20 *スピンコヒーレント状態

前節のコヒーレント状態を使った経路積分の導出をより一般的に見直してみよう．本質的に使ったことは，コヒーレント状態を使った1の分解ができること (1.223) と，コヒーレント状態の間の重なり (1.225) が計算できることであった．特に後者では $\langle \bar{z}|w\rangle$ が $z \neq w$ でも 0 でないこと，つまりコヒーレント状態が過剰完全系であることを使った．これらの性質は数学的には，脚注 8 のように生成消滅演算子が Heisenberg-Weyl 代数を満たし，コヒーレント状態が Heisenberg-Weyl 群の作用で記述できることに関係している．この節ではこの性質を一般化して，スピンコヒーレント状態によるスピン系の経路積分を導出する．ここで重要なのが，スピン系がリー群 $SU(2)$ で特徴付けられることである．

リー群 G とその表現 T を考える．群 G の元の一つを g とすると，表現空間に作用する行列 $T(g)$ が与えられる．この行列が作用する状態を $|\psi\rangle$ と書く．具体例として $SO(3)$ 群または $G = SU(2)$ 群とそのリー代数 $su(2)$ を考えよう[27]．$su(2)$ 代数は三つの生成子をもち，それらを $\hat{L}_x, \hat{L}_y, \hat{L}_z$ と書くと，交換関係

$$[\hat{L}_i, \hat{L}_j] = i\epsilon_{ijk}\hat{L}_k \tag{1.228}$$

を満たす．角運動量 L の表現空間は $2L+1$ 重に縮退し，その状態は演算子 $\hat{L}_z$ の固有値 m ($m = L, L-1, \cdots, -L$) をもつ固有状態 $|m\rangle$ で与えられる．状態 $|\psi_0\rangle = |L\rangle$ を最高重み状態 (highest weight state) という．この状態はスピンが z 方向を向いた状態と考えられる．他の状態は，この最高重み状態に $SU(2)$ 群の作用 $T(g)$ をかけることで

$$|\psi_g\rangle = T(g)|\psi_0\rangle \tag{1.229}$$

と得られる．ただし同じ状態をつくる方法は一通りではなく，つくり方によってつくられた状態の位相が異なる．$SU(2)$ 群は 3 次元球面と同相だが，最高重み状態に群を作用してつくられた状態は 2 次元球面で表されるパラメータで記述される．これは次の理由による．最高重み状態は z 軸周りの回転に対して

---

[27] $SU(2)$ 群は $SO(3)$ 群の 2 重被覆群になっていて，スピン半奇数の表現が存在する．図では $SO(3)$ 回転群として表してあるが，コヒーレント状態の作り方は半奇数の表現でも変わらないので文中では両者の区別をしていない．

1.20 *スピンコヒーレント状態

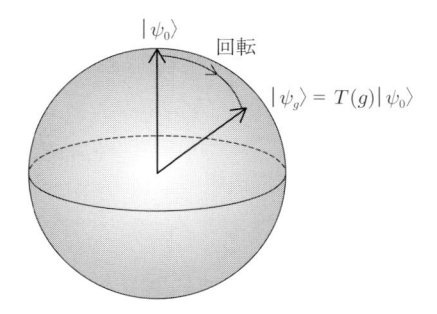

図 1.11 $SU(2)$ 群（または $SO(3)$ 群）のコヒーレント状態のつくり方．スピン上向きの状態を回転すると任意の向きのスピンの状態がつくられる．

$$e^{i\hat{L}_z\alpha}|\psi_0\rangle = e^{iL\alpha}|\psi_0\rangle \tag{1.230}$$

と位相だけ変化し，状態としては変わらない．このような最高重み状態を変えない部分群を H と書こう．$G = SU(2)$ だと $H = U(1)$ となる．このため最高重み状態近傍は L_x および L_y で生成される状態だけで生成され，L_z が作用しても新しい状態を生み出すことがない．すなわち状態 $|\psi_0\rangle$ は，G そのものではなく，それを H で割った商空間 G/H の点と同一視される．$SU(2)$ だと，商空間は $SU(2)/U(1) = S^2$ より 2 次元球面になり，図 1.11 のように，S^2 上の点に対応して一つの状態が定まる．この状態をスピンコヒーレント状態とよぶ．

スピンコヒーレント状態は完全系をなすが，過剰完全である．これはもとの表現空間が有限次元だったのに対して，球面上の点で指定される状態は無数にあることからも明らかだろう．また球面上の状態 $|\mathbf{n}\rangle = |\phi, \theta\rangle$ に対して，1 の分解

$$\int d\Omega |\mathbf{n}\rangle\langle\mathbf{n}| = 1, \quad d\Omega = \frac{d\phi \, d\cos\theta}{4\pi} \tag{1.231}$$

が証明できる．これは，球面上の全ての点 $\mathbf{n}$ は群 $SU(2)$ の作用で同等であること（つまりどちらを北極と定義してもよい）から明らかだろう．全体の規格化は，状態 $|\mathbf{n}\rangle$ を 1 に規格化し球面の面積を 1 にとっておけばトレースをとることで確認できる．1 の分解は群 G の作用で不変な積分測度 dg（ハール測度とよばれる）を使うと

$$\int dg |\psi_g\rangle\langle\psi_g| = 1 \tag{1.232}$$

とも書けるので，これを部分群 H で割ることで G/H 上での 1 の分解が得られる．

スピン系の経路積分を導出するには，スピンコヒーレント状態による 1 の分解を挿入する．このとき，通常のコヒーレント状態の経路積分での式 (1.225) と同じように，球面上の近い 2 点の状態の内積 $\langle \mathbf{n} + \delta\mathbf{n}|\mathbf{n}\rangle$ が必要となる．内積は，具体的にこれを球面上のゲージ場 $\mathbf{A}$（ベリー接続ともいう）を導入して[28]

$$\langle \mathbf{n} + \delta\mathbf{n}|\mathbf{n}\rangle \simeq 1 - i\mathbf{A}(\mathbf{n})\cdot\delta\mathbf{n} \tag{1.233}$$

と書こう[29]．ゲージ場の具体形は後で導出することにして，ここではこれを使ってスピン系の量子力学の経路積分を求めておこう．磁場 $\mathbf{B}$ 中で角運動量 L をもつスピンは，ハミルトニアン

$$H = \hat{\mathbf{L}} \cdot \mathbf{B} \tag{1.234}$$

で記述される．すると（以下では $\hbar = 1$ とおく），$\delta\mathbf{n} = \dot{\mathbf{n}}\epsilon$ と書くと

$$\langle \mathbf{n} + \delta\mathbf{n}|e^{-iH\epsilon}|\mathbf{n}\rangle \approx e^{i(-\mathbf{A}\cdot\dot{\mathbf{n}} - H(\mathbf{n}))\epsilon}, \quad H(\mathbf{n}) = L\mathbf{n}\cdot\mathbf{B} \tag{1.235}$$

となる．これから，1.19 節の議論に従って 1 の分解を挿入してスピン系の経路積分を求めると

$$\langle \mathbf{n}_f|e^{-iHT}|\mathbf{n}_i\rangle = \int \mathcal{D}\mathbf{n} \exp\left[i\int_0^T dt\, \big(-\mathbf{A}(\mathbf{n(t)})\cdot\dot{\mathbf{n}}(t) - H(\mathbf{n}(t))\big)\right] \tag{1.236}$$

が得られる．$\mathbf{n}(t)$ は境界条件 $\mathbf{n}(0) = \mathbf{n}_i$, $\mathbf{n}(T) = \mathbf{n}_f$ を満たす．

以下でこの経路積分の性質をみてみよう．球面上の状態 $|\mathbf{n}\rangle$ は，$\mathbf{n}$ 軸周りの回転に対して位相のみが変わり，状態としては不変である．そこで球面上の場所ごとに異なる回転角 α で，スピンコヒーレント状態 $|\mathbf{n}\rangle$ を

$$|\mathbf{n}\rangle \to e^{i\alpha(\mathbf{n})}|\mathbf{n}\rangle \tag{1.237}$$

---
[28] ゲージ場は球面に接する方向のみに定義されている．
[29] 左辺が実でないときは，複素共役を足して 2 で割り，実にする．また $|\mathbf{n}\rangle$ が規格化されていないときは，左辺を $\langle\mathbf{n}|\mathbf{n}\rangle$ で割り，規格化する．

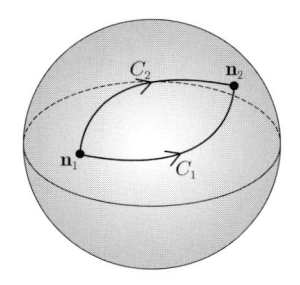

図 **1.12** 球面上の $\mathbf{n}_1$ から $\mathbf{n}_2$ を結ぶ 2 本の経路 C_1 と C_2.

と変換してみよう．これを球面上でのゲージ変換とよぶ．すると内積 $\langle \mathbf{n} + \delta \mathbf{n} | \mathbf{n} \rangle$ は $e^{i(\alpha(\mathbf{n}) - \alpha(\mathbf{n} + \delta \mathbf{n}))}$ だけ変化するので，2 点間が近い場合を考えると，球面上のゲージ場は

$$\mathbf{A}(\mathbf{n}) \to \mathbf{A}(\mathbf{n}) + \nabla \alpha \tag{1.238}$$

と変換する．さて図 1.12 にあるように始点と終点を結ぶ二つの経路 C_1 と C_2 を考えよう．式 (1.236) で得られた作用の第 1 項目の位相は経路の取り方によって変化し，その位相差は，ガウスの定理より閉じた経路 $C = C_1 - C_2$ の内側の場の強さ $\mathbf{F} = \nabla \times \mathbf{A}$ の面積分

$$\oint_{C_1 - C_2} d\mathbf{n} \cdot \mathbf{A}(\mathbf{n}) = \int d\mathbf{S} \cdot \mathbf{F} \tag{1.239}$$

で書くことができる[30]．つまり閉経路を貫く磁束である．これは (1.238) のゲージ変換で不変であり，スピンコヒーレント状態の位相の定義には依存しない．球面上の全ての点は，$SU(2)$ 変換により移るので，その意味で等価である．つまりスピンのどの方向も特別視されない．これから球面を貫く磁束は球面上どの点でも等しいはずであるから，これを F と書こう．球面全体を貫く磁束は $\Phi = 4\pi F$ である．ここで，再度式 (1.239) のガウス積分をみてみよう．閉経路 C は球面上を二つに分割しており，どちら側でガウス積分を実行してもよい．今，図の小さな方を内側とよぶと，内側でのガウス積分と外側でのガウス積分を比較して，式 (1.236) への寄与がどちらも同じであるためには，

$$\exp\left[i \int_{内側} d\mathbf{S} \cdot \mathbf{F}\right] = \exp\left[-i \int_{外側} d\mathbf{S} \cdot \mathbf{F}\right] \tag{1.240}$$

---

[30] ゲージ場 $\mathbf{A}$ は球面に接する方向にのみ定義されているので，場の強さ $\mathbf{F}$ は球面に垂直方向を向いている．また外部磁場 $\mathbf{B}$ とは混同しないこと．

となる．外側の符号の違いは，経路の向きが反転することに由来する．これから球面上の磁束全体が $\Phi = 2\pi N$（N は整数）と量子化されることが要請される．具体的な計算を行うと，この整数は $N = 2L$ となる．

最後に，球面上のゲージ場を具体的に計算しておこう．球面は北極から光をあて投影すると 2 次元の複素面に射影できる．以下の方法はこの射影された 2 次元面を考えることに相当する．まず $su(2)$ リー代数 (1.228) から $\hat{L}_\pm = \hat{L}_x \pm i\hat{L}_y$ を定義すると

$$[\hat{L}_z, \hat{L}_\pm] = \hat{L}_\pm, \quad [\hat{L}_+, \hat{L}_-] = 2\hat{L}_z \tag{1.241}$$

を満たす．最高重み状態は $\hat{L}_+|\hat{L}\rangle = 0$ を満たす．そこでコヒーレント状態として

$$|z\rangle = e^{i\hat{L}_- z}|L\rangle \tag{1.242}$$

を定義しよう．まず角運動量 $L = 1/2$ の場合を考えよう．角運動量演算子はパウリのシグマ行列を使って $\hat{L}_i = \sigma_i/2$ で与えられる．下向きスピンの状態は，上向きスピンの状態に $\hat{L}_- = \sigma_-/2$ をかけてつくられるので

$$|z\rangle = |\frac{1}{2}\rangle + iz|\frac{-1}{2}\rangle \tag{1.243}$$

となり，これからコヒーレント状態の内積は $\langle \bar{z}|z\rangle = (1+|z|^2)$ で与えられる．各運動量 L の状態は，$1/2$ 状態を $2L$ 個用意して波動関数を対称化することでつくることができる．つまり，

$$|L\rangle = |\frac{1}{2}\rangle \otimes \cdots \otimes |\frac{1}{2}\rangle \tag{1.244}$$

として最高重み状態がつくられ，角運動量演算子は $2L$ 個のパウリ行列を用意して

$$\hat{L}_i = \frac{\sigma_i}{2} \otimes \cdots \otimes \frac{\sigma_i}{2} \tag{1.245}$$

で与えられる．これからコヒーレント状態をつくると，内積はテンソル積された各スピン空間での内積の $2L$ 個の積

$$\langle \bar{z}|z\rangle = (1+|z|^2)^{2L} \equiv e^{K(\bar{z},z)}, \quad K = 2L\ln(1+|z|^2) \tag{1.246}$$

となる．コヒーレント状態が規格化されていないので，ゲージ場は

$$((\langle \bar{z}+d\bar{z}|z\rangle + \langle \bar{z}|z+dz\rangle))/2 = (1 - iA_{\bar{z}}d\bar{z} + iA_z dz)\langle \bar{z}|z\rangle \quad (1.247)$$

で定義される．ただし複素共役を足して2で割ることで $A_z, A_{\bar{z}}$ 両方の成分が現れるようにした．これからゲージ場と場の強さは，

$$A_z = \frac{-iL\bar{z}}{1+|z|^2}, \quad A_{\bar{z}} = \frac{iLz}{1+|z|^2},$$
$$F_{z\bar{z}} = \partial_z A_{\bar{z}} - \partial_{\bar{z}} A_z = \frac{2iL}{(1+|z|^2)^2} \quad (1.248)$$

となる．場の強さを積分すると[31]

$$\int d^2 z F_{z\bar{z}} = \int (-2i) d^2 x \frac{2iL}{(1+r^2)^2} = 4\pi L \quad (1.249)$$

となり，全磁束は確かに $2\pi N$ ($N = 2L \in \mathbf{Z}$) となる．ただし $d^2 z = (-2i)d^2 x$ を使った．この節の内容は，幾何学的量子化とよばれるより一般的な枠組みのもっとも簡単な例になっている[32]．

1.21 まとめ

　この章では，場の量子論を学ぶために有用な量子力学のまとめを行った．特に，普通の教科書にはあまり書いていないことを解説した．場の量子論を使って研究していると，様々な問題にぶちあたる．このような時に大事なことは，常に量子力学に戻って理解を試みることだ．そこで重点をおいたのが，調和振動子の量子力学系の状態をどのように記述するか，ということである．まず1.3節でコヒーレント状態を導入した．この状態はある種の古典的な状態を記述する．場の量子論では，場の値とその変化が古典的な意味をもつことが頻繁に発生する．この意味で，コヒーレント状態を理解することは，場の量子論を理解することの第一歩だといってもよい．コヒーレント状態は，状態の存在確率を (x,p) の相空間上に描くと，不確定性関係を満たす最小の領域で表される．相空間の分布関数として，ウイグナー分布関数と伏見分布関数を導入した．この

---

[31] ϵ テンソルがあるために，曲がった空間での積分は $\int d^2 x \epsilon^{ij} F_{ij}$ となって，$\sqrt{g}$ は入らない．
[32] より詳細は，ナイア著「現代的な視点からの場の量子論　発展編」（丸善出版，2012）を参照．

ような分布関数として表された状態を，相空間の上でスクイーズ（押しつぶす）するのが，1.7 節のスクイーズ変換，さらに二つの調和振動子への拡張が 1.9 節のボゴリューボフ変換である．これらの変換は，場の量子論における粒子生成に密接に結び付いている．また自発的対称性の破れにおいて基本的な役割を果たす[33]．スクイーズ変換と粒子生成との関係をみるために，1.11 節で，時間に依存する振動数をもつ調和振動子を扱った．これは第 4 章での様々な応用例の基礎となる．

　この章で扱ったもう一つの話題は，経路積分の導入とそれに基づく摂動論である．場の量子論で経路積分は多用するが，無限自由度系であり，導入がかなり形式的にならざるを得ない．その点，量子力学では境界条件の取扱いも含めて，経路積分が理解しやすい．経路積分は，状態の遷移を古典的に記述する方法といってよい．その意味で，コヒーレント状態は，経路積分を導出する際の基本的なツールである．1.19 節と 1.20 節は，コヒーレント状態を使った経路積分について解説した．

　これ以外に，非定常系の量子力学についても簡単に解説をした．量子力学はもちろん時間発展を記述する．しかし，多くの場合，平衡系の性質に限定して議論が進められる．特に場の量子論では，決まった真空での散乱や励起を議論することが多い．これは，高エネルギー加速器実験が，今現在の真空状態での素粒子の性質を調べる実験だからである．この事情は，重イオン衝突実験や宇宙初期の場の量子論では全く異なっている．今後，場の量子論でも，これまで以上にこのような非平衡現象（つまりは真空の状態や多粒子状態が時間に依存する場合の現象）を扱うことが多くでてくるだろう．本書では，非定常系の場の量子論については 1.17 節で簡単にふれることしかできなかったが，興味ある読者は脚注 26 の参考文献をみてほしい．

---

[33] 非相対論的な場の量子論では，微視的な理論と巨視的な理論をつなげるうえで，これらの変換が重要な役割を果たす．これは次章で詳しくみる．相対論的な場の量子論では，実際にこれらの変換をあらわに書くことは少ないが，背後にそのような状態の変化が起こっていることを認識しておくことは重要である．

第2章
多粒子系の量子力学と非相対論的場の量子論

　第1章では，一つの調和振動子の様々な性質を議論した．この章では，調和振動子が多数集まった量子系を考える．これを多粒子系の量子力学という．多粒子系の量子力学で重要なのが，粒子の統計性である．統計性には，光子やフォノン（音波）のようなボーズ統計に従う粒子と，電子のようなフェルミ統計に従う粒子がある．ボーズ粒子は，一つの状態をいくつもの粒子が占有でき，このことがレーザーのようなコヒーレントな効果や，ボーズ・アインシュタイン凝縮を引き起こす．一方で，フェルミ粒子にはパウリ排他律が働き，一つの状態を同時に占有できるのは一つの粒子に限られる．この結果，フェルミ流体やディラックの海という概念が生まれる．また，古典的対称性が量子化に際して壊れる量子異常（アノマリー）という現象は，このようなフェルミ粒子の真空が対称性を破る効果として理解される．

　この章では，非相対論的な粒子に限定して，ボソンとフェルミオンそれぞれの多粒子系の性質を議論する．場の量子論は，調和振動子の多数の集まりと等価であることをはっきりとみるため，いくつかの模型を例に非相対論的な場の量子論を取り扱う．また，相互作用による真空の変化の例として，超流動と超伝導を取り上げ，それらに対する有効場の理論を導出する．

2.1　格子振動の場の理論

　この節では，非相対論的なボーズ場の例として，調和振動子が1次元鎖上に並び，たくさん並んで結合している格子振動の模型を考える．この系を量子化するには，各格子点での調和振動子系を量子化して隣りとの相互作用を取り入れればよいのだが，ハミルトニアンを対角化するには，格子振動という概念を導入して，そちらを量子化した方が都合がよい．これから自然に1次元場の理論の量子化に導かれる．

　周期的な境界条件 $x_{N+1} = x_1$ をもつ N 個（偶数）の質点が互いにばねで

結ばれている力学的模型を考える．それぞれの質点は同じ質量 $m=1$ をもち，座標は x_n とする．隣りどうしの質点がばね定数 λ のばねで結ばれているとすると，ラグランジアンは

$$L = \sum_{n=1}^{N} \left(\frac{\dot{x}_n^2}{2} - \frac{\lambda(x_{n+1} - x_n)^2}{2} \right) \quad (2.1)$$

で与えられる．これら N 自由度の量子力学系を考える．このラグランジアンから導かれる運動方程式は

$$\ddot{x}_n = \lambda(x_{n+1} - 2x_n + x_{n-1}) \quad (2.2)$$

となる．周期的境界条件から決まる運動量 $k_m = 2\pi m/N$ をもつ進行波 $e^{-i\omega_m t + i k_m n}$ を考えよう．これを，運動方程式に代入すると，分散関係

$$\omega_m^2 = 2\lambda(1 - \cos k_m) \quad (2.3)$$

が得られる．格子間隔よりも細かい振動には意味がないので，整数 m のとりうる値は，$-N/2 \leq m < N/2$ の N 自由度に限定される．格子間隔を ϵ，空間の長さを L とおく．格子点での振動の大きさを

$$x_n(t) = \sum_{m=-N/2}^{N/2-1} \left(a_m \frac{e^{-i\omega_m t + i k_m n}}{\sqrt{2\omega_m N}} + a_m^\dagger \frac{e^{+i\omega_m t - i k_m n}}{\sqrt{2\omega_m N}} \right) \quad (2.4)$$

と展開してみよう．各格子点での自由度 x_n $(n=1,\cdots,N)$ をフーリエ変換したものが，a_m $(m=-N/2,\cdots,N/2-1)$ であり，自由度の数は両者とも N で等しい．振動の振幅は実なので，$a_m^\dagger$ は a_m の複素共役である．量子化すると，複素共役はエルミート共役と読み替えることができるので，ここでは，a_m^* の代わりに $a_m^\dagger$ と書いた．また，すぐ下の式 (2.7) が成立するように，波動関数に $\sqrt{1/2\omega_m N}$ をかけて規格化した．

この系を量子化するには，変数 x_n の共役運動量 $p_n \equiv \dot{x}_n$，

$$p_n(t) = \sum_{m=-N/2}^{N/2-1} (-i\omega_m) \left(a_m \frac{e^{-i\omega_m t + i k_m n}}{\sqrt{2\omega_m N}} - a_m^\dagger \frac{e^{+i\omega_m t - i k_m n}}{\sqrt{2\omega_m N}} \right) \quad (2.5)$$

との間に正準交換関係

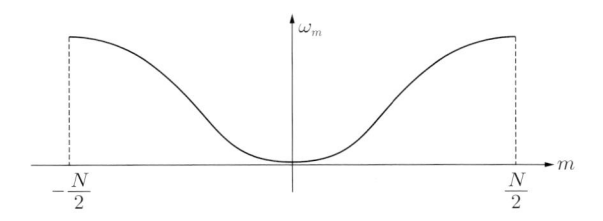

図 2.1 格子振動の励起スペクトル

$$[x_n, x_{n'}] = [p_n, p_{n'}] = 0, \quad [x_n, p_{n'}] = i\hbar \delta_{nn'} \tag{2.6}$$

をおけばよい．以下，演算子であることを明示するため $\hat{x}_n, \hat{p}_n$ と書く．これを満たすためには，(2.4) の係数 $\hat{a}_m, \hat{a}_m^\dagger$ に対して，

$$[\hat{a}_m, \hat{a}_{m'}] = [\hat{a}_m^\dagger, \hat{a}_{m'}^\dagger] = 0, \quad [\hat{a}_m, \hat{a}_{m'}^\dagger] = \hbar \delta_{mm'} \tag{2.7}$$

が成立していればよいことがわかる[1]．ハミルトニアンは

$$\hat{H} = \sum_{n=1}^{N} \left(\frac{\hat{p}_m^2}{2} + \frac{\lambda(\hat{x}_{n+1} - \hat{x}_n)^2}{2} \right) \tag{2.8}$$

で与えられる．これをフーリエモードの和に書き直すと，

$$\hat{H} = \sum_{m=-N/2}^{N/2-1} \omega_m \left(\hat{a}_m^\dagger \hat{a}_m + \frac{\hbar}{2} \right) \tag{2.9}$$

となる．つまり，結晶の格子振動を量子化すると，図 2.1 にあるようなスペクトルをもつ N 個の調和振動子の集まりとなることがわかった．m が正のモードは右向きの進行波，負のモードは左向きの進行波であり，それぞれ右（左）向きに進行する音波（フォノン）を表す．

次にフォノン系のフォック空間を構成しよう．各調和振動子を量子化すると，それぞれ粒子数演算子の固有状態で展開できる．よって，全系の状態は，各フーリエモードの粒子数を指定することで与えられ，

$$|\{n_m\}\rangle = \prod_m \frac{(\hat{a}_m^\dagger)^{n_m}}{\sqrt{n_m!}} |0\rangle \tag{2.10}$$

---

[1] この生成消滅演算子の定義は，第 1 章の定義 (1.24) と $\sqrt{\hbar}$ 倍だけ異なっている．第 1 章の定義の方が計算上は便利だが，古典波との対応はここでの定義の方がみやすい．

と書ける．ここで $|0\rangle$ は，どの m についても消滅演算子 $\hat{a}_m$ をかけると 0 になる状態で，「真空状態」とよぶ．真空から励起された状態 (2.10) は，ハミルトニアンの固有状態であり，

$$(\hat{H} - E_0)|\{n_m\}\rangle = \sum_m \hbar\omega_m n_m |\{n_m\}\rangle \tag{2.11}$$

というエネルギーをもつ．ここで真空のエネルギー $E_0 = \sum_m \hbar\omega_m/2$ は引いておいた．

音波の振幅がとても弱く，その数が数えられるような場合は，上述の取扱いで十分である．このような粒子数固有状態 $|\{n_m\}\rangle$ に対して，振動の振幅の平均値を計算すると

$$\langle\{n_m\}|\hat{x}_n(t)|\{n_m\}\rangle = 0 \tag{2.12}$$

となる．これは，演算子 $\hat{x}_m$ が $\hat{a}_m$ と $\hat{a}_m^\dagger$ の和で書かれており，これらが粒子数固有状態で期待値をとると 0 となることからわかる．これは，各格子点での揺らぎが，原点を中心として左右均等になっていることを意味する．

古典的な振動を表すにはコヒーレント状態を使うのが便利である．各モードが粒子数の固有状態ではなく，

$$|\{\alpha_m\}\rangle = \prod_m e^{-|\alpha|^2/2} e^{\alpha_m \hat{a}_m^\dagger} |0\rangle \tag{2.13}$$

のようなコヒーレント状態にあるとすると，振幅の平均が消えずに

$$\langle\{\alpha_m\}|\hat{x}_n(t)|\{\alpha_m\}\rangle = \sum_{m=-N/2}^{N/2-1} \left(\alpha_m \frac{e^{-i\omega_m t + i k_m n}}{\sqrt{2\omega_m N}} + c.c \right) \tag{2.14}$$

となる．このように粒子が凝縮してコヒーレントな波をつくるのが，ボース場の特徴である．

最後に連続極限，つまり格子数 N を無限大にとる極限を考えよう．結晶の間隔はオングストローム程度の長さであり，マクロな物質にはアボガドロ数ほどの格子点がある．そこで格子点間隔を ϵ とし，$L = N\epsilon$ [2]) を固定して，$N \to \infty$ 極限をとろう．n 番目の格子点の座標を $z = n\epsilon$ として，場 $\phi(z)$ を

---

[2]) 空間周期を，ラグランジアンと同じ記号 L で表しているが，間違えることはないだろう．

2.1 格子振動の場の理論

$$x_n = \sqrt{\epsilon}\phi(z) \tag{2.15}$$

で定義すると，ラグランジアン (2.1) は

$$L = \int_0^L \mathcal{L}dz = \int_0^L dz \left(\frac{\dot{\phi}^2}{2} - \frac{c^2(\partial_z \phi)^2}{2}\right) \tag{2.16}$$

となる．$\mathcal{L} = \mathcal{L}(\phi(x), \dot{\phi}(x))$ を場のラグランジュ密度という．また $c = \sqrt{\lambda \epsilon^2}$ は音波の伝わる音速であり，c が一定となるようにバネ定数 λ を大きくする．これは連続極限で無限小距離に近づく 2 点間の振動が大きくなりすぎないための操作である．場の演算子 $\hat{\phi}(z)$ は

$$\hat{\phi}(z) = \sum_{m=-N/2}^{N/2-1} \left(\hat{a}_m \frac{e^{-i\omega_m t + ik_m z}}{\sqrt{2\omega_m L}} + \hat{a}_m^\dagger \frac{e^{+i\omega_m t - ik_m z}}{\sqrt{2\omega_m L}}\right) \tag{2.17}$$

と展開される．ただし $k_m = 2\pi m/L$ である[3]．各格子点での運動量 $p_n = \dot{x}_n$ の拡張として，場の正準共役量

$$\hat{\pi}(z) = \frac{\partial \mathcal{L}}{\partial \dot{\phi}(z)} \tag{2.18}$$

を定義する[4]．この正準運動量を展開すると

$$\hat{\pi}(z) = -i \sum_{m=-N/2}^{N/2-1} \sqrt{\frac{\omega_m}{2L}} \left(\hat{a}_m e^{-i\omega_m t + ik_m z} - \hat{a}_m^\dagger e^{+i\omega_m t - ik_m z}\right) \tag{2.19}$$

と書ける．そこで，交換関係 (2.7) を使い，場の同時刻交換関係

$$[\hat{\phi}(z), \hat{\pi}(z')] = i\hbar \delta(z - z') \tag{2.20}$$

が求まる．場のラグランジアンから導かれる運動方程式は

$$\ddot{\phi}(z) = c^2 \Delta \phi(z) \tag{2.21}$$

---

[3] 新しい運動量は，格子間隔を ϵ となるようにとったため，格子間隔を 1 としていたときの運動量とは ϵ 倍だけ定義が異なることに注意．新しい運動量の定義だと，$-\pi/\epsilon \leq k_m < \pi/\epsilon$ である．この範囲のことを第一ブリュアン域という．

[4] より正確には，ラグランジアン L を，場 $\phi(x)$ と $\dot{\phi}(x)$ の汎関数と考え，$\frac{\delta L}{\delta \dot{\phi}(x)}$ として場の正準運動量は定義される．

となり，進行波 $e^{-i\omega t+ikz}$ は分散関係

$$\omega^2 = c^2 k^2 \tag{2.22}$$

を満たすときに運動方程式の解となる．連続極限をとった後の運動量 k ととる前の運動量 k_m は，$k_m = k\epsilon$ で関係している．そこで格子間隔を小さくとる $\epsilon \to 0$ 極限は，無限小の運動量 k_m を拡大してみることに対応する．確かに，(2.3) をテイラー展開すると，(2.22) が再現される．c は音速であり光速度ではないが，連続極限をとることで，一見，相対論的な分散関係が実現される．このような擬似的な相対論的不変性は，物性系で頻繁に現れる[5]．

ここではもっとも簡単な理論である 1 次元の格子振動の量子化を行った．高次元に拡張することも容易である．このように，場とは多数の調和振動子の集まりに他ならない．つまりもとをただせば，場の自由度は，各格子点にある振動子の自由度の総数と等しい．場の量子論を学ぶときは，常にこのような量子力学的な自由度が背後にあることを頭に描いていると，理解がしやすい．

2.2 *弱く相互作用するボーズ粒子と BEC

この節ではボーズ粒子系に相互作用を導入して，ボーズ粒子の多体系ならでは起こる不思議な現象（ボーズ・アインシュタイン凝縮と超流動）をみてみよう．ボーズ粒子の特徴は，一つの状態を多数の粒子が同時に占有できることである．非相対論的な粒子では，波数 k をもつ粒子の運動エネルギーは

$$\epsilon_0(k) = \frac{\hbar^2 k^2}{2m} \tag{2.23}$$

で与えられる．すると，多粒子系のエネルギーをもっとも低くするためには，全ての粒子が $k=0$ 状態にあればよいだろう．マクロな数の粒子（つまりアボガドロ数ほどに多い粒子）が $k=0$ 状態に落ち込んだ状態を，ボーズ凝縮した状態（BEC: ボーズ・アインシュタイン凝縮）という．粒子間に弱い斥力相互作用があると，ボーズ凝縮した状態が安定になり，多粒子系の状態が大きく変化する．この節では，ボゴリューボフ (Bogoliubov)[6] により与えられた，弱

---

[5] 後で議論するフェルミ流体の低エネルギー励起もその一例である．ただし，非相対論的な粒子のエネルギースペクトルにギャップがある場合は，低エネルギー励起をみても相対論的にはならない．

[6] N. N. Bogoliubov, On the theory of superfluidity, J. Phys. (USSR) 11 (1947) 23.

い斥力相互作用をするボーズ粒子系を考えよう．

短距離型の相互作用をもつ，希薄な非相対論的ボーズ粒子系を考える．また粒子は長さ L の箱に入っているとする．非相対論的なボーズ場 $\psi(x)$ のラグランジアンは，密度演算子

$$\hat{\rho}(t,\mathbf{x}) \equiv \hat{\psi}^\dagger(t,\mathbf{x})\hat{\psi}(t,\mathbf{x}) \tag{2.24}$$

を使って，

$$\begin{aligned}L &= \int d\mathbf{x}\, i\hbar\hat{\psi}^\dagger(t,\mathbf{x})\partial_t\hat{\psi}(t,\mathbf{x}) - H \\ H &= \int d\mathbf{x}\, \frac{\hbar^2}{2m}|\nabla\hat{\psi}(\mathbf{x})|^2 + \frac{1}{2}\int d\mathbf{x}d\mathbf{x}'\, \hat{\rho}(\mathbf{x})V(|\mathbf{x}-\mathbf{x}'|)\hat{\rho}(\mathbf{x}')\end{aligned} \tag{2.25}$$

で与えられる．また粒子数演算子 $\hat{N}$ は密度演算子の積分で与えられる．ラグランジアンが時間について1階微分なので，場 ψ の共役運動量は，$\hat{\pi}(\mathbf{x}) = i\hbar\hat{\psi}^\dagger(\mathbf{x})$ である．そこで，場を

$$\hat{\psi}(\mathbf{x}) = \frac{1}{\sqrt{V}}\sum_\mathbf{k} \hat{a}_\mathbf{k} e^{i\mathbf{k}\cdot\mathbf{x}} \tag{2.26}$$

と展開して[7]，$\hat{a}_\mathbf{k}$ に対して交換関係 $[\hat{a}_\mathbf{k},\hat{a}_{\mathbf{k}'}^\dagger] = \delta_{\mathbf{k}\mathbf{k}'}$ を課すと，

$$[\hat{\psi}(\mathbf{x}),\hat{\pi}(\mathbf{x}')] = i\hbar\delta(\mathbf{x}-\mathbf{x}') \tag{2.27}$$

が満たされる．ただし空間体積は $V = L^3$ である．希薄なボーズ粒子系の場合，粒子間の平均距離は相互作用 $V(\mathbf{r})$ の届く範囲よりもはるかに長い．そこで，この相互作用を

$$V(\mathbf{r}) = g\delta(\mathbf{0}) \tag{2.28}$$

で置き換えよう．これは2粒子が同じ場所に来たときのみ力が働くと考えることに対応し，s 波の散乱だけを考えることと等価である．また斥力 ($g>0$) の場合を考える．このとき，ハミルトニアンは

$$H = \int d\mathbf{x}\left(\frac{\hbar^2}{2m}|\nabla\hat{\psi}(\mathbf{x})|^2 + \frac{g}{2}|\hat{\psi}^\dagger\hat{\psi}(\mathbf{x})|^2\right) \tag{2.29}$$

---
[7] $\hat{a}_{-\mathbf{k}}$ は $\hat{a}_\mathbf{k}^\dagger$ ではないことに注意．

となる．ボーズ凝縮するような状況では，粒子数を固定しないで考える方が便利なことが多い．このとき，自由エネルギーとして[8]

$$F = H - \mu \hat{N} = \int d\mathbf{x} \left(\frac{\hbar^2}{2m} |\nabla \hat{\psi}(\mathbf{x})|^2 + \frac{g}{2} \hat{\rho}(\mathbf{x})^2 - \mu \hat{\rho}(\mathbf{x}) \right) \quad (2.30)$$

を定義する．μ は化学ポテンシャルで，粒子を一つ付け加えたことによるエネルギーの増加を表す．場の空間変化がないときには，自由エネルギーを極小にする条件から

$$\mu = gn = \frac{gN}{V} > 0 \quad (2.31)$$

と化学ポテンシャルが求まる．ところで相互作用しないボソンの分布関数は

$$n(\mathbf{k}) = \frac{1}{e^{(\epsilon_0(\mathbf{k}) - \mu)/k_B T} - 1} \quad (2.32)$$

で与えられ，この分布関数が物理的に意味のある正値をとるためには，$\mu < \epsilon_0(\mathbf{k})$ を満たす必要がある．特にどんな小さな運動量に対してもこの条件が成立するためには，化学ポテンシャルは負（または 0）でないとならない．したがって，(2.31) が成立するということは，小さな運動量をもつ状態が，通常の自由粒子とは異なる振舞いをすることを示唆している．

さて，多数のボーズ粒子が波数 **0** の状態にボーズ凝縮した状態を表す近似的な波動関数として，

$$\hat{a}_\mathbf{0} |\alpha\rangle = \alpha |\alpha\rangle \quad (2.33)$$

を満たすコヒーレント状態を考えよう．波数 **0** の状態にある粒子数を $N_\mathbf{0}$ とし，位相因子を 1 とおくと[9]，

$$\alpha = \sqrt{N_\mathbf{0}} \quad (2.34)$$

で与えられる．今，全粒子のほとんどが波数 **0** の状態にあるとして，

$$N_\mathbf{0} \gg \left\langle \sum_{\mathbf{k} \neq \mathbf{0}} \hat{a}_\mathbf{k}^\dagger \hat{a}_\mathbf{k} \right\rangle \quad (2.35)$$

---

[8] ここでは絶対零度を想定しているので，温度やエントロピーは導入していない．
[9] 一般性を失わずに，波数 **0** の波動関数の位相因子を 1 とおくことができる．

とする．この仮定が，相互作用が弱いときに確かに成立していることは，後で確認する．このとき，$N_0 \gg 1$ となり，波数 **0** のモードは古典量として扱ってよい．

次に，波数 **0** の状態でボース凝縮が起こったとき，$\mathbf{k} \neq \mathbf{0}$ の波数をもつモードの振舞いを調べよう．場の展開 (2.26) をハミルトニアン H に代入すると，

$$H = \sum_{\mathbf{k}} \frac{\hbar^2 \mathbf{k}^2}{2m} \hat{a}^\dagger_{\mathbf{k}} \hat{a}_{\mathbf{k}} + \frac{g}{2V} \sum_{\mathbf{k}_1, \mathbf{k}_2, \mathbf{k}} \hat{a}^\dagger_{\mathbf{k}_1 + \mathbf{k}} \hat{a}^\dagger_{\mathbf{k}_2 - \mathbf{k}} \hat{a}_{\mathbf{k}_1} \hat{a}_{\mathbf{k}_2} \tag{2.36}$$

となる[10]．また全粒子数は

$$N = \langle \hat{N} \rangle = \langle \hat{a}^\dagger_\mathbf{0} \hat{a}_\mathbf{0} + \sum_{\mathbf{k} \neq \mathbf{0}} \hat{a}^\dagger_{\mathbf{k}} \hat{a}_{\mathbf{k}} \rangle \tag{2.37}$$

で与えられる．

励起状態のスペクトルを知るためには，ハミルトニアンを場の演算子の 2 次の項まで展開すればよい．そこで，ハミルトニアンに (2.34) を代入して，演算子 $\hat{a}_\mathbf{k}$ と $\hat{a}^\dagger_\mathbf{k}$ の 2 次に比例する項まで取り出すと

$$H \simeq \frac{gN^2}{2V} + \sum_{\mathbf{k} \neq \mathbf{0}} \epsilon(\mathbf{k}) \hat{a}^\dagger_\mathbf{k} \hat{a}_\mathbf{k} + \sum_{\mathbf{k} \neq \mathbf{0}} \frac{gN}{2V} (\hat{a}_\mathbf{k} \hat{a}_{-\mathbf{k}} + \hat{a}^\dagger_\mathbf{k} \hat{a}^\dagger_{-\mathbf{k}})$$

$$\epsilon(\mathbf{k}) = \frac{\hbar^2 \mathbf{k}^2}{2m} + \frac{gN}{V} = \epsilon_0(\mathbf{k}) + \mu \tag{2.38}$$

となる．ここで，(2.37) から導かれる式

$$N_\mathbf{0} = N - \sum_{\mathbf{k} \neq \mathbf{0}} \hat{a}^\dagger_\mathbf{k} \hat{a}_\mathbf{k}$$

$$N_\mathbf{0}^2 \simeq N^2 - 2N \sum_{\mathbf{k} \neq \mathbf{0}} \hat{a}^\dagger_\mathbf{k} \hat{a}_\mathbf{k} \tag{2.39}$$

を使って，$N_\mathbf{0}$ を全粒子数 N で書き換えた．仮に相互作用が引力 $g < 0$ だと，$\mathbf{k}$ が小さいとき $\epsilon(\mathbf{k}) < 0$ となる．つまり，引力相互作用は系の不安定性を引き起こす．これが，斥力相互作用 $g > 0$ を考える理由である．

このハミルトニアン (2.38) は，$\mathbf{k} = \mathbf{0}$ のモードがボース凝縮した結果とし

---

[10] 古典的なハミルトニアンを量子化するときには常に演算子の順序が問題になる．ここでは，相互作用項について，生成演算子が全て左，消滅演算子が右にくるように順序を定義した．

て，生成演算子や消滅演算子だけを含む項をもっており，粒子数が保存されていない．このようなハミルトニアンを対角化する方法が，1.9 節で議論したボゴリューボフ変換の方法である．式 (1.98) のハミルトニアンと見比べると，各ペア $\hat{a}_{\mathbf{k}}, \hat{a}_{-\mathbf{k}}$ ($k_x > 0$ と選ぶ) を二つの調和振動子 $\hat{a}_1, \hat{a}_2$ に読み替えれば

$$\hbar\omega_{\mathbf{k}} = \frac{\epsilon(\mathbf{k})}{\cosh 2\theta_{\mathbf{k}}} \tag{2.40}$$

$$\tanh 2\theta_{\mathbf{k}} = \frac{gN}{V\epsilon(\mathbf{k})} = \frac{\mu}{\epsilon_0(\mathbf{k}) + \mu} \tag{2.41}$$

と対応していることがわかる[11]．よって，ボゴリューボフ変換

$$\begin{pmatrix} \hat{b}_{\mathbf{k}} \\ \hat{b}^{\dagger}_{-\mathbf{k}} \end{pmatrix} \equiv U_{\theta_{\mathbf{k}}} \begin{pmatrix} \hat{a}_{\mathbf{k}} \\ \hat{a}^{\dagger}_{-\mathbf{k}} \end{pmatrix} U^{\dagger}_{\theta_{\mathbf{k}}} = \begin{pmatrix} \cosh\theta_{\mathbf{k}} & \sinh\theta_{\mathbf{k}} \\ \sinh\theta_{\mathbf{k}} & \cosh\theta_{\mathbf{k}} \end{pmatrix} \begin{pmatrix} \hat{a}_{\mathbf{k}} \\ \hat{a}^{\dagger}_{-\mathbf{k}} \end{pmatrix} \tag{2.42}$$

により新しい消滅演算子 $\hat{b}_{\mathbf{k}}$ を定義すると，このボーズ粒子多体系のハミルトニアン (2.38) は

$$\begin{aligned} H &= \sum_{\mathbf{k}\neq 0} \hbar\omega_{\mathbf{k}} \hat{b}^{\dagger}_{\mathbf{k}} \hat{b}_{\mathbf{k}} + E_0, \\ E_0 &= \frac{gN^2}{2V} - \sum_{\mathbf{k}\neq 0} \left(\hbar\omega_{\mathbf{k}} \sinh^2\theta_{\mathbf{k}} \right) \end{aligned} \tag{2.43}$$

となる．真空のエネルギー E_0 には，N 粒子間に働く斥力 ($g>0$) からくる古典的なエネルギー以外 (第 1 項) に，ボゴリューボフ変換されたことによる負の寄与がある．このため，古典的な状態よりも，ボーズ凝縮した状態の方がエネルギーが低くなっている．

このハミルトニアンの基底状態は，

$$|\mathrm{vac}_{\mathbf{k}\neq 0}\rangle = \prod_{\mathbf{k}\neq 0} |\theta_{\mathbf{k}}\rangle \tag{2.44}$$

で与えられ，演算子 $\hat{b}_{\mathbf{k}}$ をかけると，$\hat{b}_{\mathbf{k}}|\mathrm{vac}_{\mathbf{k}\neq 0}\rangle = 0$ を満たす．この状態は，1.9 節の式 (1.102) より，もとの生成消滅演算子を使って書くと

$$|\theta_{\mathbf{k}}\rangle = \frac{1}{\cosh\theta_{\mathbf{k}}} e^{-\tanh\theta_{\mathbf{k}} \hat{a}^{\dagger}_{\mathbf{k}} \hat{a}^{\dagger}_{-\mathbf{k}}} |0\rangle \tag{2.45}$$

---

[11] $\tanh 2\theta_{\mathbf{k}}$ の右辺は，$\mathbf{k}, -\mathbf{k}$ で 2 回出てくるので，$(gN/2V\epsilon) \times 2$ となっている．

と，粒子が対で生成された状態の重ね合わせになっている．よって，ゼロモードの波動関数（コヒーレント状態）と合わせて，全系の基底状態は

$$|\alpha\rangle \otimes \prod_{\mathbf{k}\neq\mathbf{0}} |\theta_{\mathbf{k}}\rangle \propto e^{\alpha \hat{a}_0^\dagger} \prod_{\mathbf{k}\neq\mathbf{0}} e^{-\tanh\theta_{\mathbf{k}} \hat{a}_{\mathbf{k}}^\dagger \hat{a}_{-\mathbf{k}}^\dagger} |0\rangle \tag{2.46}$$

と表される．変換角 $\theta_{\mathbf{k}}$ を (2.41) から解くと，励起状態のスペクトル $\hbar\omega_{\mathbf{k}}$ は

$$\hbar\omega_{\mathbf{k}} = \sqrt{\epsilon(\mathbf{k})^2 - \mu^2} = \sqrt{\left(\frac{\hbar^2 \mathbf{k}^2}{2m}\right)\left(\frac{\hbar^2 \mathbf{k}^2}{2m} + 2\mu\right)} \tag{2.47}$$

となる．これをボゴリューボフの分散関係という．

励起状態のスペクトル $\hbar\omega_{\mathbf{k}}$ は，短波長領域（波数が大きい）と長波長領域で振舞いが大きく異なる．粒子数密度を $n = N/V$ とすると，短波長領域

$$\epsilon_0(\mathbf{k}) = \frac{\hbar^2 \mathbf{k}^2}{2m} \gg \mu = gn \tag{2.48}$$

では，ボゴリューボフ変換の変換角 $\theta_{\mathbf{k}}$ は

$$\theta_{\mathbf{k}} \sim \frac{mgn}{\hbar^2 \mathbf{k}^2} \ll 1 \tag{2.49}$$

と 0 に近づき，励起状態のスペクトルは，非相対論的な自由粒子のエネルギー $\hbar\omega_{\mathbf{k}} \sim \epsilon_0(\mathbf{k})$ に一致する．また基底状態も，通常の自由粒子の基底状態に一致する．これは，短波長モードの性質がボーズ凝縮の影響を受けにくいことを意味する．一方，長波長領域（波数が小さい）

$$\epsilon_0(\mathbf{k}) \ll gn = mc_s^2 \tag{2.50}$$

では

$$\hbar\omega_{\mathbf{k}} = \hbar|\mathbf{k}|c_s \tag{2.51}$$

となり，励起状態のスペクトルが，波数 $\mathbf{k}$ に対して線形となる．ここで，比例係数 $c_s = \sqrt{gn/m}$ を定義した．この比例定数 c_s は励起状態（フォノン）の音速に対応し，粒子数密度 n に依存している．またこのような長波長領域だと，(2.41) からわかるように，ボゴリューボフ変換の角度 $\theta_{\mathbf{k}} \gg 1$ がとても大きく，

$$\cosh\theta_{\mathbf{k}} \sim \sinh\theta_{\mathbf{k}} \sim \frac{e^{\theta_{\mathbf{k}}}}{2} \sim \sqrt{\frac{mc}{2\hbar|\mathbf{k}|}} \tag{2.52}$$

と振る舞う．特に $\mathbf{k} \to \mathbf{0}$ の極限では，発散している．このように，$\epsilon_0(\mathbf{k})$ が化学ポテンシャル $\mu = gn$ より小さな $\mathbf{k} \neq \mathbf{0}$ の低波長領域では，$\mathbf{k} = \mathbf{0}$ モードへのボーズ凝縮の結果，粒子が（ゼロ温度でありながら）対で励起されている．これはちょうど，自由ボーズ粒子の見方が破綻する運動量領域であった．

ボゴリューボフ変換で生成される粒子数は (1.106) で与えられる．運動量 $\mathbf{k}$ の生成粒子数は $\sinh^2\theta_{\mathbf{k}}$ なので，3 次元では，(2.41) を使うと

$$\left\langle \sum_{\mathbf{k}\neq\mathbf{0}} \hat{a}_{\mathbf{k}}^\dagger \hat{a}_{\mathbf{k}} \right\rangle = \frac{V}{(2\pi)^3} \int d^3\mathbf{k} \sinh^2\theta_{\mathbf{k}} = \frac{V}{(2\pi)^2} \int_0^\infty k^2 dk \left(\frac{\epsilon(\mathbf{k})}{\hbar\omega_{\mathbf{k}}} - 1 \right)$$

と書ける．$k_0^2 = 2mgn/\hbar^2$ とおくと，この積分は実行できて

$$\frac{V}{(2\pi)^2} \int_0^\infty k^2 dk \left(\frac{k^2 + k_0^2}{\sqrt{k^4 + 2k^2 k_0^2}} - 1 \right)$$
$$= \frac{k_0^3 V}{(2\pi)^2} \int_0^\infty dx \left(\frac{x^3 + x}{\sqrt{x^2 + 2}} - x^2 \right) = \frac{k_0^3 V}{(2\pi)^2} \frac{\sqrt{2}}{3} \tag{2.53}$$

となる．これから，運動量 0 へ凝縮した粒子の密度 $n_0 \equiv N_0/V$ は

$$n_0 = n - \frac{k_0^3}{(2\pi)^2} \frac{\sqrt{2}}{3} = n - \frac{1}{3\pi^2} \left(\frac{mgn}{\hbar^2} \right)^{3/2} \tag{2.54}$$

と解ける．相互作用が弱く希薄な場合は，ほとんどの粒子が n_0 に凝縮していることが確認できる．

この節の議論は，もともとボゴリューボフがヘリウム 4 の超流動を説明するために導入した．ボーズ統計に従うヘリウム 4 液体を 2.1 K 以下に冷却すると超流動性を示す．この性質を現象論的に説明したのが，ランダウである．ランダウは，ボーズ粒子の凝縮体の励起状態のスペクトルに着目し，その凝縮体が超流動性を示すためには，長波長領域でのスペクトルが線形となる必要があることを議論した．その論理は簡潔なので，ここに紹介しよう[12]．毛細管に速

---

[12] 詳細は，ランダウ・リフシッツ統計物理学を参照していただきたい．ランダウの教科書（英語版）は無料でオンライン公開されている（https://archive.org/details/ost-physics-landaulifshitz-statisticalphysics）．公開されている英語版だと，第 67 章 superfluidity を参照．

度 **v** で流体を流すと，通常の液体だと毛細管との間で粘性，すなわち摩擦が生じ，熱が発生する．摩擦とは，流体と毛細管との相互作用で，流体と毛細管の双方に音波（振動モード）が励起されるためと考えられる．流体の静止系でみて，ある音波が励起された状態を考えよう．静止系での音波の運動量を **p**，エネルギーを $\epsilon(|\mathbf{p}|)$ とする．流体全体の質量を M とし，静止系から毛細管が静止した系にガリレイ変換すると，系の運動量とエネルギーは

$$\begin{aligned}\mathbf{P} &= \mathbf{p} + M\mathbf{v}, \\ E &= \epsilon(|\mathbf{p}|) + \mathbf{v}\cdot\mathbf{p} + \frac{Mv^2}{2}\end{aligned} \tag{2.55}$$

となる．それぞれ最後の項は，流体全体の運動量とエネルギーであり，**p** と $\epsilon(|\mathbf{p}|) + \mathbf{v}\cdot\mathbf{p}$ が，流体が励起されたことによる運動量とエネルギーの変化である．毛細管の静止系でみると，摩擦熱が発生するときには，流体から毛細管へ熱が移動し，流体のエネルギーは減少する．このための条件が

$$\epsilon(|\mathbf{p}|) + \mathbf{v}\cdot\mathbf{p} < 0 \tag{2.56}$$

である．このエネルギーは，流体速度と励起状態の運動量が反平行 $\mathbf{v}\cdot\mathbf{p} = -|\mathbf{v}||\mathbf{p}|$ のときに最小となるので，流速 **v** の流体で摩擦熱が発生する条件は

$$\epsilon(|\mathbf{p}|) < |\mathbf{v}||\mathbf{p}| \tag{2.57}$$

となる．励起状態のスペクトルが $\epsilon_0(|\mathbf{p}|) = \mathbf{p}^2/2m$ の非相対論的な場合だと，どのような小さな流速 **v** に対してもこの条件が満たされることがわかる．一方，$\epsilon(|\mathbf{p}|) = c|\mathbf{p}|$ のような線形のスペクトルをもつと，$\mathbf{v} < c$ だとこの条件が満たされず，摩擦熱が発生できない．これが超流動の条件となる．ランダウは，このことをもとに，超流動ヘリウムの励起スペクトルとして，図 2.2 のようなスペクトルを提案した．波数 k_G でのスペクトルの窪みは，ロトンギャップとよばれている．このようなスペクトルは，中性子散乱の実験で観測されている．このとき，ギャップエネルギーを $\Delta = \epsilon(k_G)$ と書くと，摩擦の発生しない条件は，$v < v_c = \Delta/\hbar k_G$ となる．v_c を臨界速度とよぶ．

ボゴリューボフの慧眼は，このランダウの提案した現象論的な励起スペクトルを，微視的なボーズ凝縮という見方で導出した点にある．ボーズ凝縮そのものは，相互作用しないボーズ気体でも知られていた．しかし超流動を引き起こすためには，励起スペクトルが長波長で線形になる必要があり，それが満たさ

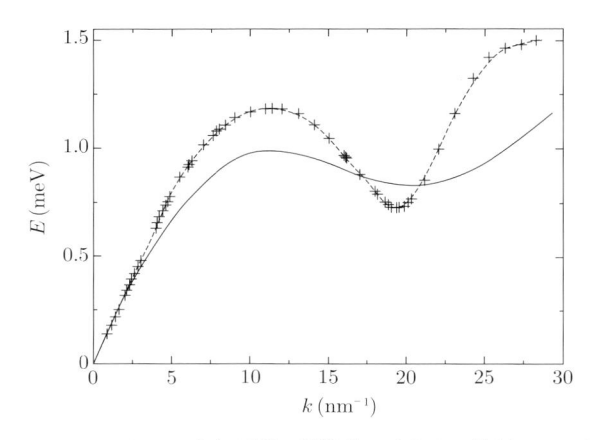

図 2.2 Nature **483** (2012) 576 より転載．超流動ヘリウムの励起スペクトル．実線がランダウの予言したスペクトル．×印は，中性子散乱による実験結果．運動量の小さな領域では線形スペクトルをもち，これが超流動性を引き起こす．高い運動量の凹みはロトンギャップとよばれている．

れるのは，斥力相互作用が入った場合 $g > 0$ だけである．

このボゴリューボフの考え方は，当初のヘリウム原子の超流動に対しては，低温で液体であり相互作用が弱いという仮定が成立しないため，そのままでは適用が難しい．むしろ，最近発見された希薄で相互作用が弱いアルカリ原子のボーズ・アインシュタイン凝縮 (BEC) でボゴリューボフの方法の正しさが証明された[13]．

2.3 Gross-Pitaevski 方程式

前節では，演算子形式を押し通して，超流動を議論した．この節では，より簡単な古典場とその周りの摂動として同じ問題を取り扱ってみよう[14]．この節の目的は，背後にある微視的理論（ボゴリューボフの理論）をより直感的に理解するための，平均場近似としての場の量子論の偉大さを理解することにある．

---

[13] 例えば，J. M. Vogels *et. al.*, Phys. Rev. Lett. 88 (2002) 060402 を参照．
[14] 前節を読まなくてもこの節だけで超流動は理解できる（はずである）．低エネルギーでのマクロな現象は，ミクロな理論の裏付けがあることさえ確認できれば，有効的な場の理論で記述することができる．これが場の理論を使った定式化の大きな利点である．この意味で，場の理論は，相互作用の結果，複雑な波動関数で記述される多体系の量子力学よりやさしいということができる．

(2.29) のハミルトニアンから導かれる場 $\psi(t,x)$ の運動方程式は

$$i\hbar \frac{\partial \psi}{\partial t} = \left[-\frac{\hbar^2}{2m}\nabla^2 + g|\psi|^2 \right] \psi(t,x) \tag{2.58}$$

を満たす．この方程式は，Gross-Pitaevski 方程式とよばれている．ψ の非線形項をもつため，非線形シュレーディンガー方程式ともよばれる．この系は相互作用の結果，化学ポテンシャル μ をもつ．つまり粒子を一つ追加すると μ のエネルギーが追加される．ψ は，式 (2.26) からわかるように粒子を消す演算子であり，共通して $e^{-i\mu t/\hbar}$ という時間依存性をもつ．そこで，

$$\psi(t,x) \longrightarrow \psi(t,x)e^{-i\mu t/\hbar} \tag{2.59}$$

と置き換えて新しい場 $\psi(t,x)$ を定義する．この新しい場の満たす運動方程式は，

$$i\hbar \frac{\partial \psi}{\partial t} = \left[-\frac{\hbar^2}{2m}\nabla^2 + g|\psi|^2 - \mu \right] \psi(t,x) \tag{2.60}$$

となる．

時間，空間によらない解 ψ_0 が存在するための条件は，$g|\psi_0|^2 = \mu$ であり，前節で導出した値と同じである[15]．ここで，場を振幅と位相に分けて，

$$\psi(t,x) = \sqrt{\rho(t,x)}e^{iS(t,x)} \tag{2.61}$$

とおいてみよう．運動方程式に代入して，実部と虚部の方程式に分解すると，二つの方程式が導かれる．一つは，連続の式で

$$\dot{\rho} + \nabla(\rho \mathbf{v}_s) = 0 \quad \text{ただし } \mathbf{v}_s = \frac{\hbar}{m}\nabla S \tag{2.62}$$

となる．ただし $\dot{\rho}$ は密度の時間微分を表す．$\mathbf{v}_s$ は，超流動流体の速度と解釈できる．つまり，波動関数の位相変化が超流体の流れになっている．これは 2.9 節で議論する超伝導体の電流の場合と同じである．もう一つの式からは，

$$\hbar \dot{S} = \frac{-m\mathbf{v}_s^2}{2} + \frac{\hbar^2}{2m\sqrt{\rho}}\nabla^2\sqrt{\rho} - (g\rho - \mu) \tag{2.63}$$

---

[15] 式 (2.43) の 2 項目も N 依存性をもつため，正確にはこの表式からずれるが，そのずれは小さい．

が得られる．この式の ∇ をとり，流れに特異性がなく $\nabla \times \mathbf{v}_s = 0$ となることを使うと

$$m\dot{\mathbf{v}}_s + m(\mathbf{v}_s \cdot \nabla)\mathbf{v}_s = \frac{\hbar^2}{2m}\nabla\left(\frac{\nabla^2\sqrt{\rho}}{\sqrt{\rho}}\right) - g\nabla\rho \qquad (2.64)$$

となる．この式は，粘性項のないナヴィエ・ストークス方程式（オイラー方程式）である．右辺の第1項は，通常の古典流体にはない量子的な圧力項である．

次に，この方程式から，ボゴリューボフの励起スペクトルを導出するために，古典解の周りの揺らぎ（$\rho_0 = n$）

$$\rho(t,x) = \rho_0 + \delta\rho(t,x), \quad S(t,x) = \delta S(t,x) \qquad (2.65)$$

を式 (2.64) に代入して，$\delta\rho, \delta S$ について線形な部分のみを取り出すと

$$m\delta\dot{\mathbf{v}}_s = \frac{\hbar^2}{4m\rho_0}\nabla\Delta\delta\rho - g\nabla\delta\rho \qquad (2.66)$$

となる．ただし $\Delta = \nabla^2$ である．この式の発散をとり，(2.62) の連続の式から導かれる

$$\delta\dot{\rho} + \rho_0\nabla\delta\mathbf{v}_s = 0 \qquad (2.67)$$

を使って，$\delta\dot{\mathbf{v}}_s$ を (2.66) から消去すると

$$\delta\ddot{\rho} = -\frac{\hbar^2}{4m^2}\Delta^2\delta\rho + \frac{g\rho_0}{m}\Delta\delta\rho \qquad (2.68)$$

となる．これに $\delta\rho(t,x) = e^{-i\omega t + i\mathbf{k}\cdot\mathbf{x}}$ を代入するとボゴリューボフの分散関係 (2.47)

$$\hbar^2\omega^2 = \left(\frac{\hbar^2 k^2}{2m}\right)\left(\frac{\hbar^2 k^2}{2m} + 2\mu\right) \qquad (2.69)$$

が再現される．

Gross-Pitaevski 方程式による古典場の方法は，このように簡単に励起スペクトルが再現できるのみならず，様々な解を調べるのにも役にたつ．ここでは，ボルテックス（渦糸）解を調べよう．これまでの議論では，位相場 S には特異性がなく $\nabla \times \mathbf{v}_s = 0$ が満たされるとしてきた．しかし，渦糸があると渦糸の

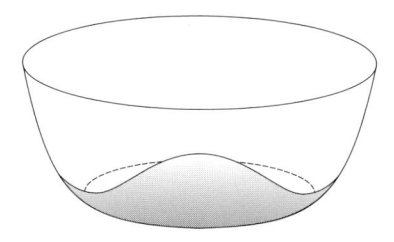

図 **2.3** Gross-Pitaevski 方程式を導出するポテンシャル．化学ポテンシャルが負の 2 乗項をだして，ワインボトル型のポテンシャルになっている．

中心で超流動性が壊れ，その結果，位相場が特異性をもつことも可能である．しかし，中心以外では場 S は周期 2π の連続関数であることを要請すると，整数 N が存在して，

$$\oint \nabla S \cdot d\mathbf{l} = 2\pi N \tag{2.70}$$

と量子化されていなければならない．この N を渦糸の巻き数とよぶ．超流動の速度場を使うと

$$\oint \mathbf{v}_s \cdot d\mathbf{l} = \frac{2\pi\hbar}{m} N \tag{2.71}$$

と速度場の循環が量子化されていることを意味する．

式 (2.25) のラグランジアンは，ψ の位相を $\psi \to e^{i\theta}\psi$ と回転する不変性をもっていた．化学ポテンシャルを含めると，この系は，

$$V = \frac{g}{2}(|\psi|^2)^2 - \mu|\psi|^2 \tag{2.72}$$

というポテンシャルをもっている．それを図示したのが，図 2.3 である．場 ψ はポテンシャルの最低値のどこかに落ち込み，真空期待値をもつ．これがボーズ凝縮である．凝縮の位相はどのような値でもよかったので，古典解を一つに選ぶ（ここでは 0 に選んだ）ことで，位相回転の不変性が壊れている．このように，真空解を一つ選ぶことで，ラグランジアンのもっていた対称性が壊れることを，自発的対称性の破れという．

ポテンシャルを，この極小点である真空期待値 $\psi = \psi_0 = \sqrt{\mu/g}$ の周りに展開すると，平らな方向と傾きのある方向の 2 種類があり，それぞれが質量 0 の場と質量をもった場に対応しているのではないかと思われるかもしれない．

相対論的な場合（より正確にいうと，二つの方向が独立の自由度になっている場合）にはそれで正しいが，今の場合には，二つの方向が互いに正準共役な関係にあるため，その見方は正しくない．このことは，Gross-Pitaevski 方程式 (2.60) を古典解の周りに展開して得られる二つの式が，相空間の量子力学のハミルトン方程式と同じ 1 階微分の方程式になっていることからわかる．特に，式 (2.67) に (2.62) の $\mathbf{v}_s$ を入れて $\Delta \to -k^2$ とした式

$$\delta\dot{\rho} = \frac{\hbar\rho_0 k^2}{m}\delta S \qquad (2.73)$$

は，$\delta\rho$ の共役運動量が δS に比例していることを意味している．これが，相対論的なヒッグスポテンシャルの場合とは異なる理由である．このことは，シュレーディンガー方程式を記述するラグランジアン (2.25) が時間の 1 階微分で書かれていて，ψ に展開 (2.61) を代入すると，ρS という互いに正準共役な関係が導かれることからも明らかだろう．正しい励起スペクトルを求めるためには，この正準共役関係に従う自由度に対してハミルトニアンを量子化する必要があり，それがボゴリューボフの分散関係 (2.69) になっている．

この節で導入した場の量子論のやり方が成功した理由は，$\psi(t,x)$ という巨視的な場の変数を導入した点である．これが正当化されるのは，この場が低エネルギーで超流動を記述する有効的な場の自由度となり得たからであり，式 (2.61) のように巨視的な値をもつ振幅（流体密度）と巨視的な長さのスケールで変化する位相場に分離したからである．これにより渦糸解といった微視的には記述の困難な励起の存在が簡単に理解できる．このように場の量子論は，低エネルギー（つまり巨視的領域）での振舞いをより簡単に記述するための有力な道具である[16]．

2.4　フェルミ流体

次はフェルミ場の量子論を考えよう．物質を構成する基本要素として知られているものは全てフェルミ統計に従う．電子，ミューオン，クオーク，ニュートリノなどである．相対論的な電子（フェルミ粒子）の場の理論は第 5 章で学ぶ．ここでは非相対論的な電子の場の理論を調べよう．

---

[16] 高エネルギー（または微視的領域）の理論と低エネルギー領域を結び付けるのが，繰り込み，および繰り込み群とよばれる手法である．これについては，残念ながら本書では紙数の関係で詳しく解説することができなかった．ぜひ他の教科書をみていただきたい．文献は序文の脚注 3 を参照．

簡単のために，3次元の自由電子を考える．ハミルトニアンは

$$\hat{H} = \frac{\mathbf{p}^2}{2m} \tag{2.74}$$

で与えられ，空間各方向は周期 L の周期的境界条件をもつとしよう．このハミルトニアンの固有関数は平面波で与えられ，固有値は

$$E = \frac{1}{2m}\left(\frac{2\pi\hbar\mathbf{n}}{L}\right)^2, \quad \mathbf{n} = (n_x, n_y, n_z)$$

である．電子はスピンをもっているが，ここでは簡単のためスピンの自由度は無視する．パウリ排他律のために，一つの状態には一つの電子しか占有することができない．このため，N 個の電子の多体系を考えると，もっともエネルギーの低い状態は，E の低い状態から順番に N 個電子を詰めた状態で与えられる．

フェルミ統計に従う同種粒子の波動関数は，粒子の入れ替えに対して反対称である．そこで，例えば2個の電子が，運動量 $\mathbf{p}_1$ と $\mathbf{p}_2$ を占有している状態は

$$|\mathbf{p}_1, \mathbf{p}_2\rangle = (|\mathbf{p}_1\rangle \otimes |\mathbf{p}_2\rangle - |\mathbf{p}_2\rangle \otimes |\mathbf{p}_1\rangle)/\sqrt{2!} \tag{2.75}$$

で表される．テンソル積の最初が粒子1の状態，次が粒子2の状態を意味する．N 粒子の状態はこれを一般化して

$$|\mathbf{p}_1, \cdots, \mathbf{p}_N\rangle = \sum_{i_1,\cdots,i_N} \epsilon_{i_1\cdots i_N} |\mathbf{p}_{i_1}\rangle \otimes \cdots \otimes |\mathbf{p}_{i_N}\rangle/\sqrt{N!} \tag{2.76}$$

となる．$\epsilon_{i_1\cdots i_N}$ は符号因子で，偶置換ならば1，奇置換ならば -1 をとる．この波動関数は，完全反対称性をもち，$\sqrt{N!}$ で割っているのは規格化因子である．特に，座標表示を使った波動関数は

$$\langle \mathbf{x}_1, \cdots, \mathbf{x}_N | \mathbf{p}_1, \cdots, \mathbf{p}_N\rangle \tag{2.77}$$

で与えられるが，これは1粒子状態からつくられる Slater 行列式である．

このような完全反対称な波動関数を表す都合のよい演算子が，反可換交換関係を満たすフェルミオンの生成消滅演算子である．運動量 $\mathbf{p} = 2\pi\hbar\mathbf{n}/L$ をもつ状態をつくる消滅，生成演算子を $\hat{b}_\mathbf{p}, \hat{b}_\mathbf{p}^\dagger$ と書こう．これらの演算子の満たす反交換関係を

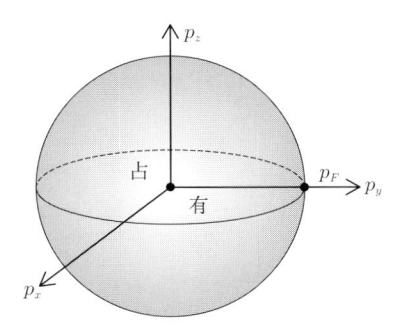

図 2.4 フェルミ運動量以下の 1 粒子状態が全て占有された真空をフェルミ真空とよぶ.

$$\{\hat{b}_{\mathbf{p}}, \hat{b}_{\mathbf{p}'}\} = \{\hat{b}_{\mathbf{p}}^\dagger, \hat{b}_{\mathbf{p}'}^\dagger\} = 0, \quad \{\hat{b}_{\mathbf{p}}, \hat{b}_{\mathbf{p}'}^\dagger\} = \delta_{\mathbf{p}\mathbf{p}'} \tag{2.78}$$

を定義する．この括弧は，反交換関係 $\{A, B\} \equiv AB + BA$ を意味する．交換関係の場合には $[AB, C] = A[B, C] + [A, C]B$ を満たすが，同様の関係式として

$$[AB, C] = A\{B, C\} - \{A, C\}B \tag{2.79}$$

も満たしている．

このような演算子（フェルミ演算子という）を使うと，(2.76) で表される N 粒子状態は，

$$|\mathbf{p}_1, \cdots, \mathbf{p}_N\rangle = \frac{1}{\sqrt{N!}} \hat{b}_{\mathbf{p}_1}^\dagger \cdots \hat{b}_{\mathbf{p}_N}^\dagger |0\rangle \tag{2.80}$$

と書ける．ただし $|0\rangle$ は，全てのフェルミオンの消滅演算子に対して $b_{\mathbf{p}_i}|0\rangle = 0$ を満たす状態であり，いわゆる"真空"である．$b_{\mathbf{p}}$ が互いに反可換であることから，これが (2.76) と同じ対称性をもっていることは明らかであろう．さて，N 粒子のエネルギーをもっとも小さくする状態は，図 2.4 のように運動量の絶対値の小さな状態から順番に詰めていくことで得られる．運動量空間でのスペクトル密度は，$V/(2\pi\hbar)^3$ で与えられる．つまり運動量空間の体積 $d^3\mathbf{k}$ の中にある状態数は，

$$\frac{V}{(2\pi\hbar)^3} d^3\mathbf{p}$$

である．よって N 粒子系に対するもっともエネルギーの小さな状態は

$$|F\rangle = \prod_{|\mathbf{p}|\leq p_F} \hat{b}_{\mathbf{p}}^{\dagger}|0\rangle \tag{2.81}$$

で与えられる．ただし，p_F はフェルミ運動量とよばれ，

$$\frac{V}{(2\pi\hbar)^3}\left(\frac{4}{3}\pi p_F^3\right) = N \tag{2.82}$$

を満たす．これを解くと，電子密度 $n = N/V$ を使って

$$p_F = \hbar(6\pi^2 n)^{1/3} \tag{2.83}$$

となる[17]．この状態は，N 粒子系からつくられたもっともエネルギーの低い状態であり，その意味で"真空"といってもよい．これを「フェルミ真空」とよび，運動量空間で電子の詰まっている状態と詰まっていない状態の境界のことを，フェルミ面とよぶ．またフェルミ面での電子のエネルギー $\epsilon_F = p_F^2/2m$ はフェルミエネルギーとよばれる．フェルミ真空 $|F\rangle$ は

$$\begin{aligned}\hat{b}_{\mathbf{p}}|F\rangle &= 0 & |\mathbf{p}| &> p_F \\ \hat{b}_{\mathbf{q}}^{\dagger}|F\rangle &= 0 & |\mathbf{q}| &\leq p_F\end{aligned} \tag{2.84}$$

を満たしている．

この系のハミルトニアンは，フェルミオンの生成消滅演算子を使って

$$\hat{H}_0 = \sum_{\mathbf{p}} \epsilon_{\mathbf{p}} \hat{b}_{\mathbf{p}}^{\dagger} \hat{b}_{\mathbf{p}} \tag{2.85}$$

と書ける．ただし，$\epsilon_{\mathbf{p}} = \mathbf{p}^2/2m$ である．(2.79) を使うと，粒子数演算子 $\hat{N}_{\mathbf{p}} = \hat{b}_{\mathbf{p}}^{\dagger}\hat{b}_{\mathbf{p}}$ は

$$[\hat{N}_{\mathbf{p}}, \hat{b}_{\mathbf{p}}] = -\hat{b}_{\mathbf{p}}, \quad [\hat{N}_{\mathbf{p}}, \hat{b}_{\mathbf{p}}^{\dagger}] = \hat{b}_{\mathbf{p}}^{\dagger} \tag{2.86}$$

を満たす．これから $[\hat{H}_0, \hat{b}_{\mathbf{p}}^{\dagger}] = \epsilon_{\mathbf{p}}\hat{b}_{\mathbf{p}}^{\dagger}$ となり，状態 $\hat{b}_{\mathbf{p}}^{\dagger}|0\rangle$ は，$|0\rangle$ に比べて，$\epsilon_{\mathbf{p}}$ だけエネルギーが高いことがわかる．またフェルミ真空に対しては，

$$\hat{H}_0|F\rangle = E_0|F\rangle,$$

---

[17] もし電子のスピンも考慮すると，各状態に二つずつの電子がはいるので，フェルミ運動量の定義も $p_F = \hbar(3\pi^2 n)^{1/3}$ に変わる．

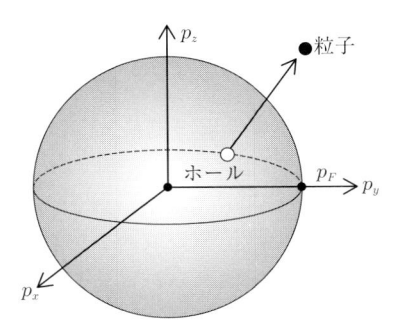

図 2.5 図 2.4 の真空状態から，フェルミ球の内部から外部へ電子を一つ移動．この状態は，粒子とホールが対生成された励起状態とみなせる．

$$E_0 = \sum_{|\mathbf{p}|\leq p_F} \epsilon_\mathbf{p} = \frac{V}{(2\pi\hbar)^3} \int_{|\mathbf{p}|\leq p_F} d^3p \, \frac{p^2}{2m}$$
$$= \frac{V}{(2\pi\hbar)^3} \frac{2\pi p_F^5}{5m} = \frac{3}{5} N \epsilon_F \tag{2.87}$$

であることもわかる．

このようなフェルミ真空からの励起状態はどのように記述されるだろうか．フェルミ真空は，フェルミ運動量よりも低い全ての状態は占有されているので，新たに電子を付け加えるためには，運動量はフェルミ運動量よりも大きくないとならない．一方，電子を抜き去ることができるのは，すでに電子が占有されているフェルミ運動量よりも小さな運動量の状態である．図 2.5 でそのような状態を図示している．これらは，粒子とホールとよばれる．相対論的なディラック理論では，ホールに対応するのが反粒子である．ホール（または反粒子）は，フェルミ真空に比べると，電子がない状態である．このため電荷は電子の反対符号である．電場をかけると，ホールは電子とは反対方向へ動く．

粒子とホールの状態は演算子を使って

$$|\mathbf{p}, +\rangle_F \equiv \hat{b}_\mathbf{p}^\dagger |F\rangle \qquad |\mathbf{p}| > p_F$$
$$|\mathbf{q}, -\rangle_F \equiv \hat{b}_\mathbf{q} |F\rangle \qquad |\mathbf{q}| \leq p_F \tag{2.88}$$

と書ける．状態の中の $\pm$ 記号は，粒子かホールかの違いを表す．これらの状態の電子の数はそれぞれ $(N+1)$ と $(N-1)$ である．そこで，新たなハミルトニアンとして，同じ電子数 $N+1$（または $N-1$）をもつフェルミ真空との差を

$$\hat{H} \equiv (\hat{H}_0 - E_0) - \epsilon_F(\hat{N} - N) \tag{2.89}$$

と定義しよう．すると，

$$\hat{H}|\mathbf{p},+\rangle_F \equiv \epsilon_+(\mathbf{p})|\mathbf{p},+\rangle_F = (\epsilon_\mathbf{p} - \epsilon_F)|\mathbf{p},+\rangle_F$$
$$\hat{H}|\mathbf{q},-\rangle_F \equiv \epsilon_-(\mathbf{q})|\mathbf{q},-\rangle_F = (\epsilon_F - \epsilon_\mathbf{q})|\mathbf{q},-\rangle_F \tag{2.90}$$

となり，どちらも正の固有値をもち，エネルギーは増加している．これは，フェルミ真空が与えられた粒子数に対するエネルギー最低状態であったのだから，当然である．

そこでフェルミ面にホールをつくる演算子として，運動量 $|\mathbf{q}| \leq p_F$ に対して生成演算子 $\hat{c}_\mathbf{q}^\dagger \equiv \hat{b}_\mathbf{q}$ を定義すると，これは $\{\hat{c}_\mathbf{q}, \hat{c}_{\mathbf{q}'}^\dagger\} = \delta_{\mathbf{q}\mathbf{q}'}$ を満たし，$|\mathbf{q},-\rangle_F = \hat{c}_\mathbf{q}^\dagger|F\rangle$ と書ける．これを使うと，フェルミ真空の満たす式 (2.84) は，

$$\hat{b}_\mathbf{p}|F\rangle = 0 \qquad |\mathbf{p}| > p_F$$
$$\hat{c}_\mathbf{q}|F\rangle = 0 \qquad |\mathbf{q}| \leq p_F \tag{2.91}$$

と書ける．このような書き換えにより，フェルミ真空は，言葉どおり真空としての条件を満たすようになった．この新しく定義した演算子を使うと，ハミルトニアンは

$$\hat{H} = \sum_{|\mathbf{p}|>p_F} \epsilon_+(\mathbf{p})\hat{b}_\mathbf{p}^\dagger \hat{b}_\mathbf{p} + \sum_{|\mathbf{q}|\leq p_F} \epsilon_-(\mathbf{q})\hat{c}_\mathbf{q}^\dagger \hat{c}_\mathbf{q} \tag{2.92}$$

と書き直せる．

特にフェルミ面近くの低エネルギー励起に着目しよう．エネルギーは，運動量がフェルミ面に近づくほど 0 となる．そこで運動量の大きさを $|\mathbf{p}| = p_F + \delta p > p_F$ として，$\mathbf{p} = (p_F + \delta p)\mathbf{e_p}$ と書くと，$\epsilon_+(\mathbf{p}) = (p_F + \delta p)^2/2m - (p_F)^2/2m \sim v_F \delta p$ と線形化される．ただし，$v_F = p_F/m$ である．同様にホール状態に対しては，運動量を $\mathbf{q} = (p_F - \delta q)\mathbf{e_q}$ と書くと，$\epsilon_-(\mathbf{q}) \sim v_F \delta q$ と線形化される．

さて，ここでフェルミ場の演算子

$$\hat{\psi}(\mathbf{x}) = \frac{1}{\sqrt{V}} \sum_\mathbf{p} \hat{b}_\mathbf{p} e^{-i\epsilon_\mathbf{p} t/\hbar + i\mathbf{p}\cdot\mathbf{x}/\hbar} \tag{2.93}$$

を定義しよう．運動量は，許される全ての値をとる．運動量 $\mathbf{p}$ の波動関数が正規直交完全基底をなしているので，同時刻の反交換関係

$$\{\hat{\psi}(\mathbf{x}), \hat{\psi}^\dagger(\mathbf{y})\} = \delta(\mathbf{x} - \mathbf{y}) \tag{2.94}$$

を満たす．このフェルミ場の演算子を，フェルミ真空の周りで書き換えよう．フェルミ面よりも内側にあるフェルミオンの消滅演算子は，フェルミ真空に作用するとホールの生成演算子と読み替えられる．ハミルトニアンとしては(2.92)を採用する．すると，フェルミ場の演算子(2.93)は

$$\hat{\psi}(\mathbf{x}) = \frac{1}{\sqrt{V}} \sum_{|\mathbf{p}|>p_F} \hat{b}_\mathbf{p} e^{-i\epsilon_+(\mathbf{p})t/\hbar + i\mathbf{p}\cdot\mathbf{x}/\hbar} + \frac{1}{\sqrt{V}} \sum_{|\mathbf{q}|\leq p_F} \hat{c}_\mathbf{q}^\dagger e^{i\epsilon_-(\mathbf{q})t/\hbar + i\mathbf{q}\cdot\mathbf{x}/\hbar} \tag{2.95}$$

のように，粒子の消滅演算子とホールの生成演算子の和に書ける．このように書けるのは，フェルミ真空を基準に考えたためである．

この節では，相互作用していない非相対論的な電子の多粒子系を取り上げた．真空として，低いエネルギー状態の詰まったフェルミ真空が定義され，低エネルギーの励起状態として，粒子状態，ホール状態があることをみた．2.5節では，これらの励起以外に集団運動とよばれるボソン的な励起があることをみる．このためフェルミ粒子の多体系をフェルミ流体ともいう．

また相互作用の入ったフェルミ粒子系は，ランダウのフェルミ流体論とよばれるとても興味深い理論で記述される．これは凝縮系物理学の一つの金字塔であり，この本の範囲を超えるので他の専門書[18]をみてほしい．

2.5　集団運動

前節ではフェルミ粒子である電子の多体系を記述する非相対論的な場の量子論を説明した．そのようなフェルミ粒子系には，集団運動とよばれるボーズ粒子的な励起が存在して重要な働きをする．この節ではフェルミ流体に表れる集団運動を導入する．

フェルミオンがつくるフェルミ真空の低エネルギー励起には，粒子やホールといった粒子的励起だけでなく，粒子とホールの対からつくられる粒子数密度波が存在する．これが集団運動である．フェルミ面よりも上に粒子をつくる演算子 $\hat{b}_\mathbf{p}^\dagger$ と，フェルミ面より下にホールをつくる演算子 $\hat{c}_\mathbf{q}^\dagger = \hat{b}_\mathbf{q}$ を組み合わせ

---

[18] 様々な良書があるが，例えばパインズ「固体における素励起」（吉岡書店），岩波講座現代物理学の基礎「物性II」，P. Nozières and D. Pines, Theory of Quantum Liquids (Westview Press, 1994) などが代表的．

て，$\hat{b}_\mathbf{p}^\dagger \hat{b}_\mathbf{q}$ という演算子を考える．これは，フェルミ粒子数を保存しており，ハミルトニアンとの交換関係は

$$[\hat{H}, \hat{b}_\mathbf{p}^\dagger \hat{b}_\mathbf{q}] = (\epsilon_\mathbf{p} - \epsilon_\mathbf{q})\hat{b}_\mathbf{p}^\dagger \hat{b}_\mathbf{q} = (\epsilon_+(\mathbf{p}) + \epsilon_-(\mathbf{q}))\hat{b}_\mathbf{p}^\dagger \hat{b}_\mathbf{q} \quad (2.96)$$

となる．

この演算子を足し合わせると，フェルミ真空の周りでの密度波を生成する演算子が構成できる．これをみるために，フェルミ場演算子 (2.93) を使って，密度演算子とそれを空間で積分した粒子数演算子を

$$\hat{\rho}(\mathbf{x}) = \hat{\psi}^\dagger(\mathbf{x})\hat{\psi}(\mathbf{x}), \quad \hat{N} = \int d^3\mathbf{x}\, \hat{\rho}(\mathbf{x}) \quad (2.97)$$

で定義する．フェルミ演算子の反交換関係 (2.94) を使うと，

$$[\hat{\rho}(\mathbf{x}), \hat{\psi}^\dagger(\mathbf{y})] = \delta(\mathbf{x} - \mathbf{y})\hat{\psi}^\dagger(\mathbf{y}), \quad [\hat{N}, \hat{\psi}^\dagger(\mathbf{y})] = \hat{\psi}^\dagger(\mathbf{y}) \quad (2.98)$$

が成立する．これは，密度演算子 $\hat{\rho}(\mathbf{x})$ が確かに粒子密度を測る演算子であることを示している．これを展開したものが $\hat{b}_\mathbf{p}^\dagger \hat{b}_\mathbf{q}$ である．

実際，密度演算子をフェルミ演算子のフーリエモードで展開すると

$$\begin{aligned}\hat{\rho}(\mathbf{x},t) &= \frac{1}{V}\sum_{\mathbf{p},\mathbf{q}} \hat{b}^\dagger(\mathbf{q})\hat{b}(\mathbf{p}) e^{-i(\epsilon_\mathbf{p} - \epsilon_\mathbf{q})t/\hbar + i(\mathbf{p}-\mathbf{q})\cdot\mathbf{x}/\hbar} \\ &= \frac{1}{V}\sum_\mathbf{k} \hat{\tilde{\rho}}(\mathbf{k},t) e^{-i\mathbf{k}\cdot\mathbf{x}/\hbar} \\ \hat{\tilde{\rho}}(\mathbf{k},t) &= \sum_\mathbf{q} \hat{b}^\dagger(\mathbf{q})\hat{b}(\mathbf{q}-\mathbf{k}) e^{-i(\epsilon_{\mathbf{q}-\mathbf{k}} - \epsilon_\mathbf{q})t/\hbar}\end{aligned} \quad (2.99)$$

となる．ただし，$\mathbf{p} - \mathbf{q} = -\mathbf{k}$ とおいた．フェルミ真空は並進対称性をもっており，密度演算子の期待値をとると，$\mathbf{k} = 0$ の項のみ寄与して，$\langle F|\hat{\rho}(\mathbf{x})|F\rangle = N/V = n$ となる．この演算子をフェルミ真空に作用すると，$\mathbf{k} \neq 0$ については，$\mathbf{q}$ がフェルミ面の外側にあり，かつ $\mathbf{q} - \mathbf{k}$ がフェルミ面の内側にあるときにのみ残り，フェルミ真空を励起して新しい状態を生成する．つまり $\hat{\tilde{\rho}}(\mathbf{k})$ は，フェルミ真空の上に，励起状態を生成する．この励起状態は密度波とよばれ，フェルミ流体の電子密度の伝搬を記述している．この密度演算子の交換関係は，一般には複雑であるが，1次元でしかもフェルミ面近傍の低エネルギー極限をとると，1次元自由ボソンの交換関係に帰着する．これを次節でみてみ

2.6　1次元フェルミオンのボソン化

一般に，相互作用がある系のスペクトルは厳密に求めることができない．しかし，空間が1次元だと，密度演算子を使ったボソン化とよばれる手法で厳密に解ける模型が存在する．この節では，空間1次元のフェルミ粒子の理論が，ボーズ粒子的な励起で記述されることをみてみよう．

まずフェルミ真空の周りでの，密度演算子の交換関係を計算しよう．1次元では，フェルミ球は $-p_F \leq p \leq p_F$ で定義され，フェルミ面は2点 $p = \pm p_F$ ある．この2点の周りの低エネルギー励起を考える．すると

$$\hat{\psi}(x) = e^{ik_F x}\hat{\psi}_R(x) + e^{-ik_F x}\hat{\psi}_L(x)$$
$$\hat{\psi}_{R,L}(x) = \frac{1}{\sqrt{L}}\sum_k \hat{b}_k^{R,L} e^{-ik(v_F t \mp x)} \tag{2.100}$$

と展開できる．ここで，各フェルミ点からの運動量のずれを $\pm(p_F + \hbar k)$ と書いた．$\hat{\psi}_{R,L}$ はフェルミ点 $p = \pm p_F$ の周りのフェルミ場であり，それぞれ右（左）に向かって速度 v_F で進む進行波である．

さて，各フェルミ点近傍の粒子ホール対を生成する密度演算子

$$\hat{\rho}_{R,L}(x) = \hat{\psi}_{R,L}^\dagger(x)\hat{\psi}_{R,L}(x)$$
$$= \frac{1}{L}\sum_k \hat{\tilde{\rho}}_{R,L}(k) e^{-ik(v_F t \mp x)} \tag{2.101}$$
$$\hat{\tilde{\rho}}_{R,L}(k) = \sum_q (\hat{b}_{q-k}^{R,L})^\dagger \hat{b}_q^{R,L} \tag{2.102}$$

を定義すると，$\hat{\tilde{\rho}}_R(-k) = \hat{\tilde{\rho}}_R(k)^\dagger$ を満たす．また，R, L それぞれのフェルミ真空

$$|F_{R,L}\rangle = \prod_{k \leq 0}(\hat{b}_k^{R,L})^\dagger |0\rangle \tag{2.103}$$

を定義すると，

$$\hat{\tilde{\rho}}_{R,L}(k)|F_{R,L}\rangle = 0 \quad (k > 0) \tag{2.104}$$

を満たす.つまり $k>0$ の密度演算子は,フェルミ真空に対する消滅演算子として作用する.

次にこれら密度演算子の(同時刻)交換関係を計算しよう.R 型と L 型の密度演算子は明らかに交換する.記法の簡単化のため,フェルミ演算子の添字 R を省略して,そこで R 型どうしの密度演算子の交換関係を計算すると

$$[\hat{\tilde{\rho}}_R(k), \hat{\tilde{\rho}}_R(k')] = \left[\sum_q \hat{b}^\dagger_{q-k}\hat{b}_q, \ \sum_{q'} \hat{b}^\dagger_{q'-k'}\hat{b}_{q'}\right]$$
$$= \sum_{q\in\mathbf{Z}} \left(\hat{b}^\dagger_{q-k}\hat{b}_{q+k'} - \hat{b}^\dagger_{q-k-k'}\hat{b}_q\right) \tag{2.105}$$

となる.ここで第1項目の q の和を $q \to q-k'$ と書き換えると,二つの項が相殺して0になるようにみえる.しかし,この計算は無限和の差になっていて,注意が必要である.この交換関係を,フェルミ真空 $|F\rangle$ に作用させてみよう.$k \neq -k'$ だと0になることが容易にわかる.一方,$k=-k'=2\pi n/L>0$ だと,各モードの粒子数 $\hat{n}_k = \hat{b}^\dagger_k\hat{b}_k$ を使い,

$$[\hat{\tilde{\rho}}_R(k), \hat{\tilde{\rho}}_R(-k)]|F\rangle = \sum_{q\in\mathbf{Z}} (\hat{n}_{q-k} - \hat{n}_q)|F\rangle$$
$$= \sum_{0<q\leq k} (1-0)|F\rangle = \hat{n}|F\rangle \tag{2.106}$$

となることがわかる.$\hat{n}$ は,領域 $0<q\leq k$ にあるモードの数を数えている.この計算は,フェルミ真空から励起されたどのような状態に対しても,同様に成立する.これは有限個の励起があっても,(2.106) の各項に同じだけの増減があり必ず相殺するためである.よって,任意の状態に対して

$$[\hat{\tilde{\rho}}_R(k), \hat{\tilde{\rho}}_R(k')] = \frac{kL}{2\pi}\delta_{k,-k'} \tag{2.107}$$

が成立する.

$k>0$ の $\hat{\tilde{\rho}}_R(k)$ がフェルミ真空に対して消滅演算子として作用したことを思い出すと,$k<0$ の $\hat{\tilde{\rho}}_R(k)$ はそれに共役な生成演算子に比例していることがわかる.L 型に対しても同じである.これらの代数は $U(1)$ カレント代数(または Kac-Moody 代数)とよばれる.周期 L での空間のデルタ関数

$$\delta(x-x') = \sum_k \frac{1}{L}e^{\pm ik(x-x')} \tag{2.108}$$

を使って，実空間の同時刻交換関係

$$[\hat{\rho}_{R,L}(x), \hat{\rho}_{R,L}(x')] = \pm \frac{i}{2\pi}\delta'(x-x') \tag{2.109}$$

が導かれる．R と L は互いに可換である．

フェルミ面近傍だと $\epsilon_\pm(k) = v_F k$ なので，ハミルトニアンとの交換関係は

$$[\hat{H}, \hat{\tilde{\rho}}^\dagger_{R,L}(k)] = v_F k \, \hat{\tilde{\rho}}^\dagger_{R,L}(k) \tag{2.110}$$

となる．これから，ハミルトニアン $\hat{H}$ は，各運動量の対 $(k, -k)$ を生成消滅演算子とみなせば，調和振動子に等しいことがわかる．よってハミルトニアンを密度場で書き表せば

$$\hat{H} - E_0 = \sum_{k>0} \frac{2\pi v_F}{L} \left(\hat{\tilde{\rho}}^\dagger_R(k)\hat{\tilde{\rho}}_R(k) + \hat{\tilde{\rho}}^\dagger_L(k)\hat{\tilde{\rho}}_L(k) \right) \tag{2.111}$$

となる[19]．これが集団運動（フェルミ粒子数の密度揺らぎ）のダイナミクスを支配する．(2.101) からわかるように，R, L はそれぞれ右（左）へ音速 v_F で進む進行波である．フェルミ場の 2 次で書かれていた運動エネルギー項が密度場でも 2 次になるのは一見不思議に思われるが，フェルミ真空の周りの小さな揺らぎを考えた結果である．

(2.107) から，$k_n = 2\pi n/L > 0$ に対して

$$\hat{a}_{n,R} = \frac{\hat{\tilde{\rho}}_R(k_n)}{\sqrt{n}}, \quad \hat{a}^\dagger_{n,R} = \frac{\hat{\tilde{\rho}}_R(-k_n)}{\sqrt{n}} \tag{2.112}$$

というボソンの生成消滅演算子を定義すると，調和振動子の交換関係

$$[\hat{a}_{n,R}, \hat{a}^\dagger_{m,R}] = \delta_{n,m} \tag{2.113}$$

が得られる．L についても同様．これを使うと，ハミルトニアンは

$$\hat{H} - E_0 = \sum_{k>0} k v_F \left(\hat{a}^\dagger_R(k)\hat{a}_R(k) + \hat{a}^\dagger_L(k)\hat{a}_L(k) \right) \tag{2.114}$$

と振動数 kv_F の調和振動子の集まりで書かれていることがわかる．

---

[19] 密度場と可換な定数項 E_0 を決めるためには，フェルミ真空のゼロ点エネルギー（カシミアエネルギー）を別途，計算する必要がある．

ボソン化したハミルトニアン (2.114) から明らかなように，この系は

$$\hat{a}_{R,L}^{\dagger}(k)\hat{a}_{R,L}(k), \quad \hat{a}_R(k)\hat{a}_L(k), \quad \hat{a}_R^{\dagger}(k)\hat{a}_L^{\dagger}(k) \tag{2.115}$$

のような相互作用項を加えても対角化することができる[20]．最初の項は，音速を変える．次の 2 項は，ボゴリューボフ変換で対角化できる．これらの相互作用は，密度場の言葉では

$$\hat{\rho}_R(x)\hat{\rho}_L(x) \tag{2.116}$$

のような 2 次の形をしているが，フェルミ場の言葉では，四つのフェルミオンの相互作用を表す．このような相互作用を入れても，1 次元フェルミ場の模型が厳密に解けることは，朝永と Luttinger[21] により示されたので，朝永 Luttinger 模型とよばれる[22]．

最後に集団運動の幾何学的な見方をコメントしておこう．フェルミ流体の真空状態（フェルミ真空）は図 2.4 にあるように，フェルミ運動量以下の状態が全て占有された状態である．パウリ排他律のためこれ以上の電子を詰めることができない．つまりフェルミ真空は，がちがちに固まった状態といえる．フェルミ真空を励起しようと思うと，図 2.5 のように対で粒子とホールをつくる必要があり，この対を重ねた状態が集団運動である．これから，集団運動とはフェルミ真空の境界（フェルミ面）を変化させるさざ波であることがわかる．集団運動の運動量の逆数が，このさざ波の波長に対応する．このようにフェルミ粒子系はパウリ排他律を満たすため，フェルミ面の性質が系全体の性質を決定する．

2.7　*BCS 理論と超伝導

電子に弱い引力が働くと，その結果，フェルミ真空が不安定化して超伝導が

---

[20] R (L) 型の密度演算子は，$\pm(p_F + \hbar k)$ の運動量をもつフェルミ場からつくられていたため，$\hat{\rho}_{R,L}(k)$ は逆向きの運動量をもつ．
　よって，これらの相互作用項は，運動量を保存している．L 型の密度演算子の運動量を逆向きに定義すると運動量の保存が明白になるが，その場合は，$k < 0$ の $\hat{\rho}_L(k)$ が消滅演算子になる．ここでは，これを避けるため，L 型の運動量を逆に定義した．

[21] S. Tomonaga, Progress of Theoretical Physics, 5 (1950) 544; J. M. Luttinger, Journal of Mathematical Physics, 4 (1963) 1154.

[22] その詳細は，川上則雄，梁成吉「共形場理論と 1 次元量子系」（岩波書店，1997），または J. Solyom, Adv. Phys. 28 (1979) 201 を参照していただきたい．

起こる．この節では相互作用する電子系を微視的な立場から議論する．超伝導の微視的理論は BCS 理論で記述され，2.2 節のボゴリューボフ理論に対応する．一方で巨視的な振舞いを記述する有効理論として，次節で説明する Ginzburg-Landau 理論があり，これは 2.3 節の Gross-Pitaevski 理論に対応する．

超流動の本質は自発的対称性の破れにあった．Gross-Pitaevski 方程式を導く有効理論のポテンシャル (2.72) は，図 2.3 で表されるような形状をしており，極小値は原点ではなく，ゼロでない真空期待値 $\psi_0 = \sqrt{\mu/g}$ をもつ．この結果，理論を記述するラグランジアンやそこから導かれる運動方程式のもっていた位相変換の対称性 $\psi \to e^{i\theta}\psi$ を真空期待値が破っている．この対称性の自発的破れが起こることで超流動現象が起こる．

この節で取り上げる超伝導も，やはり対称性が自発的に破れて起こる．しかしフェルミ粒子である電子場はボーズ場と異なり，その場自身がマクロに凝縮するということはあり得ない．その代わりにフェルミ粒子対がボーズ場をつくり，それが凝縮する．伝導電子の超伝導の場合，クーパー対とよばれる電子対の場が凝縮して起こる．これが超流動との大きな違いの一つめである．二つめの違いは，この電子対が電荷 2 をもち，その結果，電磁相互作用に伴う位相変換（ゲージ変換）の対称性が破れることである．このため，マイスナー効果（素粒子の言葉だとヒッグス機構）が起こり，電磁場が質量をもつ．本節では，Bardeen, Cooper, Schrieffer による超伝導に対する微視的理論（BCS 理論）を説明しよう．

伝導電子間の相互作用として[23]，

$$\begin{aligned}\hat{H}_{int} &= \int d^3x d^3y \hat{\psi}^\dagger(x)\hat{\psi}^\dagger(y)V(x-y)\hat{\psi}(y)\hat{\psi}(x) \\ &= -g\int d^3x \hat{\psi}^\dagger_\uparrow(x)\hat{\psi}^\dagger_\downarrow(x)\hat{\psi}_\downarrow(x)\hat{\psi}_\uparrow(x)\end{aligned} \quad (2.117)$$

のデルタ関数型の引力相互作用 ($g > 0$) を考えよう．$\psi_\uparrow, \psi_\downarrow$ の添字はスピンの上下を意味する．パウリ排他律のため，同じ場所に同じ向きのスピンをもつフェルミ粒子は来られないので，デルタ型相互作用は異なるスピンをもつフェルミオンにだけ作用する．ハミルトニアンは

$$\hat{H} = \sum_{\mathbf{p}\sigma}\omega_p \hat{b}^\dagger_{\mathbf{p}\sigma}\hat{b}_{\mathbf{p}\sigma} - \frac{g}{V}\sum_{\mathbf{p}_1,\mathbf{p}_2,\mathbf{p}_3,\mathbf{p}_4}\hat{b}^\dagger_{\mathbf{p}_4\uparrow}\hat{b}^\dagger_{\mathbf{p}_3\downarrow}\hat{b}_{\mathbf{p}_2\downarrow}\hat{b}_{\mathbf{p}_1\uparrow}$$
$$\omega_p = \epsilon_p - \mu \quad (2.118)$$

---

[23] $\hat{\rho}(x)\hat{\rho}(y)V(x-y)$ を書き換えるときの自己相互作用項 $V(0)N$ は除外してある．

で与えられる．σ の和はスピン上下の和を表す．運動量保存から $p_1 + p_2 = p_3 + p_4$ を満たし，$\mu = \hbar^2 p_F^2/2m$ は化学ポテンシャルである．伝導電子の場合，電子間の引力相互作用は格子振動（フォノンの媒介）により引き起こされる[24]．2.4 節でみたように，電子はフェルミ面をつくり，フェルミ運動量 p_F よりも小さな運動量をもつ電子は全て占有されている．この状態が相互作用がないとき $g = 0$ の基底状態（フェルミ真空）$|F\rangle$ であり，式 (2.84) を満たす．

相互作用が入ったときに，フェルミ真空よりも低いエネルギーをもつ状態 $|F'\rangle$ をつくることができるならば，基底状態はこの新しい状態へと変化するだろう．そのような状態を考えるため，フェルミ面近傍で運動量 $\mathbf{p}$ をもつ電子の消滅演算子と逆の運動量 $-\mathbf{p}$ をもつ電子の生成演算子を，変分パラメータ θ_p の角度で混ぜ合わせるボゴリューボフ変換

$$\hat{\beta}_{\mathbf{p}\uparrow} = \hat{b}_{\mathbf{p}\uparrow} \cos\theta_p - \hat{b}^\dagger_{-\mathbf{p}\downarrow} \sin\theta_p$$
$$\hat{\beta}^\dagger_{-\mathbf{p}\downarrow} = \hat{b}_{\mathbf{p}\uparrow} \sin\theta_p + \hat{b}^\dagger_{-\mathbf{p}\downarrow} \cos\theta_p \qquad (2.119)$$

を導入する．1.10 節でみたように，これらの演算子はフェルミオンの交換関係を満たす．この演算子でつくられる状態を準粒子とよぶ．また

$$|\theta_p\rangle = (\cos\theta_p + \sin\theta_p\, \hat{b}^\dagger_{\mathbf{p}\uparrow} \hat{b}^\dagger_{-\mathbf{p}\downarrow})|F\rangle \qquad (2.120)$$

で定義される状態 $|\theta_p\rangle$ は，準粒子の消滅演算子に対して

$$\hat{\beta}_{\mathbf{p}\sigma}|\theta_p\rangle = 0, \qquad |\mathbf{p}| > |\mathbf{p_F}| \qquad (2.121)$$

を満たす．フェルミ面以下 $|\mathbf{p}| < |\mathbf{p_F}|$ の状態は，電子の生成消滅演算子を入れ替えてつくればよい．これはホール状態を生成することに対応し

$$\hat{\beta}^\dagger_{\mathbf{p}\sigma}|\theta_p\rangle = 0, \qquad |\mathbf{p}| < |\mathbf{p_F}| \qquad (2.122)$$

を満たす．これらの準粒子に対するフェルミ真空

---

[24] 結晶中の電子は正電荷をもつイオン結晶の格子の中にいる．一つの電子は周りのイオンを引き寄せる．別の電子もやはりその周りのイオンを引き寄せる．しかしイオンは互いにバネで結ばれた状態（結晶）になっていて，それぞれの電子の方へ自由に動くことができない．この結果，二つの電子が引き寄せられることになる．これがフォノンを媒介とした引力である．一方，電子間には直接，クーロン斥力も働いている．そこでフォノンによる引力がクーロン斥力を上回ったときに $g > 0$ となる．

$$|F_\theta\rangle = \prod_p |\theta_p\rangle = \prod_{p>p_F} (\cos\theta_p + \sin\theta_p \, \hat{b}^\dagger_{\mathbf{p}\uparrow}\hat{b}^\dagger_{-\mathbf{p}\downarrow})|F\rangle$$
$$\times \prod_{p<p_F} (\cos\theta_p + \sin\theta_p \, \hat{b}_{\mathbf{p}\uparrow}\hat{b}_{-\mathbf{p}\downarrow})|F\rangle \quad (2.123)$$

は自由電子の基底状態からみると励起している．また，$|\theta_p\rangle$ は粒子数 0 の状態と 2 の状態の重ね合わせで

$$\langle \hat{b}^\dagger_{\mathbf{p}\uparrow}\hat{b}^\dagger_{-\mathbf{p}\downarrow}\rangle_\theta \equiv \langle\theta_p|\hat{b}^\dagger_{\mathbf{p}\uparrow}\hat{b}^\dagger_{-\mathbf{p}\downarrow}|\theta_p\rangle = (\sin 2\theta_p)/2 \quad (2.124)$$

という期待値をもつ．そこで，ハミルトニアン (2.118) の相互作用項は，

$$\frac{g}{V}\sum \hat{b}^\dagger_{\mathbf{p}_4\uparrow}\hat{b}^\dagger_{\mathbf{p}_3\downarrow}\hat{b}_{\mathbf{p}_2\downarrow}\hat{b}_{\mathbf{p}_1\uparrow}$$
$$\to \frac{g}{V}\sum \Big(\langle\hat{b}^\dagger_{\mathbf{p}_4\uparrow}\hat{b}^\dagger_{\mathbf{p}_3\downarrow}\rangle_\theta \hat{b}_{\mathbf{p}_2\downarrow}\hat{b}_{\mathbf{p}_1\uparrow} + \hat{b}^\dagger_{\mathbf{p}_4\uparrow}\hat{b}^\dagger_{\mathbf{p}_3\downarrow}\langle\hat{b}_{\mathbf{p}_2\downarrow}\hat{b}_{\mathbf{p}_1\uparrow}\rangle_\theta$$
$$- \langle\hat{b}^\dagger_{\mathbf{p}_4\uparrow}\hat{b}^\dagger_{\mathbf{p}_3\downarrow}\rangle_\theta \langle\hat{b}_{\mathbf{p}_2\downarrow}\hat{b}_{\mathbf{p}_1\uparrow}\rangle_\theta \Big)$$
$$= \Delta \sum_p \Big(\hat{b}_{\mathbf{p}\downarrow}\hat{b}_{-\mathbf{p}\uparrow} + \hat{b}^\dagger_{-\mathbf{p}\uparrow}\hat{b}^\dagger_{\mathbf{p}\downarrow} \Big) - \frac{V}{g}\Delta^2$$
$$\Delta \equiv \frac{g}{V}\sum_p \langle\hat{b}^\dagger_{\mathbf{p}\uparrow}\hat{b}^\dagger_{-\mathbf{p}\downarrow}\rangle_\theta = \frac{g}{V}\sum_p \langle\hat{b}_{-\mathbf{p}\downarrow}\hat{b}_{\mathbf{p}\uparrow}\rangle_\theta = \frac{g}{2V}\sum_p \sin 2\theta_p \quad (2.125)$$

で置き換える．このような置換えは平均場近似とよばれ，場の揺らぎが大きくないときには正当化される．2 行目の最後の定数項は相互作用の効果を二重に取り入れないために必要である[25]．これ以外に，$\langle\hat{b}^\dagger_\uparrow\hat{b}_\uparrow\rangle\hat{b}^\dagger_\downarrow\hat{b}_\downarrow$ などの項もあるが，これは全粒子数 N だけに依存し θ_p にはよらない．このためエネルギーの θ_p 依存性を調べるには関係ないので無視した．

上記の置換えをすると，ハミルトニアンは演算子の 2 次の項のみで近似できて

$$\hat{H} = \sum_{\mathbf{p}\sigma} \omega_p \hat{b}^\dagger_{\mathbf{p}\sigma}\hat{b}_{\mathbf{p}\sigma} - \Delta \sum_p \Big(\hat{b}_{\mathbf{p}\downarrow}\hat{b}_{-\mathbf{p}\uparrow} + \hat{b}^\dagger_{\mathbf{p}\uparrow}\hat{b}^\dagger_{-\mathbf{p}\downarrow} \Big) + \frac{V}{g}\Delta^2$$
$$= \sum_p (\hat{b}^\dagger_{\mathbf{p}\uparrow}, \, \hat{b}_{-\mathbf{p}\downarrow}) \begin{pmatrix} \omega_p & -\Delta \\ -\Delta & -\omega_p \end{pmatrix} \begin{pmatrix} \hat{b}_{\mathbf{p}\uparrow} \\ \hat{b}^\dagger_{-\mathbf{p}\downarrow} \end{pmatrix} + \sum_{p,\sigma}\omega_p + \frac{V}{g}\Delta^2$$

と書かれる．このハミルトニアンを準粒子の演算子 $\hat{\beta}$ で書くと

---

[25] 矢印の両辺で期待値をとってみればわかる．

2.7 *BCS 理論と超伝導

$$\hat{H} = \sum_p (\hat{\beta}^\dagger_{\mathbf{p}\uparrow}, \hat{\beta}_{-\mathbf{p}\downarrow}) M \begin{pmatrix} \hat{\beta}_{\mathbf{p}\uparrow} \\ \hat{\beta}^\dagger_{-\mathbf{p}\downarrow} \end{pmatrix} + \sum_{p,\sigma} \omega_p + \frac{V}{g}\Delta^2$$

$$M = \begin{pmatrix} \omega_p \cos 2\theta_p + \Delta \sin 2\theta_p, & \omega_p \sin 2\theta_p - \Delta \cos 2\theta_p \\ \omega_p \sin 2\theta_p - \Delta \cos 2\theta_p, & -\omega_p \cos 2\theta_p - \Delta \sin 2\theta_p \end{pmatrix}$$

となる．非対角項が消えることを要請すると，

$$\tan 2\theta_p = \frac{\Delta}{\omega_p} \tag{2.126}$$

とボゴリューボフ変換の角度 θ_p が求まる．このとき，ハミルトニアンは

$$\hat{H} = \sum_{\mathbf{p}\sigma} E_p \hat{\beta}^\dagger_{\mathbf{p}\sigma} \hat{\beta}_{\mathbf{p}\sigma} - \sum_{p,\sigma} (E_p - \omega_p) + \frac{V}{g}\Delta^2$$

$$E_p = \sqrt{\omega_p^2 + \Delta^2} \tag{2.127}$$

になる．E_p が準粒子のスペクトルを表し，$\hat{H}$ の 2 項目と 3 項目の和が，真空状態 $|F_\theta\rangle$ のエネルギーと自由電子系の基底状態 $|F\rangle$ のエネルギーの差を与える[26]．また，励起状態のエネルギーは，フェルミ面近傍 $\omega_p \sim 0$ ですら 0 にならず，エネルギーギャップ $E_p \sim \Delta$ をもっている．このギャップは，電子の演算子で書いたときにハミルトニアン (2.126) に非対角項が現れたことに起因する．エネルギーギャップがあるために，外部からの微小な（Δ 以下のエネルギーをもつ）揺籃を与えても，系は応答しない．これが散逸のない超伝導状態を保証する．

ここでの平均場近似に対する必要条件を求めておこう．これまでの解析は式 (2.124) を仮定してハミルトニアンを演算子の 2 次で置き換え，その結果，θ_p を Δ の関数として導出した．そこで再度，この θ_p を使って，式 (2.125) の Δ を計算してみよう．すると，

$$\Delta = \frac{g}{2V} \sum_p \frac{\Delta}{\sqrt{\omega_p^2 + \Delta^2}} \tag{2.128}$$

が導かれる．この式が満たされるのは，凝縮のない $\Delta = 0$ か，それとも

---

[26] $\theta = 0$ の状態のエネルギーとの差になっていることは，式 (2.125) の置換えで $\langle \hat{b}^\dagger_\uparrow \hat{b}_\uparrow \rangle \hat{b}^\dagger_\downarrow \hat{b}_\downarrow$ などの項を落としたことに起因する．

$$1 = \frac{g}{2V} \sum_p \frac{1}{\sqrt{\omega_p^2 + \Delta^2}} \tag{2.129}$$

が満たされる場合である．この式をギャップ方程式とよぶ．これが解をもつためには，明らかに $g > 0$ が必要であり，電子間の相互作用は引力でないとならない．Δ が小さいとすると，p の和はフェルミ面近傍からの寄与がほとんどである．そこでは ω_p はフェルミ面からの垂直方向の距離 $dp = |p - p_F|$ の関数として線形で近似でき，$\epsilon_F = p_F^2/2m$ より $d\epsilon = p_F dp/m$ となる．フェルミ運動量は脚注 17 より $p_F = \hbar(3\pi^2 n)^{1/3}$ で与えられる．また運動量空間での単位体積あたりの状態数は $1/(2\pi)^3$ なので，単位体積あたりの状態数をフェルミ面全体で足し上げると

$$\frac{4\pi p_F^2}{(2\pi)^2} dp = N_F d\epsilon, \quad N_F = \frac{3n}{4\epsilon_F} \tag{2.130}$$

となる．これを使うとギャップ方程式は，紫外切断を $\Lambda (\gg \Delta)$ とすると

$$1 = g \int_0^\Lambda \epsilon \frac{d\epsilon}{\sqrt{\epsilon^2 + \Delta^2}} = g \log\left(\frac{\Lambda + \sqrt{\Lambda^2 + \Delta^2}}{\Delta}\right) \sim g \log\left(\frac{2\Lambda}{\Delta}\right)$$

となる．よってスペクトルのエネルギーギャップは

$$\Delta = 2\Lambda e^{-\frac{1}{gN_F}} \tag{2.131}$$

となる．この表式から，ギャップは g についての摂動展開では決して得られない非摂動効果であることがわかる．

これまで準粒子的な励起についてのみ議論してきたが，2.5 節のような集団運動を考えることもでき，クーロン力を考えないとギャップのないエネルギースペクトルをもつ．しかしこの集団運動は電磁場と相互作用することでギャップを獲得し，それと同時に電磁場も超伝導中では短距離力になる．これはマイスナー効果とよばれ，2.9 節で議論する．

最後に平均場近似の有効性についてコメントしておこう．ギャップ方程式は，どの空間次元でも同じように解ける．これは，運動量の和が，フェルミ面に垂直方向の 1 次元積分に帰着したことによる．しかし平均場近似の大きな仮定は，平均場の周りの揺らぎが小さく平均場で置き換える操作が正当化されるときにのみ正しい．この点は臨界現象における平均場近似と同じである．空間

次元が2次元以下になると平均場の周りの場の揺らぎが増大して，平均場近似は破綻する．

2.8　Ginzburg-Landau 理論

この節ではミクロな BCS 理論からどのようにマクロな見方が得られるかを解説しよう．脚注14と同様に，この節も前節のミクロな BCS 理論を読まなくても理解できるはずであり，これがマクロな場の理論の偉力である．歴史的にはこの Ginzburg-Landau 理論が先にあり，それを裏付けたのが BCS 理論である．

式 (2.125) の Δ は，電子のシュレーディンガー場 $\hat{\psi}_\sigma(x)$ を使うと

$$\Delta = g\langle \hat{\psi}_\downarrow(0)\hat{\psi}_\uparrow(0)\rangle_\theta \tag{2.132}$$

と書ける．これから

$$\Phi(x) = g\hat{\psi}_\downarrow(x)\hat{\psi}_\uparrow(x) \tag{2.133}$$

という複合場を定義しよう．この場は電荷 $-2e$ をもち，その期待値 $\langle \Phi(x)\rangle_\theta = \Delta$ が 0 でないときに，準粒子の励起状態がギャップをもって BCS 超伝導を引き起こす．この複合場を補助場として導入し，電子場 $\hat{\psi}_\sigma(x)$ のハミルトニアンを

$$\begin{aligned}
H &= \int d^3x \left[\sum_\sigma \hat{\psi}_\sigma^\dagger(x)\left(-\frac{\hbar^2}{2m}\left(\nabla - \frac{ie}{\hbar}\mathbf{A}\right)^2 - \mu\right)\hat{\psi}_\sigma(x)\right.\\
&\quad \left. -g\hat{\psi}_\uparrow^\dagger(x)\hat{\psi}_\downarrow^\dagger(x)\hat{\psi}_\downarrow(x)\hat{\psi}_\uparrow(x)\right]\\
&\to H_0 - \int d^3x \left(\Phi^\star(x)\hat{\psi}_\downarrow(x)\hat{\psi}_\uparrow(x) + \Phi(x)\hat{\psi}_\uparrow^\dagger(x)\hat{\psi}_\downarrow^\dagger(x)\right)\\
&\quad + \frac{1}{g}\int d^3x |\Phi^2(x)|
\end{aligned} \tag{2.134}$$

と書き換える[27]．電磁場との相互作用はベクトルポテンシャル $\mathbf{A}$ を通して上のように決まる[28]．補助場 $\Phi(x)$ を積分すると[29]，電子場だけで記述される

---

[27] 光速度は $c=1$ とおいて，共変微分の中で $e/\hbar c \to e/\hbar$ とした．
[28] 磁場とスピンとの相互作用 $\hat{\psi}^\dagger \sigma \cdot \mathbf{B} \hat{\psi}$ やスピン軌道相互作用を考えることもできるが，ここでは複雑になるのでこれらの相互作用は考えないことにする．
[29] 補助場を導入して書き換えた2行目は，補助場 Φ の1次項と2次項のみで書いており，平方完成することで1行目に戻る．このことを「補助場を積分する」という．

電子場 $\hat{\psi}$
(凝縮場) Φ

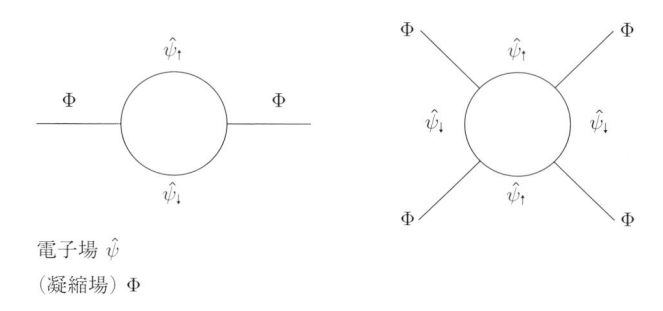

図 2.6 電子場 $\hat{\psi}$ を積分してでてくる補助場（凝縮場）Φ の有効作用の 2 次と 4 次の項．

ハミルトニアンに戻る．書き換えたハミルトニアンをみると，補助場 $\Phi(x)$ と電子場 $\hat{\psi}_\sigma$ の 3 点相互作用が現れていることがわかる．これは，相対論的な理論の場合の湯川相互作用に対応する．Φ が真空期待値をもつと，上向きと下向きのスピンをもった電子場の生成消滅演算子が混ざり合い，それが電子場の励起にマヨラナ型の質量（エネルギーギャップ）を与える[30]．電子のハミルトニアンは $\hat{\psi}_\sigma \to e^{i\theta}\hat{\psi}_\sigma$（ただし $\sigma = \uparrow, \downarrow$）の変換に対して不変であり，6.1 節で議論するように電子数の保存と関係している．(2.134) のように補助場 Φ を使って書き換えると，Φ が $\Phi \to e^{2i\theta}\Phi$ と変換すればこの不変性は保たれる．Φ が真空期待値をもつとこの位相不変性が破れる．これを自発的対称性の破れといい，相対論的な場合は第 8 章で議論する．

では補助場 $\Phi(x)$ のダイナミクスはどうやって決まるだろうか？　書き換えたハミルトニアンは電子場 $\hat{\psi}_\sigma$ について 2 次の形をしており，各フーリエモードに分解すると，それぞれがガウス積分の形をしているので原理的に積分することは可能である．このガウス積分には，核（カーネル）に補助場 Φ が入っているので，積分した結果は $\Phi(x)$ の汎関数になっている[31]．同じタイプの計算は，第 7 章で行う．ここではグラフを使って直感的に何が導かれるかだけを議

---

[30] マヨラナ質量とは粒子と反粒子を結び付ける質量で粒子数を破る．相対論的な粒子のマヨラナ質量は 5.8 節で解説する．

[31] 第 7 章で学習する有効作用を知っている読者のためにいうと，電子場の積分から作用に

$$\ln\det(i\partial_t - H_\Phi) \quad \text{ただし} \quad H_\Phi = \begin{pmatrix} H_0 & -\Phi(x) \\ -\Phi^\star(x) & -H_0 \end{pmatrix}$$

が現れる．H_0 は自由電子のハミルトニアン．H_Φ はスピンについて 2 行 2 列になっていて式 (2.126) の行列と同じ形をしている．$\ln\det(\cdots)$ を $\Phi(x)$ で冪展開すると，$\Phi(x)$ の高次のポテンシャル項が現れる．有限温度での具体的な計算は，崎田文二，吉川圭二「径路積分による多自由度の量子力学」（岩波オンデマンドブックス）の第 11 章を参照．

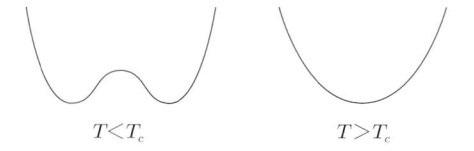

図 2.7 Ginzburg-Landau 理論における補助場 $|\Phi|$ のポテンシャル．転移温度の下 $T < T_c$ ではゼロでない場の値がポテンシャルの最小値となる．

論しよう．式 (2.134) の書換えで，補助場と電子の 3 点相互作用が現れた．そこで電子場の積分を第 3 章で導入する伝搬関数とファインマン図の考え方に基づき行うと，図 2.6 のようなグラフが書ける．この計算を行い，補助場 Φ の 4 次の項までとるとハミルトニアン

$$H = \Phi^\star(x)\left(\frac{-\hbar^2}{2M}\left(\nabla - \frac{2ie}{\hbar}\mathbf{A}\right)^2\right)\Phi(x) + V(\Phi)$$
$$V(\Phi) = -\mu^2(T)|\Phi^\dagger\Phi| + \lambda(T)|\Phi^\dagger\Phi|^2 \tag{2.135}$$

が得られる．係数 $\mu^2(T), \lambda(T)$ は，有限温度の計算を行うと温度の関数となる．また μ^2 は正には限定されない係数を表す．まず注意すべきことは，電子場を積分することで補助場の運動項が現れている点である．この意味で，Φ はもはや補助場ではなく，ダイナミカルな自由度をもつ場であり，以下では凝縮場とよぶ．凝縮場 Φ は電子対を表していたので，$M \sim 2m$ であることが期待される．また電子対なので電荷 $-2e$ をもち，第 6 章で導入するゲージ対称性の議論から，電磁場のベクトルポテンシャルとの結合が上のように決まる．

ゼロ温度では Φ が期待値をもち，$\hat{\psi}_\downarrow$ と $\hat{\psi}_\uparrow$ の間に質量項が発生し，その結果，準粒子の励起にエネルギーギャップが生じる．温度を上げていくと，ある温度（臨界温度という）T_c で真空状態が熱効果でかく乱され，Φ は期待値をもてなくなることが予想される．このような温度の効果を現象論的に実現するためには，$\lambda > 0$ とし，係数 $\mu^2(T)$ の温度依存性が

$$\mu^2(T) = \alpha(T_c - T), \quad \alpha > 0 \tag{2.136}$$

と振る舞い，臨界温度を境にして符号を変える．これを Ginzburg-Landau の有効ハミルトニアンとよぶ．温度が $T < T_c$ だとポテンシャルの 2 次の項の係数 $(-\mu^2)$ は負になり，図 2.7 のように

$$|\Phi| \equiv \Phi_0 = \sqrt{\frac{\mu^2}{2\lambda}} = \sqrt{\frac{\alpha}{2\lambda}}(T_c - T)^{1/2} \tag{2.137}$$

に最低値をもつ．これはクーパー対の凝縮した超伝導状態に対応する．温度が転移温度より高いと，ポテンシャルの原点が最低値になって場は真空期待値をもたず，超伝導状態が壊れ，常伝導状態が回復する．

最後に補助場の導入に関する概念的な問題を述べておく．もともと電子場で記述されていた系に補助的な変数を導入し，その凝縮を議論した．この場は運動項をもち伝搬することからわかるようにダイナミカルな自由度をもっている．電子場と補助場（凝縮場）の両方をダイナミカルな変数として扱うのは，自由度の数からもおかしいのではないかと思われる読者もいるだろう．ここに場の量子論と量子力学との大きな相違がある．場の量子論には，低い運動量から高い運動量まで多くの自由度が存在する．そして場の量子論が問題とするのは，ある特徴的なエネルギースケールでの現象である．GL 理論は電子対の凝縮を表す低エネルギーの振舞いを記述する理論である．そこでは電子の短波長成分を積分し，その結果，補助場のダイナミクスが生じ，電子の長波長成分と合わせて有効理論が構築される．エネルギースケールを変えるとそれに伴い，その系を記述する場の理論も変わっていく．これをもっとも適切に記述するのが繰り込み群とよばれる考えである．このように場の量子論とは，あるエネルギーにおける系の振舞いを記述するもっとも有効的な理論と捉えるべきであり，さらに高エネルギーにいったときにそれがどのように変わるのかは，必ずしも自明な問題ではない．このことから考えて，場の量子論で記述されている素粒子の模型に何らかの問題点があったとしても，それが低エネルギー有効理論の中で解決される問題なのか，それともより高いエネルギー領域の未知の理論に起因する（つまり低エネルギー有効理論では決して解けない問題）なのかは，常に意識して考える必要がある．

2.9 マイスナー効果

BCS 理論の基底状態 $|F_\theta\rangle$ のもっとも奇妙な点は，粒子数の異なる状態が重ね合わせられている点である．電子は保存する電荷をもつ．なぜ電荷の違う状態を重ね合わせることができるのか．これがこの節の話題である．この章では第 6 章の議論を一部先取りして使うが，まだなじみのない読者は 6.4 節の簡単な議論だけを読んでおけば十分である．

凝縮場 Φ は電子の 2 倍の電荷をもつ．よってゲージ変換のもとで，フェルミ場，凝縮場，ゲージ場は

$$\Psi \to e^{\frac{ie\theta}{\hbar}}\Psi, \quad \Phi \to e^{\frac{2ie\theta}{\hbar}}\Phi, \quad \mathbf{A} \to \mathbf{A} + \nabla\theta \tag{2.138}$$

と変換する.ゲージ場と物質場との相互作用が共変微分を通して与えられているため,この変換に対して,ハミルトニアンは不変になっている.時間に依存する状況を議論するときは,ゲージ場の時間成分を導入する必要がある.このとき,電子場および凝縮場のラグランジアンはそれぞれ

$$\partial_t \to \partial_t - \frac{ie}{\hbar}A_0, \quad \partial_t \to \partial_t - \frac{2ie}{\hbar}A_0 \tag{2.139}$$

の置換えで得られる.今,フェルミ粒子のエネルギーギャップよりも低いエネルギーを考えよう.するとこの系のダイナミクスを決めているのは凝縮場である.電流は

$$\mathbf{J} = \frac{\delta S}{\delta \mathbf{A}} = -\frac{2ie\hbar}{M}\Phi^\star\left(\nabla - \frac{2ie}{\hbar}\mathbf{A}\right)\Phi \tag{2.140}$$

で与えられる [32]. 凝縮場が真空期待値 Φ_0 をもつとしよう.ここで凝縮場を

$$\Phi(x) = (\Phi_0 + h(x))e^{i\phi(x)} \tag{2.141}$$

と展開し,振幅の揺らぎ(これをヒッグス場とよぶ)は小さい $h(x) \ll \Phi_0$ とする.すると電流は

$$\mathbf{J} = \frac{2e\hbar\Phi_0^2}{M}\left(\nabla\phi - \frac{2e}{\hbar}\mathbf{A}\right) \tag{2.142}$$

となり,凝縮場の位相の空間変化が電流を与えていることがわかる.電磁場は電流と $\mathbf{A}\cdot\mathbf{J}$ という結合をしていることを思い出すと,場 Φ が真空期待値 Φ_0 をもつことで,$\Phi_0^2\mathbf{A}\cdot\nabla\phi$ という電磁場と位相場 ϕ の微分結合が現れている [33]. この式の回転 $\nabla\times$ をとると,

$$\nabla\times\mathbf{J} = -\frac{(2e)^2\Phi_0^2}{M}\mathbf{B} \tag{2.143}$$

が得られる.これを London 方程式とよぶ.マックスウェル方程式

---

[32] 正確にはこれをエルミート化したもの.
[33] 8.4 節では,このような微分結合の結果,素粒子の標準模型でも同様にゲージ場が質量を獲得することをみる.

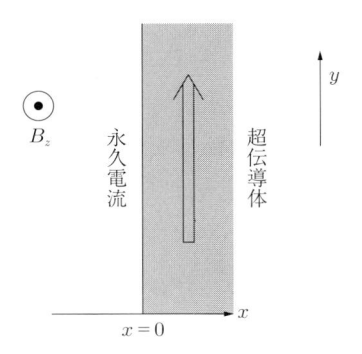

図 **2.8** 超伝導体 $x > 0$ に外部から磁場がかかると，それを排除するように境界に永久電流が流れる．

$$\nabla \times \mathbf{B} = 4\pi \mathbf{J} \tag{2.144}$$

と組み合わせると，

$$\Delta \mathbf{B} = \lambda^{-2} \mathbf{B}, \quad \lambda = \sqrt{\frac{M}{4\pi (2e)^2 \Phi_0^2}} \tag{2.145}$$

となる．λ を磁場の侵入長という．図 2.8 のように $x > 0$ の領域に超伝導体があり，それに紙面に垂直方向に磁場 B_0 をかけたとしよう．式 (2.145) を解くと $x > 0$ では $B = B_0 \exp(-x/\lambda)$ となり，超伝導体の中では磁場が侵入長程度で減衰してしまうことがわかる．これをマイスナー効果という．さらにマックスウェル方程式から y 方向に電流 $J_y = (B_0/4\pi\lambda)e^{-x/\lambda}$ が流れることがわかる．この電流が流れることで，磁場の侵入を防いでいる．外部から一定の磁場が付加されている限り，この電流は減衰することなく永久に流れ続ける．これを永久電流という．

磁場の減衰機構を作用の見方でみてみよう．電磁場のハミルトニアンには $\mathbf{B}^2/8\pi = (\nabla \times \mathbf{A})^2/8\pi$ という項がある．一方で，凝縮場のハミルトニアンより新たに $[(2e)^2 \Phi_0^2/2M]\mathbf{A}^2$ という項がゲージ場の作用に加わったとみることができる．これがゲージポテンシャルに対して質量項として振る舞い，磁場の減衰を引き起こす．つまり

$$M_B = 1/\lambda = \sqrt{\frac{4\pi}{M}} 2e\Phi_0 \propto \sqrt{T_c - T} \tag{2.146}$$

はゲージ場の質量とみなせる．$T > T_c$ ではマイスナー効果は起こらず，ゲー

ジ場は質量をもたない．

　磁場が減衰するということは，電磁場が質量をもつことに対応する．超伝導体の励起は，BCS 理論が示したように，ギャップをもつ準粒子励起で与えられるが，これはフェルミ粒子的な励起である．これ以外に，フェルミ粒子の多体系には，2.5 節でみたようなボーズ粒子的に振る舞う集団運動の自由度があり，ギャップをもたない．これは上記の Φ の自由度に対応し，素粒子物理では南部ゴールドストーン粒子（NG ボソン）とよばれる自由度に対応する．電磁場が質量をもつ機構は，この NG ボソンが電磁場と混合することで引き起こされ，ヒッグス機構[34]とよばれる．電磁場の偏極ベクトルは通常は横波成分しかもたないが，Φ が真空期待値 Φ_0 をもち，その結果，電磁場と Φ の位相成分 ϕ が微分結合をすることで ϕ が電磁場の縦波成分に吸収される．その結果，電磁場が質量をもった．BCS 波動関数で，異なる電荷をもつ状態が重ね合わされていることは，BCS の基底状態にこのようなヒッグス機構を内在していることを示している．

2.10　渦糸とジョセフソン効果

　この節では，有効理論の強力さを示すさらなる例として，渦糸とジョセフソン効果を解説する．

　超伝導体の中での凝縮体のハミルトニアンは式 (2.135) で与えられる．エネルギーを最小にするためには，$V(\Phi)$ がなるべく最小となるように $\Phi = \Phi_0$ をとり，さらに $(\nabla - 2ie\mathbf{A}/\hbar)\Phi = 0$ を満たすような配位をとることが望ましい．無限に広い超伝導体の内部深く $x=0$ に磁場が侵入したとしよう．このとき，ここから十分遠方では $|\Phi| = \Phi_0$ かつ $(\nabla - 2ie\mathbf{A}/\hbar)\Phi = 0$ が満たされないと系のエネルギーが発散してしまう．一つめの条件から $\Phi(x) = \Phi_0 e^{i\phi(x)}$ とおこう．$\phi(x)$ は 1 価関数である必要はないが，$\Phi(x)$ は 1 価でないとならない．二つめの式を遠方の閉経路に沿って積分すると

$$\oint_C \nabla \phi(x) \cdot d\mathbf{l} = \frac{2e}{\hbar} \oint_C \mathbf{A} \cdot d\mathbf{l} \qquad (2.147)$$

から

---

[34] 素粒子では，ノーベル賞を受賞した F. Englert, P. Higgs および Englert の共同研究者で受賞前年に死去した R. Brout の 3 名の名前をとり BEH 機構，物性では超伝導で同じ機構を解析した P. W. Anderson の名前をとり，Anderson-Higgs 機構という．ここでは簡単のためヒッグス機構とよぶ．BCS 理論でゲージ対称性の破れに着目して「自発的対称性の破れ」という概念を明確化したのが，南部陽一郎である．

$$\text{磁束} = \frac{n\pi\hbar}{e}, \quad n \in \mathbf{Z} \tag{2.148}$$

が満たされる．これが磁束の量子化であり，このように量子化された磁束をアブリコソフ渦糸とよぶ．超伝導体の中では渦糸の磁束が量子化され，この磁束がトラップされている．渦糸の中には磁場があり侵入長で減衰する．図 2.8 の例と同じように渦糸の周りには永久電流が流れ続けていて，超伝導体の内部への磁場の侵入を拒んでいる．

上の例では閉経路を十分遠くとることで $|\Phi| = \Phi_0$ を仮定した．ではどのくらい遠くまで閉経路をとればこの条件が満たされるのかをみてみよう．これを決めているのは，ポテンシャル $V(\Phi)$ の振舞いである．最小値の周りにポテンシャルが急激に立ち上がっていると，極値からずれることが困難になる．逆にポテンシャルの立ち上がりが緩やかだと，Φ の変化が遠方まで可能となる．$\Phi(x) = \Phi_0 + h(x)$ とおき，$h(x)$ に対するハミルトニアンから運動方程式を求めると

$$\Delta h = \xi^{-2} h, \quad \xi = \sqrt{\frac{\hbar^2}{4M\mu^2}} \tag{2.149}$$

となる．ξ をコヒーレンス長とよび，ヒッグス場の質量はその逆数

$$M_h = \frac{1}{\xi} = \sqrt{\frac{8M\lambda}{\hbar^2}}\Phi_0 \propto (T_c - T)^{1/2} \tag{2.150}$$

で与えられる．凝縮場はコヒーレンス長程度の距離で変化する．渦糸の中心では凝縮場は消えているが，コヒーレンス長で回復する．つまり，上記の閉経路の積分は渦糸の中心からコヒーレンス長以上をとればよいことになる．電磁場の質量 M_B もヒッグス場の質量 M_h も同じ温度依存性をもっている．これらの比

$$\kappa = \frac{\lambda}{\xi} = \frac{M_h}{M_B} = \sqrt{\frac{\lambda M^2}{2\pi\hbar^2 e^2}} \tag{2.151}$$

を GL パラメータとよび，これが $1/\sqrt{2}$ より小さいか大きいかで，それぞれ第 I 種，第 II 種の超伝導体とよぶ．超伝導状態に磁場をかけていくと，ある大きさの磁場になったときに超伝導状態が壊れて常伝導状態になる．ところが第 II 種超伝導体の場合，臨界磁場より低い磁場で渦糸が形成されて磁場が少しずつ

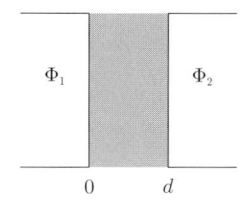

図 2.9 二つの超伝導体を距離 d だけ離して設置すると，電位差が無くても位相差に依存したジョセフソン電流が流れる．

超伝導体の中へ入っていき，臨界磁場よりも高い磁場まで超伝導状態は安定化する．一方で第 I 種超伝導体の場合には，このような渦糸が形成されることなく臨界磁場で常伝導状態に転移する．この性質は GL ハミルトニアンから導出できる．詳細は超伝導の教科書を参照してほしい．

最後にジョセフソン効果を簡単にみてみよう．凝縮体のつくる電流は，$\mathbf{A} = 0$ のとき，

$$\mathbf{J} = -\frac{ie\hbar}{M}(\Phi^{\star}\nabla\Phi - \nabla\Phi^{\star}\Phi) \tag{2.152}$$

と書かれる．ここで二つの超伝導体の途中に常伝導体をはさみ，その間を流れる電流がどうなるか調べよう．離す方向を x として，各超伝導体の端を $x = 0$ と $x = d$ とする．それぞれの超伝導体の中での波動関数は $\Phi_i = \Phi_0 e^{i\phi_i}$ と書かれている．それぞれの波動関数は距離 d の領域へ滲み出し，両方の波動関数の干渉が起こるだろう．この干渉がジョセフソン電流を生み出す．中間の領域で，凝縮体の波動関数を

$$\Phi(x) = \Phi_0(f_1(x)e^{i\phi_1} + f_2(x)e^{i\phi_2}) \tag{2.153}$$

としよう．$f_i(x)$ は自分の領域では 1 をとり，接合されているもう一つの領域へ向かって減衰する関数である．またそれぞれの位相は定数としておこう．波動関数の干渉がなければ，各位相は定数なのだから電流は消えている．位相差を $\Delta\phi = \phi_2 - \phi_1$ と書いて，この波動関数がつくる電流を計算すると，

$$J_x = \frac{2e\hbar\Phi_0^2}{M}(f_1\partial_x f_2 - f_2\partial_x f_1)\sin\Delta\phi \tag{2.154}$$

となる．位相は 2π で不定なことを反映して，位相差の周期関数になっている．これを直流ジョセフソン電流とよび，凝縮体の波動関数の干渉効果で生じて

いる．

次にそれぞれの超伝導体に電位差 V を与えたとしよう．凝縮体の波動関数に対する運動方程式は（非線形）シュレーディンガー方程式に従う．これからエネルギー差 ΔE があると，位相は時間とともに $\Delta Et/\hbar$ だけ変化する．凝縮体は電荷 $2e$ をもっているので，エネルギー差 $2eV$ を与える．よって波動関数の位相差は $\Delta\phi = 2eVt$ で時間とともに変わる．よって電流もまた

$$\sin\frac{2eV}{\hbar}t \tag{2.155}$$

で変化する．これは交流ジョセフソン電流とよばれ，超伝導凝縮体がマクロな波動関数で記述されている証拠といえる．

2.11 まとめ

この章では，非相対論的な場の量子論を，ボーズ粒子とフェルミ粒子それぞれについて簡単に解説した．大事なことの一つめは，場の量子論とは調和振動子の集まりにすぎないことである．これは 2.1 節の格子振動の理論，2.4 節のフェルミ流体の理論で明らかである．大事なことの二つめは，相互作用する多体系での真空の重要性である．相互作用があるとボーズ粒子系だと 2.2 節，フェルミ粒子系だと 2.7 節でみたように，相互作用の結果，真空はボゴリューボフ変換されて非自明な状態になる．どのような真空が実現されるかを理解することが場の量子論のもっとも重要な課題といえる．大事なことの三つめは，ひとたび真空を特徴付けることができれば，低エネルギーでの有効理論をつくることで記述が劇的に簡単化するだけでなく，微視的理論では捉えるのが困難な現象を簡単に理解できることである．超流動では 2.3 節の Gross-Pitaevski 方程式，超伝導では 2.8 節の Ginzburg-Landau 理論がそれであり，そこから渦糸やマイスナー効果といった現象を簡単に理解できるようになる．これと同時に大事な点は，低エネルギーで表れる励起を記述する自由度が，微視的な自由度とは全く異なることがあり得るという点である．その一例として，2.5 節と 2.6 節の集団運動をみた．

ここで取り上げた話題以外にも，非相対論的な場の理論には，数多くの面白い現象がある．例えば，相互作用のあるフェルミ流体論と外場への応答，そこでの散逸の果たす役割などは凝縮系物理学のもっとも基本的な概念である．量子ホール効果は，超流動，超伝導とならんで，非自明な真空状態が引き起こす

とても面白い現象である[35]．これらの話題には，今後，素粒子物理学でも基本的な概念となりうる要素を多分に含んでいる．ぜひ視野を広げて勉強してほしい．

---

[35] 超流動，超伝導は南部陽一郎により素粒子物理学に応用され，素粒子の標準模型の基礎付けを与えた．量子ホール効果は位相的な場の量子論の一例として，素粒子物理学でも多くの研究がなされているが，素粒子物理学そのもので重要な働きはまだしていない．

第3章
相対論的な場の量子論

　これまでは多数の物質が集まって形成された非相対論的な量子多体系を扱ってきた．この章では，相対論的な場の量子論を議論する．非相対論的な場の量子論では，多粒子系のエネルギー最低状態として"真空"が定義され，真空の性質により"粒子"や"集団運動"の性質が決まった．相対論的な場の量子論では，出発点はむしろ粒子のない状態である[1]．一般的には，この粒子のない状態を真空とよび，そこからの少数の粒子の性質を議論する．しかし相対論的な量子力学を考えると，必然的に，多体問題として真空を捉える必要が出てくる．この章では，相対論的な場の量子論の1粒子問題から出発して，それがなぜ自然に多体問題につながっていくのかを解説する．

3.1　ローレンツ対称性

　相対論的量子論の基本的対称性は，ローレンツ対称性である．特に，ローレンツ変換に対する不変性を満たす理論はどのようなものであるべきか，が問題となる．そこで，まずローレンツ変換に対する不変な量の構成の仕方を簡単にまとめておこう．

　まず3次元回転対称性について復習しておこう．3次元回転は，ベクトル $\mathbf{x}$ の長さ $\mathbf{x} \cdot \mathbf{x} = \sum_{i=1}^{3} x_i^2$ を不変にする．以下では，同じ添字が2回出てきたら，（特に断らない限り）その添字については和をとることにする．つまり $\mathbf{x} \cdot \mathbf{x} = x_i^2$ と書く．3次元回転を 3×3 の実行列 T_{ij} で表す（$x_i' = T_{ij} x_j$）と，$\mathbf{x}' \cdot \mathbf{x}' = \mathbf{x} \cdot \mathbf{x}$ を満たすために，$T_{ij} T_{ik} = \delta_{jk}$ が導かれる．すなわち，行列 T_{ij} は直交行列である．

　ローレンツ変換は，4元ベクトル $x^\mu = (x^0, \mathbf{x})$ からつくられた長さ，$(x^0)^2 - \mathbf{x}^2$ を不変にする変換として定義される．ただし $x^0 = ct$ である．添字が下についたベクトルを $x_\mu = (x^0, -\mathbf{x}) = \eta_{\mu\nu} x^\nu$ で定義する．ただ

---

[1] 原子核物理学やハドロン物理学では，多数の相対論的粒子の量子多体系を扱う．その場合は，取扱いはさらに複雑となる．

し $\eta_{\mu\nu} = \text{diag}(1, -1, -1, -1)$ である．すると，ローレンツ不変な長さ l を $l^2 = x^\mu x_\mu (= \eta_{\mu\nu} x^\mu x^\nu)$ と簡便に書くことができる．

座標のローレンツ変換を $x'^\mu = \Lambda^\mu{}_\nu x^\nu = \Lambda^{\mu\rho} \eta_{\rho\nu} x^\nu$ と，4×4 の実行列 Λ で書くと，4元ベクトルの長さ l を不変にする条件として，

$$\eta_{\mu\nu} \Lambda^\mu{}_\rho \Lambda^\nu{}_\omega = \eta_{\rho\omega} \tag{3.1}$$

が導かれる．今，x 軸方向のローレンツ変換を考えることにして，$\Lambda^\mu{}_\nu$ を

$$(\Lambda^\mu{}_\nu) = \begin{pmatrix} \gamma & -\beta\gamma & 0 & 0 \\ -\beta\gamma & \gamma & 0 & 0 \\ 0 & 0 & 1 & 0 \\ 0 & 0 & 0 & 1 \end{pmatrix} \tag{3.2}$$

と行列で書くと，条件 (3.1) は，$\gamma^2 - \beta^2\gamma^2 = 1$，すなわち $\gamma = 1/\sqrt{1-\beta^2}$ であれば成立する．β は，光速度 c を単位としたときの座標系の間の相対速度 v を表す ($\beta = v/c$)．また，$\gamma = 1/\sqrt{1-v^2/c^2}$ をローレンツ因子とよぶ．

共変ベクトル A^μ は，座標ベクトル x^μ と同じローレンツ変換性をもつベクトルとして定義される．添字を下につけた $A_\mu = \eta_{\mu\nu} A^\nu$ を反変ベクトルとよぶ．すると，$A^\mu A_\mu = \eta_{\mu\nu} A^\mu A^\nu$ はローレンツ不変である．このように，ローレンツ変換に対して不変になるためには，添字が上と下の対で縮約されていればよい．

粒子の運動量 $\mathbf{p}$ は，エネルギー E と組み合わせて 4 元ベクトル $p^\mu = (E/c, \mathbf{p})$ を構成することで共変ベクトルになる．つまり，$E^2/c^2 - \mathbf{p}^2$ はローレンツ不変で，これは粒子の質量 m を使うと $m^2 c^2$ に等しい．エネルギーと運動量の間の分散関係は，

$$E = \sqrt{m^2 c^4 + \mathbf{p}^2 c^2} \simeq mc^2 + \frac{\mathbf{p}^2}{2m} + \cdots \tag{3.3}$$

と書かれる．ここで，二つめの等号は，運動量が質量に比べて十分小さい ($|\mathbf{p}|c \ll mc^2$)，非相対論的粒子について成り立つ．こうして，静止した粒子に対してはアインシュタインの式 $E = mc^2$ が導かれ，この静止エネルギーを除いた運動エネルギーについては $E = \mathbf{p}^2/2m$ というなじみのある式が得られる．

3.2 自由スカラー場の量子化

非相対論的な波動方程式，すなわちシュレーディンガー方程式は

3.2 自由スカラー場の量子化

$$i\hbar \frac{\partial}{\partial t}\Psi = -\frac{\hbar^2}{2m}\Delta\Psi \tag{3.4}$$

で与えられる．波動関数を平面波に展開して

$$\Psi(x,t) = \Psi_0\, e^{-iEt/\hbar + ipx/\hbar} \tag{3.5}$$

と書くと，これがシュレーディンガー方程式 (3.4) の解となるためには，非相対論的な分散関係 $E = p^2/2m$ を満たせばよい．逆に，与えられた分散関係を満たすような平面波を解にもつ方程式を構成することもできる．$E \to i\hbar\partial/\partial t$ および $\mathbf{p} \to -i\hbar\boldsymbol{\nabla}$ と置き換えると，(3.4) は，分散関係 $E = p^2/2m$ と等価である．

同じことを相対論的な波動方程式に適用してみよう．平面波解 (3.5) が相対論的な分散関係 $E^2/c^2 = \mathbf{p}^2 + m^2c^2$ を満たすように波動方程式を構成する．そのような方程式は，

$$-\hbar^2 \frac{1}{c^2}\frac{\partial^2}{\partial t^2}\phi = \left(-\hbar^2\Delta + m^2c^2\right)\phi \tag{3.6}$$

で与えられる．便宜上，場を Ψ ではなく ϕ で表した．よりローレンツ不変性があらわな形に書けば

$$\left(\Box + \frac{m^2c^2}{\hbar^2}\right)\phi = 0 \tag{3.7}$$

となる．これをクライン・ゴルドン方程式という．ここで，ダランベルシアン演算子 $\Box = \partial^\mu\partial_\mu = (\partial/\partial t)^2/c^2 - \Delta$ を定義した．以後，簡単のために $\hbar = 1$，$c = 1$ とおく．このような単位系を自然単位系とよぶ．詳細は，後節 3.10 を参照していただきたい．ここでは場が実数の値をとる実スカラー場を考える．クライン・ゴルドン方程式を与えるラグランジアンは，

$$L_0 = \int d^3x \mathcal{L} = \int d^3x \frac{1}{2}\left(\partial^\mu\phi\partial_\mu\phi - m^2\phi^2\right) \tag{3.8}$$

で与えられる．スカラー場 $\phi(x)$ に対応する正準運動量を

$$\pi(x) = \frac{\partial L_0}{\partial\dot\phi(x)} = \dot\phi(x) \tag{3.9}$$

と定義すると，ハミルトニアンは

$$H_0 = \int d^3x (\pi(x)\dot\phi(x) - L_0) = \int d^3x \frac{1}{2}\left(\pi^2 + (\boldsymbol{\nabla}\phi)^2 + m^2\phi^2\right) \quad (3.10)$$

と書ける.

クライン・ゴルドン方程式から導かれる分散関係 ($E^2 = m^2 + \mathbf{p}^2$) を解くと，エネルギーは $E = \pm E_\mathbf{p}$ と，正負両方の解をもつ．ただし $E_\mathbf{p} = \sqrt{m^2 + \mathbf{p}^2}$ である．今，空間の各方向に長さ L の周期的境界条件をおくことにしよう．空間体積は $V = L^3$ である．この箱の中で許される運動量は $\mathbf{p} = 2\pi\mathbf{m}/L$ と離散化され，$\mathbf{m} = (m_x, m_y, m_z)$ は整数をとる．この運動量をもつ波動関数は，

$$u_\mathbf{p}(x) = \frac{1}{\sqrt{2VE_\mathbf{p}}} e^{-iE_\mathbf{p}t + i\mathbf{p}\cdot\mathbf{x}} \quad (3.11)$$

で与えられる．この波動関数は，クライン・ゴルドン内積

$$(f, g) = i\int_V d^3x (f^*\dot g - \dot f^* g) \quad (3.12)$$

に対して，正規直交性

$$(u_\mathbf{p}, u_{\mathbf{p}'}) = \delta_{\mathbf{p},\mathbf{p}'} \quad (3.13)$$

を満たす．この内積は，任意の波動関数 $f(x), g(x)$ に対して

$$(f, g)^* = (g, f), \quad (f^*, g^*) = -(g, f) \quad (3.14)$$

という性質をもっている．二つめの式にマイナス符号がつくことに注意.

実スカラー場をこの平面波解で

$$\phi(x) = \sum_\mathbf{p} \left(a_\mathbf{p} u_\mathbf{p}(x) + a_\mathbf{p}^\dagger u_\mathbf{p}^*(x)\right) \quad (3.15)$$

と展開しよう．運動量に関する和には上限がないことに注意しよう．格子振動とは異なり，空間のすべての点で場が定義されているので，運動量の大きさに上限（ブリリュアン域）がない．これが，後に場の理論の紫外発散を引き起こす原因となる.

場の量子化は格子振動の場合とまったく同様に行うことができる．まず，$\phi(x)$ と共役な自由度 $\pi(x)$ の間に交換関係

$$[\phi(\mathbf{x},t),\phi(\mathbf{y},t)] = [\pi(\mathbf{x},t),\pi(\mathbf{y},t)] = 0$$
$$[\phi(\mathbf{x},t),\pi(\mathbf{y},t)] = i\delta^{(3)}(\mathbf{x}-\mathbf{y}) \tag{3.16}$$

を課す．ハミルトニアン H_0 はある決まった時刻 t の場に対して定義されているので，交換関係も同時刻の場について課される．$\pi(x)$ の展開

$$\pi(x) = -i\sum_{\mathbf{p}} E_{\mathbf{p}}\left(\hat{a}_{\mathbf{p}} u_{\mathbf{p}}(x) - \hat{a}_{\mathbf{p}}^\dagger u_{\mathbf{p}}^*(x)\right) \tag{3.17}$$

を同時刻交換関係 (3.16) に代入すると，$a_{\mathbf{p}}$ と $a_{\mathbf{p}}^\dagger$ は，交換関係

$$[\hat{a}_{\mathbf{p}},\hat{a}_{\mathbf{q}}^\dagger] = \delta_{\mathbf{pq}}, \quad [\hat{a}_{\mathbf{p}},\hat{a}_{\mathbf{q}}] = 0, \quad [\hat{a}_{\mathbf{p}}^\dagger,\hat{a}_{\mathbf{q}}^\dagger] = 0 \tag{3.18}$$

を満たすことがわかる．

スカラー場のハミルトニアンは，真空のエネルギーを 0 とすると

$$H_0 = \sum_{\mathbf{p}} E_{\mathbf{p}} \hat{a}_{\mathbf{p}}^\dagger \hat{a}_{\mathbf{p}} \tag{3.19}$$

で与えられる．つまり，各運動量モードのエネルギー $E_{\mathbf{p}}$ にそのモードの粒子数演算子 $\hat{a}_{\mathbf{p}}^\dagger \hat{a}_{\mathbf{p}}$ をかけて足し上げたものになっている．

相対論的なスカラー場の理論の真空，すなわちもっともエネルギーの小さな状態は粒子の全くない状態である．つまり，

$$\hat{a}_{\mathbf{p}}|0\rangle = 0 \tag{3.20}$$

を満たす．真空のエネルギーは 0 である．これをみる限り多粒子的な場の理論の真空という見方はどこにも現れない．しかし，分散関係には負エネルギーの解が含まれている．もし負エネルギー解 $u_{\mathbf{p}}^*(x)$ の係数を（真空を消す）消滅演算子と定義していたら，この状態を生成することで真空のエネルギーはいくらでも下げることができる．(3.15) の展開では，負エネルギー解（負振動数モード）を生成演算子と解釈することで，負エネルギー解による真空不安定性の問題を解決している．このように，どの波動関数の係数を消滅演算子とみなすのかは，真空の定義と密接に関係しており，相互作用がある場合にはダイナミクスに依存した問題である．

上述の実スカラー場だと，粒子と反粒子が同一粒子となり区別がないので，負エネルギー解を反粒子の生成演算子と解釈する見方が成り立つ．複素スカ

ラー場の場合は，$\phi(x) \neq \phi(x)^\dagger$ なので，(3.15) の代わりに

$$\phi(x) = \sum_{\mathbf{p}} \left(\hat{a}_{\mathbf{p}} u_{\mathbf{p}}(x) + \hat{b}_{\mathbf{p}}^\dagger u_{\mathbf{p}}^*(x) \right)$$

$$\phi^\dagger(x) = \sum_{\mathbf{p}} \left(\hat{b}_{\mathbf{p}} u_{\mathbf{p}}(x) + \hat{a}_{\mathbf{p}}^\dagger u_{\mathbf{p}}^*(x) \right) \tag{3.21}$$

と書いて $\hat{a}_{\mathbf{p}}^{(\dagger)}$ と $\hat{b}_{\mathbf{p}}^{(\dagger)}$ を別々に扱う必要がある．このときは，$\hat{a}_{\mathbf{p}}^{(\dagger)}$ は正の電荷をもった粒子の生成消滅演算子，$\hat{b}_{\mathbf{p}}^{(\dagger)}$ は負の電荷をもつ反粒子の生成消滅演算子と解釈することができる．例えば，電荷をもつスカラー粒子であるパイプラス粒子 π^+ に対する反粒子はパイマイナス π^- とよばれる．一方，電荷をもたない実スカラー粒子であるパイゼロ粒子 π^0 の反粒子は，自分自身である．

これまで空間の体積を V として量子化を行ってきた．この節の最後に，空間体積が無限大の極限での展開式を求めておこう．体積が無限大だと運動量は離散化されず連続的な値をとる．このとき，規格化された波動関数は，空間次元を $d = 3$ とすると

$$u_p(x) = \frac{1}{\sqrt{2E_p(2\pi)^d}} e^{-iE_p t + i\mathbf{p}\cdot\mathbf{x}} \tag{3.22}$$

となる．この波動関数を使って，実スカラー場は

$$\phi(x) = \int d^d p \left(\hat{a}_p u_p(x) + \hat{a}_p^\dagger u_p^*(x) \right) \tag{3.23}$$

と展開される．正準共役な $\pi(x)$ も同様に展開できる．場の交換関係は (3.16) と同じ，生成消滅演算子の交換関係はクロネッカーのデルタがディラックのデルタ関数 $\delta^d(\mathbf{p}-\mathbf{q})$ に置き換わる．また運動量の和は，積分に置き換わる．空間無限大のときにも規格化として V を使うことがあるが，このときは $V = (2\pi)^d$ を意味する．

3.3 なぜ正振動数解は消滅演算子をもつか？

(3.15), (3.21) などのように場をモード展開するとき，正振動数の解には消滅演算子を対応させ，負振動数の解には生成演算子をさせた．この対応は，真空がハミルトニアンの基底状態であり，いかなる演算子をかけても真空よりも低いエネルギー状態がつくれないことから要請される．前節では具体的にハミルトニアンをつくって示したが，ここではより一般的にみてみよう．ハイゼンベ

ルグ演算子 $\hat{\mathcal{O}}$ は，運動方程式

$$\frac{d\hat{\mathcal{O}}}{dt} = i[\hat{H}, \hat{\mathcal{O}}] \tag{3.24}$$

を満たす．もしこの演算子が交換関係 $[\hat{H}, \hat{\mathcal{O}}] = -\epsilon \hat{\mathcal{O}}$（ただし $\epsilon > 0$）を満たすと仮定すると，このハイゼンベルグ方程式の解は，正振動数解 $\hat{\mathcal{O}}(t) = e^{-i\epsilon t}\hat{\mathcal{O}}(0)$ で与えられる．この演算子を真空 $|0\rangle$，すなわちハミルトニアンの最低固有値 E_0 をもつ状態，に作用してみよう．すると，

$$(\hat{H} - E_0)\hat{\mathcal{O}}|0\rangle = [\hat{H}, \hat{\mathcal{O}}]|0\rangle = -\epsilon \hat{\mathcal{O}}|0\rangle \tag{3.25}$$

となり，状態 $\hat{\mathcal{O}}|0\rangle$ は真空よりも低いエネルギーをもち，真空が最低エネルギー状態であるという仮定に反する．真空がハミルトニアンの基底状態であるという仮定に矛盾しないためには，$\hat{\mathcal{O}}|0\rangle = 0$ でないとならない．これが正振動数の解には消滅演算子が対応する理由である．

このように決めた真空は，ローレンツ不変な概念だろうか．エネルギーそのものはローレンツ変換で不変な概念ではない．そこで，ローレンツ変換で異なる座標系に移っても，真空の概念は不変であることを確認しておこう．ある座標系で真空は，4元運動量 $p^\mu = (E_\mathbf{p} > 0, \mathbf{p})$ をもつ全ての演算子に対して，条件 (3.20) を満たす状態として定義される．この座標系から別の座標系にローレンツ変換すると，エネルギーは

$$E' = \frac{E_\mathbf{p} - \mathbf{v} \cdot \mathbf{p}}{\sqrt{1 - (v/c)^2}} \tag{3.26}$$

と変換される．ここで $E = \sqrt{\mathbf{p}^2 c^2 + m^2 c^4}$ であることを考えると，どのようなローレンツ変換（ブースト変換）を施しても，$E_p > 0$ であれば $E' > 0$ が保証される．つまり，座標系を変えても，正エネルギーと負エネルギーは決して混じらない．このことから，ある座標系で正振動数を定義して真空を決定すると，その真空はどのようにローレンツ変換された座標系でも不変である．これから真空はローレンツ不変な概念であることがわかった．

ローレンツ変換ではなく，加速運動をする座標系へ移ると，正エネルギーと負エネルギーが混合する．このためにある観測者に対する静止系で決めた真空状態も，加速運動する人の座標系に移ると変わってしまい，真空ではなく，粒子が励起された状態として観測される．加速度 a で運動している観測者にとって，静止している人の真空は，加速度に比例する温度 $T_U = \hbar a / 2\pi c k_B$ をもつ

状態として観測され，この効果はウンルー効果とよばれている．これは，場の理論の真空が座標系に依存する概念であることを理解するために重要な例なので，4.1 節で議論する．

3.4 伝搬関数

伝搬関数とは，その名の通り，時空における粒子の伝搬を記述するものである．クライン・ゴルドン方程式の場合は，

$$\langle 0|T\{\phi(x)\phi(y)\}|0\rangle \tag{3.27}$$

がその定義である．T 積はすでに (1.177) で登場した時間順序積であり，

$$\begin{aligned} G(x,y) &= \langle 0|T\{\phi(x)\phi(y)\}|0\rangle \\ &\equiv \theta(x^0-y^0)\langle 0|\phi(x)\phi(y)|0\rangle + \theta(y^0-x^0)\langle 0|\phi(y)\phi(x)|0\rangle \\ &= \theta(x^0-y^0)G_>(x,y) + \theta(y^0-x^0)G_<(x,y) \end{aligned} \tag{3.28}$$

のように，時間の大小に従って演算子の順番が定義される．$G_<(x,y), G_>(x,y)$ は，(1.210) でも出てきた Wightman グリーン関数である．時間の順番はローレンツ変換に対して不変なので，この定義はローレンツ不変である[2]．量子力学の場合は，一般的に始状態や終状態を任意としていたが，場の量子論では多くの場合，真空から真空への遷移に興味があるので，真空状態 $|0\rangle$ で期待値がとられている．これを，ファインマン・グリーン関数という．

前節で定義した真空を使って具体的に書き下すと（3 次元で空間体積が無限大のとき）

$$\begin{aligned} G(x,y) &= \int d^3\mathbf{p}\left(\theta(x^0-y^0)u_\mathbf{p}(x)u_\mathbf{p}^*(y) + \theta(y^0-x^0)u_\mathbf{p}(y)u_\mathbf{p}^*(x)\right) \\ &= \int \frac{d^3\mathbf{p}}{2\omega_p(2\pi)^3}\left(\theta(x^0-y^0)e^{-i\omega_p(t_x-t_y)+i\mathbf{p}\cdot(\mathbf{x}-\mathbf{y})}\right. \\ &\quad \left. +\theta(y^0-x^0)e^{-i\omega_p(y^0-x^0)+i\mathbf{p}\cdot(\mathbf{y}-\mathbf{x})}\right) \end{aligned} \tag{3.29}$$

となる．ただし $\omega_p = \sqrt{\mathbf{p}^2+m^2}$ である[3]．ファインマン・グリーン関数は，

---
[2] 演算子に微分が入っている場合は，その微分は T 積をとった後に作用すると考える．これは特に T^* とよばれ T 積と区別されることもあるが，ここでは T^* 積の意味で T 積という言葉を使う．

[3] $E_p = \hbar\omega_p$ であるが，ここでは $\hbar=1$ ととっているので両者は同じもの．

時間の順序に従って x または y のどちらかの時空点で真空から粒子をつくり，もう一方の時空点でその粒子を消して真空に戻る振幅を与えていることがわかる．時空を伝搬する粒子の振幅を与えるという意味で伝搬関数という．

T 積の定義と，スカラー場の満たすクライン・ゴルドン運動方程式 (3.7) を使うと，ファインマン・グリーン関数が

$$\left(\Box + m^2\right) G(x,y) = -i\delta^4(x-y) \tag{3.30}$$

を満たすことを，グリーン関数の定義と場の正準交換関係 (3.16) を使うことで，簡単に証明できる．右辺が 0 にならずデルタ関数が残るのは，T 積の定義に含まれる時間に関する階段関数 $\theta(x^0 - y^0)$ に時間微分が作用するためである．

(3.30) をフーリエ変換して解くと

$$G(x,y) = \int \frac{d^4k}{(2\pi)^4} \frac{i}{k^2 - m^2 + i\epsilon} e^{-ik(x-y)} \tag{3.31}$$

が得られる．時空の並進不変性のため $G(x,y)$ は $x-y$ だけの関数なので $G(x-y)$ と書くことにする．分母の $i\epsilon$ は，T 積の境界条件を満たすようにつけた．ただし ϵ は微少量で，最終的には 0 の極限をとる．この境界条件を確かめるために，運動量積分を時間成分と空間成分に分けて

$$G(x) = \int \frac{d^3k}{(2\pi)^3} \int \frac{dk^0}{2\pi} \frac{i}{(k^0)^2 - (\omega_k)^2 + i\epsilon} e^{-ik^0 t + i\mathbf{k}\cdot\mathbf{x}} \tag{3.32}$$

と書く．この被積分関数は，$k^0 = \pm(\omega_k - i\epsilon)$ に極をもつ．k^0 積分はコーシーの積分定理を使って被積分関数の留数で書けるが，$i\epsilon$ があるために，実軸に沿った k^0 積分は図 3.1 にあるように $k^0 = \pm\omega_k$ の極を避けて積分を実行することに相当する．t が正であれば，この積分は複素 k^0 空間の下半平面で解析的なので，下半面を回る経路をとり留数積分を評価する．一方，t が負の場合は，上半平面で解析的となり，図 3.1 のように上を回る経路についての留数積分となる．それぞれの積分を評価すると，確かに T 積のグリーン関数 (3.29) となることがわかる．

ファインマン・グリーン関数とは異なる境界条件をもつグリーン関数が便利なこともある．それらは，遅延グリーン関数，先進グリーン関数とよばれ，それぞれ図 3.2 のような経路に沿っての積分

第 3 章 相対論的な場の量子論

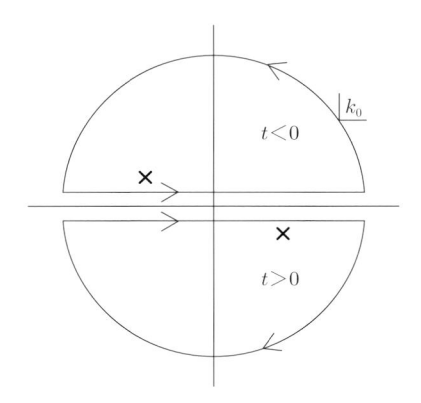

図 3.1 ファインマングリーン関数の k_0 積分を行う際の経路の取り方. $t>0$ だと下半面, $t<0$ だと上半面を回る.

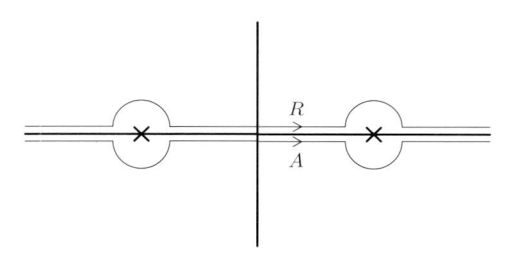

図 3.2 遅延 (retarded) と先進 (advanced) グリーン関数の k_0 積分を行う際の経路の取り方. 遅延関数は両方の極の上側の積分経路をとり, 先進関数は下側を通る.

$$G(x,y) = \int_{C^{A,R}} \frac{d^4k}{(2\pi)^4} \frac{i}{k^2 - m^2} e^{-ik(x-y)} \qquad (3.33)$$

で与えられる. これらは, 場の演算子の (同時刻ではない) 交換関係

$$[\phi(x), \phi(y)] = \int \frac{d^3k}{(2\pi)^3} \frac{-i\sin(\omega_k(x^0 - y^0))}{\omega_k} e^{i\mathbf{k}\cdot(\mathbf{x}-\mathbf{y})} \qquad (3.34)$$

を使って

$$G_R(x,y) = \theta(x^0 - y^0)[\phi(x), \phi(y)] \qquad (3.35)$$
$$G_A(x,y) = \theta(y^0 - x^0)[\phi(y), \phi(x)] \qquad (3.36)$$

となることがわかる. これから, 遅延グリーン関数は常に x が y よりも後 (未

来）にあるときのみ値をもち，先進グリーン関数はその逆になる．

3.5 *伝搬関数の性質

空間 3 次元でのスカラー場の伝搬関数を具体的に計算し，その性質を調べてみよう．$y^0 - x^0 = t$, $\mathbf{x} - \mathbf{y} = \mathbf{r}$ とおき，式 (3.29) を変形しよう．$t > 0$ の場合について計算すると

$$\begin{aligned} G(x,y) &= \frac{1}{2(2\pi)^2} \int_0^\infty \frac{p^2 dp}{\sqrt{p^2+m^2}} e^{-it\sqrt{p^2+m^2}} \int_{-1}^1 d(\cos\theta) e^{ipr\cos\theta} \\ &= \frac{1}{16\pi^2} \int_{-\infty}^\infty \frac{p\,dp}{\sqrt{p^2+m^2}} e^{-it\sqrt{p^2+m^2}} \frac{e^{ipr} - e^{-ipr}}{ir} \\ &= \frac{-1}{16\pi^2 r} \frac{\partial}{\partial r} \int_{-\infty}^\infty \frac{dp}{\sqrt{p^2+m^2}} e^{-it\sqrt{p^2+m^2}} \left(e^{ipr} + e^{-ipr}\right) \end{aligned} \quad (3.37)$$

となる．

3 行目の r 微分より後ろにある積分を $H(t,r)$ と書き[4]，変数変換 $p = m\sinh\alpha$ を行うと，$\sqrt{p^2+m^2} = m\cosh\alpha$, $dp = m\cosh\alpha\,d\alpha$ を使って

$$H(t,r) = \int_{-\infty}^\infty d\alpha \left(e^{-im(t\cosh\alpha - r\sinh\alpha)} + (r \to -r) \right) \quad (3.38)$$

となる．また $\tilde{t} = t\cosh\alpha - r\sinh\alpha$, $\tilde{r} = -t\sinh\alpha + r\cosh\alpha$ は変数 (t,r) のローレンツ変換を表し，全ての α について積分するということは，ローレンツ変換で移り合う変数は等価であることを意味する．よって $H(t,r)$ はローレンツ不変な組合せ $s^2 = t^2 - r^2$ のみの関数である．そこで，二つに場合分けしよう．まず $s^2 > 0$ のときは $t = s, r = 0$ について計算して，s を $\sqrt{t^2-r^2}$ に戻せばよい．$t > 0$ なので $s > 0$ となり，積分は第二種ハンケル関数 $H_0^{(2)}$

$$H(t,r) = 2\int_{-\infty}^\infty d\alpha\, e^{-ims\cosh\alpha} = -2\pi i H_0^{(2)}(m\sqrt{t^2-r^2}) \quad (3.39)$$

で与えられる．ハンケル関数は（負の実数以外の）複素数 z に対して，$|z| \to \infty$ での漸近形

$$H_\nu^{(\tau)}(z) \longrightarrow \sqrt{\frac{2}{\pi z}} e^{\pm i(z - (2\nu+1)\pi/4)} \quad (3.40)$$

---
[4] これは $1+1$ 次元のグリーン関数に比例している．

をもつ．ただし $\tau = 1, 2$ に応じて指数の肩の符号 $\pm$ が決まる．また第一種と第二種は $H_\nu^{(1)}(ze^{i\pi}) = -e^{-i\pi\nu}H_\nu^{(2)}(z)$ で関係する．よって t の関数として，$e^{-im\sqrt{t^2-r^2}}$ と振動しながら冪関数 $1/\sqrt{t^2-r^2}$ で減衰していくことを意味する．

次に $-s^2 = t^2 - r^2 < 0$ の場合を考えよう．このときは $t = 0, r = s$ とおくことができ，ベッセル関数を使って

$$H(t,r) = 2\int_{-\infty}^{\infty} d\alpha \cos(ms\sinh\alpha) = 4K_0(m\sqrt{r^2-t^2}) \tag{3.41}$$

と書ける．$K_\nu(z) = \frac{i\pi}{2}e^{i\pi\nu/2}H_\nu^{(1)}(iz)$ で関係している．$r \to \infty$ だと，上の漸近形より，振動する代わりに指数関数的 $e^{-m\sqrt{r^2-t^2}}/\sqrt{r^2-t^2}$ に減衰する関数になっていることがわかる．

これから $t > 0$ のときの $(3+1)$ 次元グリーン関数は，光錐の時間的，空間的どちら側にあるかで変わる．時間的な場合は，(3.37) と (3.39) から

$$\begin{aligned}G(x,y) &= \frac{i}{8\pi r}\partial_r H_0^{(2)}(m\sqrt{t^2-r^2}) \\ &= \frac{imH_1^{(2)}(m\sqrt{t^2-r^2})}{8\pi\sqrt{t^2-r^2}} = \frac{mK_1(im\sqrt{t^2-r^2})}{4\pi^2\sqrt{t^2-r^2}}\end{aligned} \tag{3.42}$$

となる．ここで $s = \sqrt{t^2 - r^2}$ より

$$\frac{1}{r}\partial_r = -\frac{1}{s}\partial_s \tag{3.43}$$

となることを使った．よって $G(x,y)$ もまたローレンツ不変距離 s の関数である．$m\sqrt{t^2-r^2} \gg 1$ だと，ハンケル関数の漸近形を使って

$$G(x,y) \sim \frac{m\pi/2}{4\pi^2(t^2-r^2)^{3/2}}e^{-im\sqrt{t^2-r^2}} \tag{3.44}$$

となる．

空間的な場合は，(3.37) と (3.41) から

$$G(x,y) = \frac{-1}{4\pi^2 r}\partial_r K_0(m\sqrt{r^2-t^2}) = \frac{imK_1(m\sqrt{r^2-t^2})}{4\pi^2\sqrt{r^2-t^2}} \tag{3.45}$$

となる．ハンケル関数の漸近形を使うと，$m\sqrt{r^2-t^2} \gg 1$ だと

$$G(x,y) \sim \frac{i\sqrt{m\pi/2}}{4\pi^2(r^2-t^2)^{3/2}}e^{-m\sqrt{r^2-t^2}} \tag{3.46}$$

と指数関数的に減衰する．

3.6 多自由度系の量子力学と場の量子論

量子化にはハミルトニアンを使った正準量子化と，作用を使った経路積分量子化があり，両者が等価であることを，1.13節で量子力学の場合について学んだ．場の理論でも，両者は等価である．それは，場の理論が多自由度系の量子力学に他ならないことからも明らかである．そこでまず，多粒子系の量子力学と場の量子論を対応させて，表にまとめておく．

表 3.1 多自由度系の量子力学と場の量子論の対応

	量子力学	場の量子論	モード展開した量子場
自由度（座標）	x_i	$\phi(x)$	ϕ_n
共役運動量	p_i	$\pi(x)$	π_n
波動関数	$\psi(\{x_i\})$	$\psi(\{\phi(x)\})$	$\psi(\{\phi_n\})$
微分演算子	$\partial/\partial x_i$	$\delta/\delta\phi(x)$	$\delta/\delta\phi_n$
積分	$\int \prod_i dx_i$	$\int \prod_{\{x\}} d\phi(x)$	$\int \prod_n d\phi_n$

場の量子論における経路積分は，一見複雑にみえるがその中身は単純である．スカラー場はフーリエモードに展開できるので，その各成分を場の自由度と考える．自由場の場合は，それぞれの自由度が調和振動子になる．つまり，各フーリエモードを調和振動子の量子力学系だと考え，多自由度の量子力学として経路積分を定式化すればよい．

量子力学の遷移振幅は経路積分を使って，(1.165)のように書き表すことができた．場の量子論でも，真空から真空への遷移振幅は，場の作用 S を使って

$$Z_0[0] = \int \mathcal{D}\phi \; \psi_0^*(\{\phi_f\})\psi_0(\{\phi_i\}) \; e^{iS(\phi)} \tag{3.47}$$

と書くことができる．両端に真空の波動関数 $\psi_0(\{\phi\})$ をとるという境界条件は，ファインマン伝搬関数をつくったときの $i\epsilon$ 処方で代用できるので，以降は $\psi_0^*(\{\phi_f\})\psi_0(\{\phi_i\})$ を省略する．

量子力学と同様に，場の量子論でも遷移振幅以外の様々な演算子の期待値を計算したい．そのためには，スカラー場の N 点グリーン関数

$$G_N(x_1,\cdots,x_N) = \langle 0|T\{\phi(x_1)\cdots\phi(x_N)\}|0\rangle \tag{3.48}$$

を計算する必要がある．今後は，これを簡略化して $\langle T\{\phi(x_1)\cdots\phi(x_N)\}\rangle$ と書く．これらの生成母関数を

$$Z_0[J] = \sum_{N=0}^{\infty} \frac{i^N}{N!} \int d^4x_1\cdots d^4x_N\, G_N(x_1,\cdots,x_N) J(x_1)\cdots J(x_N)$$
$$= \langle 0|Te^{i\int d^4xJ(x)\phi(x)}|0\rangle \tag{3.49}$$

で定義する．個別に N 点グリーン関数を求めるよりも，この生成母関数を求める方が簡単である．生成母関数が求まれば，N 点グリーン関数は，

$$G_N(x_1,\cdots,x_N) = \frac{\delta^N Z}{\delta(iJ(x_1))\cdots\delta(iJ(x_N))} \tag{3.50}$$

と生成母関数を源 $J(x)$ で変分することで求めることができる．これは，調和振動子で証明した式 (1.180) と同じであり，量子力学の計算で示したように，経路積分で計算される量は T 積で与えられる[5]．

スカラー場の生成母関数は，量子力学の場合と同様に，

$$Z_0[J] = \int \mathcal{D}\phi\, e^{iS(\phi)+i\int d^4xJ(x)\phi(x)} \tag{3.51}$$

で与えられる．そこで，$S+\int d^4xJ\phi$ を平方完成すれば，式 (1.175) と同様の式が得られることが期待できる．$Z_0[J]$ を iJ で 2 回変分すると T 積のグリーン関数，すなわちファインマン・グリーン関数が得られることからもわかるように，生成母関数は

$$Z_0[J] = Z_0[0] \exp\left(-\frac{1}{2}\int d^4xd^4y J(x) G(x,y) J(y)\right) \tag{3.52}$$

となる．この表式が得られれば，(3.50) のように (3.52) を $iJ(x)$ で変分することで，自由場の N 点グリーン関数を求めることができる．

例えば 4 点関数は

$$G_4(x,y,z,w) = G(x,y)G(z,w) + G(x,z)G(y,w) + G(x,w)G(y,z) \tag{3.53}$$

となる．これを図示したものが図 3.3 である．これは量子力学での式 (1.182) と同じである．ファインマン・グリーン関数の物理的な意味付けを思い出す

---

[5] 場の量子論の場合，より正確には，T 積を時空間での微分を含む演算子に拡張した T^* 積で与えられる．

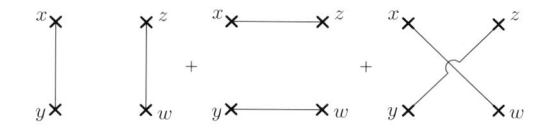

図 **3.3** 相互作用がない場合は，x, y, z, w の 4 点をつなぐ 3 通りのつなぎ方が，4 点関数を与える．

と，これは対になっている 2 点の間で粒子が伝搬しているだけである．より一般には，N が偶数のときにのみ値が残り，あらゆる対に関するファインマン・グリーン関数の積を足し上げたものになる．つまり，自由場の理論では，粒子がそのままある場所から別の場所へ伝搬するようなプロセスのみを考えることとなり，当然のことながら粒子どうしがぶつかったり跳ね返ったりするような"相互作用"を記述することはできない．次の節では，この"相互作用"を記述する方法を紹介する．

3.7 相互作用とファインマン図

相互作用とは，自由に伝搬していた粒子が崩壊したりお互いに衝突したりする現象をいう．このような相互作用を場の理論として記述する方法は，3.6 節で導入した粒子の伝搬に加えて，"粒子どうしの局所的な相互作用"（頂点 =vertex）という概念を導入する必要がある．量子力学の場合，1.15 節で相互作用を扱った．場の量子論でも，表 3.1 の対応に従って，有限自由度の x_i を場の変数 $\phi(x)$ に置き換え，同じ取扱いをすればよい．この章以下 3 節では，スカラー場の理論で相互作用の効果をファインマン図を使って計算し，そこからグリーン関数やループ補正，散乱 S 行列を求める処方箋を解説する[6]．

スカラー場の作用として

$$S = S_0 - \int d^4 x V(\phi(x)) \tag{3.54}$$

を考える．ここで，S_0 は 3.2 節で与えたクライン・ゴルドン粒子の伝搬を記述する作用 (3.8) である．この作用のもとでのグリーン関数の生成母関数は，

---

[6] 本書でのファインマン図の導出方法はナイア著「現代的な視点からの場の量子論 基礎編」（丸善出版，2012）に従った．これを使ったループ計算や具体的な物理的過程に対する散乱振幅の計算はこの本を参照していただきたい．特に散乱振幅の計算は，他の教科書にはない具体例と著者独自の視点で書かれていて，たいへん参考になる．

第 3 章 相対論的な場の量子論

$$Z[J] = \int \mathcal{D}\phi \ e^{iS_0(\phi) - i \int d^4 x V(\phi(x)) + i \int d^4 x J(x)\phi(x)} \tag{3.55}$$

で与えられる．これは自由場の生成母関数 $Z_0[J]$ を使って，次のように書き換えられる．

$$\begin{aligned}
Z[J] &= \exp\left(-i \int d^4 x V(\delta/\delta(iJ))\right) Z_0[J] \\
&= \exp\left(-i \int d^4 x V(\delta/\delta(iJ))\right) Z_0[J] \ e^{i \int d^4 x J(x)\varphi(x)}|_{\varphi=0} \\
&= \exp\left(-i \int d^4 x V(\delta/\delta(iJ))\right) Z_0[\delta/\delta(i\varphi)] \ e^{i \int d^4 x J(x)\varphi(x)}|_{\varphi=0} \\
&= Z_0[\delta/\delta(i\varphi)] e^{-i \int d^4 x V(\varphi(x))} \ e^{i \int d^4 x J(x)\varphi(x)}|_{\varphi=0}
\end{aligned} \tag{3.56}$$

1 行目は (3.51) から導かれる．2 行目では，$\varphi(x)$ という最後は 0 とおく補助的な変数を導入した．3 行目では $Z_0[J]$ を φ 微分で書き換えた．こうすると 1 項目と 2 項目が自由に入れ替えられる．そこで最後の行では，2 項目 Z_0 を左へ移動し，その後で V に入っている (iJ) での変分を φ に置き換えた．この Z_0 は，(3.52) を使うと

$$Z_0[\delta/\delta(i\varphi)] = \exp\left(\int d^4 x d^4 y \frac{1}{2} \frac{\delta}{\delta(\varphi(x))} G(x,y) \frac{\delta}{\delta(\varphi(y))}\right) \tag{3.57}$$

である．すなわち $Z_0[\delta/\delta(i\varphi)]$ の操作は，$\varphi(x)$ と $\varphi(y)$ を消して，そこにグリーン関数 $G(x,y)$ を付与することに対応する．

(3.56) は一見煩雑にみえるが，その意味する所は簡単である．$Z[J]$ は N 点グリーン関数の生成母関数であり，J の N 次の項が N 点グリーン関数を与える．そこで N 点のグリーン関数を求めるためには

- 操作 1：J の N 次の項をとりだす．
  $e^{i \int d^4 x J(x)\varphi(x)}$ を展開して $(iJ\varphi)^N$ の部分のみをとる．
- 操作 2：V についての摂動展開．
  $e^{-i \int d^4 x V(\varphi(x))}$ を $V(\varphi)$ で冪展開する．展開次数を摂動の次数という．
- 操作 3：伝搬関数 G でつなぐ．
  上の操作で現れた全ての φ を二つずつ対で消して $G(x,y)$ でつなぐ．

この三つの操作で欲しい N 点グリーン関数を得ることができる．

具体例として，$V(\varphi) = (\lambda/3!)\varphi^3$ の場合で 4 点関数 $(N=4)$ を考えよう．

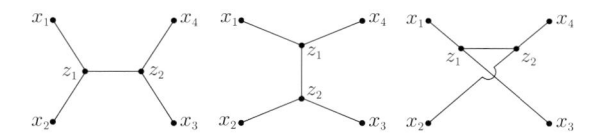

図 3.4 ϕ^3 理論での 4 点グリーン関数（λ の 2 次）．二つの頂点 z_1, z_2 と，外線 x_i ($i=1,2,3,4$) をどの組合せでつなげるかにより 3 通りのグラフが描ける．

G_4 は，操作 1 により

$$G_4(x_1,\cdots,x_4) = Z_0[\delta/\delta(i\varphi)]\left(e^{-i(\lambda/3!)\int d^4x\varphi^3(x)}\varphi(x_1)\cdots\varphi(x_4)\right)|_{\varphi(x)=0} \tag{3.58}$$

となる．これを計算できれば，この理論（ϕ^3-理論という）の 4 点の散乱振幅が計算できる．

この計算を λ の展開（操作 2）として与えるやり方を，**摂動展開**という．λ の 0 次は，

$$G_4^{(0)}(x_1,\cdots,x_4) = Z_0[\delta/\delta(i\varphi)]\left(\varphi(x_1)\cdots\varphi(x_4)\right)|_{\varphi(x)=0} \tag{3.59}$$

で与えられるが，(3.57) を使うと (3.53) が再現される．λ の 0 次は相互作用がないのと同じである．

λ の 1 次（一般には奇数次）は消える．なぜなら Z_0 をかける操作 3 は φ を対でしか消すことができず，奇数個の φ があると必ず最後に一つの φ が残ってしまうためである [7]．

λ の 2 次は，次の展開で与えられる．

$$G_4^{(2)}(x_1,\cdots,x_4) = Z_0[\delta/\delta(i\varphi)] \times$$
$$\left(\frac{1}{2}\left(-i\frac{\lambda}{3!}\int d^4z_1\varphi^3(z_1)\right)\left(-i\frac{\lambda}{3!}\int d^4z_2\varphi^3(z_2)\right)\varphi(x_1)\cdots\varphi(x_4)\right)|_{\varphi(x)=0} \tag{3.60}$$

この場合は，φ が総計 10 個あるので，これらを Z_0 による操作 3 でグリーン関数でつぶしたものが欲しい 4 点関数を与える．これを図示したのが図 3.4 で

---

[7] 1 点関数が 0 でない場合には残る．このような理論はタッドポール (tadpole) がある理論とよばれ，1 点関数が消えるように真空を再定義する必要がある．

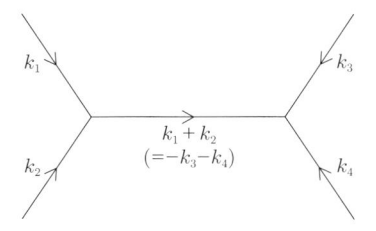

図 3.5 外から入ってくる運動量を k_i ($i = 1, 2, 3, 4$) ととると，内線の運動量は $k_1 + k_2 = -k_3 - k_4$ となる．

ある．x_i のどの二つを組み合わせるかで，3 通りの図の書き方がある．z_i は積分してしまうものなので，これらの入れ替えは，同じ寄与を与える．その結果

$$G_4^{(2)}(x_1, \cdots, x_4) = (-\frac{\lambda}{3!})^2 (3!)^2 \int d^4 z_1 d^4 z_2 G(x_1, z_1) G(x_2, z_1)$$
$$\times G(z_1, z_2) G(x_3, z_2) G(x_4, z_2) + \cdots \quad (3.61)$$

となる．$\cdots$ は，3 通りのうちの他の二つの組合せである．これにグリーン関数の具体的な表式 (3.31) を入れると，相互作用点 z_i での積分が平面波の積分となり簡単に実行できる．その結果をフーリエ変換した表式

$$G_4^{(2)}(x_1, \cdots, x_4) = \int \prod_{i=1}^{4} \frac{d^4 k_i}{(2\pi)^4} e^{-i \sum_{i=1}^{4} k_i x_i} \tilde{G}_4^{(2)}(k_1, \cdots, k_4) \quad (3.62)$$

で表すと

$$\tilde{G}_4^{(2)}(k_1, \cdots, k_4) = (2\pi)^4 \delta^4(\sum_{i=1}^{4} k_i) \left(\prod_i \frac{i}{k_i^2 - m^2 + i\epsilon} \right)$$
$$\times (-\lambda)^2 \frac{i}{(k_1 + k_2)^2 - m^2 + i\epsilon} + \cdots \quad (3.63)$$

となる．図 3.5 にあるように，外線の運動量は全て入ってくる方向を k_i ととった．各相互作用点（頂点）での積分は，各頂点での粒子の運動量の保存則を与える．一つめの頂点での積分から，頂点の間をとぶ粒子の運動量が $(k_1 + k_2)$ に決まる．もう一つの頂点では，その運動量が $(-k_3 - k_4)$ に等しくないとならないという条件が求まり，それが外線の運動量の保存則を与える．(3.63) の 1 行目は，全運動量保存と外線の伝搬関数を表す．2 行目が内線の伝搬関数である．

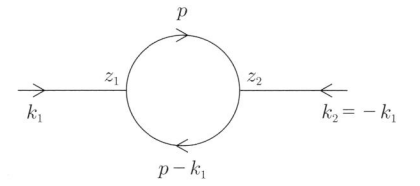

図 3.6 2点関数に対する λ の2次摂動を表すファインマン図. ループを回る運動量 p の積分が残る.

外線の運動量 (k_i) を決めてしまえば，この表式にはもはや積分する運動量はない．このような閉じたループのないグラフのことをツリー図 (tree diagram) という．このように相互作用（頂点）が与えられたときに，N点関数を求めるためのルールを図示したものをファインマン図とよぶ．

3.8　ループのあるファインマン図

同じ ϕ^3-理論で，2点関数を考えよう．

$$G_2(x_1, x_2) = Z_0[\delta/\delta(i\varphi)] \left(e^{-i(\lambda/3!) \int d^4 x \varphi^3(x)} \varphi(x_1)\varphi(x_2) \right)|_{\varphi=0} \quad (3.64)$$

である．λ の0次では，自由場のグリーン関数を与える．λ の1次は奇数個の φ があるために消える．λ の2次は

$$\begin{aligned}G_2^{(2)}(x_1, x_2) = Z_0[\delta/\delta(i\varphi)] \times \\ \left(\frac{1}{2} \left(-i\frac{\lambda}{3!} \int d^4 z_1 \varphi^3(z_1) \right) \left(-i\frac{\lambda}{3!} \int d^4 z_2 \varphi^3(z_2) \right) \varphi(x_1)\varphi(x_2) \right)|_{\varphi(x)=0}\end{aligned} \quad (3.65)$$

となる．これに寄与するグラフが図 3.6 である．このファインマン図の特徴は，閉じたループをもつことである．操作3に従って計算すると，

$$G_2^{(2)}(x_1, x_2) = \left(\frac{-\lambda}{3!} \right)^2 \frac{(3!)^2}{2} \int d^4 z_1 d^4 z_2 G(x_1, z_1) G(z_1, z_2)^2 G(z_2, x_2) \quad (3.66)$$

となる．この表式に，グリーン関数の具体的な表式 (3.31) を入れて，相互作用点 z_i での積分を実行する．この結果をフーリエ変換の表式

$$G_2^{(2)}(x_1, x_2) = \int \prod_{i=1,2} \frac{d^4 k_i}{(2\pi)^4} \tilde{G}_2^{(2)}(k_1, k_2) \tag{3.67}$$

で書くと

$$\tilde{G}_2^{(2)}(k_1, k_2) = (2\pi)^4 \delta^4(k_1 + k_2) \left(\prod_{i=1,2} \frac{i}{k_i^2 - m^2 + i\epsilon} \right)$$
$$\times \frac{(-\lambda)^2}{2} \int \frac{d^4 p}{(2\pi)^4} \frac{i}{p^2 - m^2 + i\epsilon} \frac{i}{(p-k_1)^2 - m^2 + i\epsilon} \tag{3.68}$$

となる．このような伝搬関数が閉じたループをつくるグラフをループ図という．ツリー図との違いは，外線の運動量 (k_i) を固定した後でも，運動量積分 (p 積分) が残ることである．(3.63) と同様に，1 行目が全運動量保存と外線の伝搬関数，2 行目が内線の伝搬関数からの寄与である．

　このようにファインマン図を使うと，グリーン関数に対する摂動展開の公式を容易に求めることができる．N 点関数を求めるのであれば N 個の外線を用意し，摂動の次数に応じて相互作用点（頂点）を用意する．あとはこれらの各点を伝搬関数でつなぐ．各グラフの係数を求めるためには，対称因子などを考慮する必要があるが，定義に戻って計算すれば間違いない．

3.9　頂点関数と S 行列

　(3.63) や (3.69) をみるとわかるように，一般に相互作用の効果が入った N 点のグリーン関数は，N 本の外線 (x_i) から相互作用点 z_i までをつなぐ伝搬関数 $G(x_i, z_i)$ を含んでいる．運動量表示だとこれは

$$\prod_{i=1,\cdots,N} d^4 k_i \frac{i}{k_i^2 - m^2 + i\epsilon} \tag{3.69}$$

という部分である．そこで，次のような形にグリーン関数を書き直しておこう：

$$G_N(x_1, \cdots, x_N) = \int d^4 z_1 \cdots d^4 z_N \prod_{i=1,\cdots,N} G(x_i, z_i) V_N(z_1, \cdots, z_N) \tag{3.70}$$

この V_N を頂点関数という．グリーン関数の性質

$$i(\Box_x + m^2)G(x,z) = \delta^4(x-z)$$

を使うと,

$$V_N(x_1,\cdots,x_N) = \prod_j i(\Box_{x_j} + m^2)G_N(x_1,\cdots,x_N) \tag{3.71}$$

と解くことができる．すなわち，運動量表示すると，頂点関数とは，グリーン関数から (3.69) の部分を取り去ったものに相当する．この操作を「外線の足をとる (amputate)」といい，V を「足のないグリーン関数」ということもある．

さて，ファインマン・グリーン関数 $G(x,z)$ は，時間の順序に従って粒子が伝搬する様子を表している．素粒子で考える散乱振幅とは，無限の過去からいくつかの粒子が入ってきて相互作用をし，いくつかの粒子が散乱されて，無限の未来へと去っていく過程を記述している．そこで $N = N_i + N_f$ とし，x_i を，時間成分が無限の過去にあるもの $(x_1,\cdots,x_{N_i})$ と無限の未来にあるもの $(y_1,\cdots,y_{N_f})$ に分ける．すると，相互作用点はそれらの時間の中間にあるので，(3.29) の定義を使うと，

$$G(x_i, z_i) = \sum_{\mathbf{p_i}} u^*_{\mathbf{p_i}}(x_i) u_{\mathbf{p_i}}(z_i), \quad G(y_f, z_f) = \sum_{\mathbf{p_f}} u_{\mathbf{p_f}}(y_f) u^*_{\mathbf{p_f}}(z_f) \tag{3.72}$$

となる[8]．$u_{\mathbf{p_f}}(y_i) = \langle y_f | \mathbf{p_f} \rangle$ などに注意すると，

$$G_N(x_1,\cdots,x_N) = \sum_{\mathbf{p_i},\mathbf{p_f}} \langle\{y_f\}|\{\mathbf{p_f}\}\rangle\langle\{\mathbf{p_f}\}|\hat{S}|\{\mathbf{p_i}\}\rangle\langle\{\mathbf{p_i}\}|\{x_i\}\rangle \tag{3.73}$$

と書ける．つまり $\langle\{\mathbf{p_f}\}|\hat{S}|\{\mathbf{p_i}\}\rangle$ は，入射粒子や放射粒子の運動量を決めたときの散乱振幅を与える．ここで，$\langle\{\mathbf{p_f}\}|\hat{S}|\{\mathbf{p_i}\}\rangle$ は

$$\langle\{\mathbf{p_f}\}|\hat{S}|\{\mathbf{p_i}\}\rangle = \int \left(\prod_{i,f} d^4z_i d^4z_f u_{\mathbf{p_i}}(z_i) u^*_{\mathbf{p_f}}(z_f)\right) V_N(\{z_i\},\{z_f\}) \tag{3.74}$$

となる．これがS行列である．このS行列を計算すると，ある状態から別の状

---

[8] ここで相互作用していない自由なグリーン関数を使った．相互作用がある場合は，漸近場という考え方，つまり無限過去や未来では粒子は自由場として振る舞うという境界条件を導入する．そのときに，場の規格化が問題となる．ここでは，漸近的に自由粒子として振る舞う成分の確率が 1 となるような場の規格化をとっている．これは，「繰り込まれた場」を使っていることに対応する．

態へ散乱する過程での散乱振幅が計算できる．運動量表示では，頂点関数 V_N はグリーン関数 G_N の足をとることで得られる．これに外線の波動関数をかければ，S 行列が得られる．

3.10　補足：自然単位系

$c = \hbar = 1$ とする書き方を自然単位系とよぶ．これらの物理量は次元をもっている．このため自然単位系をとることは，様々な次元をもった物理量を光速度やプランク定数を基準に与えることを意味する．またこのような単位系をとるということは，ただ次元をもつ物理量をこれらで表すという便宜的な意味だけでなく，物理の基礎法則と密接に関係している．

光速度は $c = 299792458[\mathrm{m/s}] \sim 3 \times 10^8[\mathrm{m/s}]$ であり，長さ L を時間 T で割った次元 $[c] = L/T$ をもつ．同じような次元をもつ物理量には音速など多数あるが，光速度を特別視する理由は，光速度がどのような座標系でも不変なためである．相対性理論は，時間と空間が等価な意味をもっており，互いに区別できないことを教えてくれる．このため，光速度を 1 とする単位系をとると，時間と空間は同一視される [9]．太陽までの距離は，約 1 億 5000 万 km だが，この km という単位は地球の一周が約 4 万 km となるように人間が勝手に決めた長さの単位である．光で測ると約 8 分となり，時間の測り方を別のやり方（例えばセシウム原子時計などによって）で決めておけば，地球のことを知らない宇宙人にも太陽までの距離を伝えることができる．

プランク定数は不確定性関係 $\Delta x \Delta p \sim 2\pi\hbar$ からわかるように長さと運動量の次元をかけた量 $[\hbar] = ML^2/T$ である．光速度を単位としたことで，エネルギーと運動量もまた同一視されている．よってプランク定数を単位にするということは，長さ（そして時間）を，エネルギーの逆数で表すことに対応する．素粒子物理学では，極微の世界を探るのに，高エネルギーの加速器を使って実験する．より小さな距離をみるのに，より大きなエネルギーをもつ加速器が必要な理由は，この量子力学の不確定性関係により，エネルギーと長さの逆数が同一視されているためである．このように，量子力学と相対論が支配する素粒子の世界では，$c = \hbar = 1$ とおくことが大変に便利であり，これを自然単位系という．

この単位系で最後に数値を求めたい場合，計算を行った後で，最後に次元が

---

[9] もちろん時間には向き付けがあり，未来と過去が分離されている．この意味で時間と空間は質的に異なるものだが，それ以外の点では両者は区別できない．

あうように c と $\hbar$ を復活させればよい．このときに重要な変換公式は，

$$\hbar c \sim 197 [\text{MeV fm}] \sim 2 \times 10^{-7} [\text{eV m}] \tag{3.75}$$

である．ただし eV は電子を 1 ボルトの電場で加速したときの運動エネルギーを意味し，素粒子物理学で常用されるエネルギーの単位である．MeV は Mega 電子ボルトの略で，MeV $= 10^6$eV．fm はフェムトメートルの略で fm $= 10^{-15}$m となる．（頻出する冪の名称を，表としてこの節の最後にまとめた．）自然界には様々な大きさのスケールがある．素粒子や原子核で特に重要なエネルギースケールとして，次の四つを挙げておこう．

- 原子物理： $1\,\text{eV} = 2 \times 10^{-7}\,\text{m} = 2000\,\text{Å}$
  原子の反応に付随した典型的な大きさに対応する．水素原子に電子が束縛された状態のエネルギー準位は，1s 状態が $E_1 = -13.6$ eV，2s 状態が $E_2 = -3.4$ eV などとなっており，電子の軌道が外側へ行くほど束縛エネルギーが減少して 0 eV に近づく．これらの準位間の遷移は，典型的に eV 程度であり，これが原子物理の長さのスケールを決めている．可視光がこの長さに対応するのは，人間の視覚を司る物理法則が原子物理だからである．
- 原子核物理：200 MeV $= 1$ fm $= 10^{-15}$ m
  π 粒子や陽子など，原子核の典型的なサイズがフェムトメートルである．原子核の大きさを決めているのは，強い相互作用とよばれる物理であり，そのエネルギースケールがちょうど 200 MeV くらいで与えられる．中性 π 粒子の質量は，135 MeV である．
- 電弱相互作用：100 GeV $= 2$ fm $= 10^{-18}$ m
  電磁気と弱い相互作用が統一されるエネルギースケールが，100 GeV 程度である．2012 年の夏に発見されたヒッグス粒子の質量は，125-6 GeV である．
- 量子重力：10^{18} GeV $\sim 2 \times 10^{-34}$ m
  このような高いエネルギーになると，重力と時空が量子化されて，物質や時空が混然一体となった世界が出現すると期待されている．これをプランクエネルギーとよぶ．

自然単位系だけだと，まだエネルギーそのものの絶対的な基準が与えられていない．地球を知らない宇宙人に長さや時間の基準を教えるためには，例えばセシウム原子の基底状態がもつ超微細構造についての共通の知識がないと，不

可能である．もし仮に宇宙人がセシウム原子について未知な時にどうするか．（量子力学を知っている宇宙人がセシウム原子を知らないとも思えないが．）このためには，自然界のもう一つの基本物理定数である重力定数 G を使う[10]．光速度 c，プランク定数 $\hbar$，重力定数 G を基準にした単位系を，プランク単位系とよぶ．G の次元は $[G] = L^3/MT^2$ なので，$c, \hbar, G$ を逆に解くと，質量，長さ，時間の次元をもつ全ての基本量をこれら三つの定数で表現できる．これらはプランク質量（長さ，時間）とよばれ，

$$M_{PL} = \sqrt{\hbar c/G} \sim 10^{19} \text{ GeV} = 10^{28} \text{ eV},$$
$$L_{PL} = \sqrt{\hbar G/c^3} \sim 10^{-35} \text{ m},$$
$$T_{PL} = \sqrt{\hbar G/c^5} \sim 10^{-43} \text{ sec} \quad (3.76)$$

で与えられる．これらには，相対論，量子力学，そして重力の基本定数が全て入っている．これからわかるように，これらを基準にすると便利な現象とは，量子重力理論である．このような短距離，短時間，もしくは高エネルギーになると，重力や時空が量子的に振る舞うと期待されている[11]．

最後に，物理学でよく使われる大きな数，小さな数の名前をリストしておく．

$E(xa) = 10^{18}$	$P(eta) = 10^{15}$	$T(era) = 10^{12}$	$G(iga) = 10^9$
$M(ega) = 10^6$	$k(ilo) = 10^3$	$m(illi) = 10^{-3}$	$\mu(micro) = 10^{-6}$
$n(ano) = 10^{-9}$	$p(ico) = 10^{-12}$	$f(emto) = 10^{-15}$	$a(tto) = 10^{-18}$

これらの他にもう一つよく使う長さの単位に，オングストローム Å $= 10^{-10}$ m がある．宇宙の年齢は138億年である．観測可能な宇宙の大きさを138億光年と見積り，エネルギースケールに変換すると約 10^{-33} eV になる．これは現在のハッブルパラメータとよばれとても大事な数なので，ぜひ自分の手で計

---

[10] 自然界の基本的な力（相互作用）には，電磁気力，強い力，弱い力，そして重力がある．重力を特別視する理由は，重力以外の全ての力は，無次元量でその強さが表され，重力だけが次元をもっているためである．

[11] 重力定数は，あくまでも古典的な重力を特徴付けるパラメータであり，エネルギースケールを変えたときに重力定数が変化する可能性もある．この場合，重力や時空が量子的に振る舞うエネルギースケールもプランクスケールとは異なる．このためプランクスケールを絶対的なものとは考えないほうがよいだろう．その例としては時空の次元がどこかで4次元より高くなる場合や，弦理論のように基本的なスケールが弦の張力で与えられ重力定数はそこから導かれる二次的である場合などがある．このとき，量子重力効果が効いてくるスケールはプランクスケールよりも低くなる．

算してもらいたい．これをプランクスケールと比較すると 10^{60} 倍の開きがある．日本には古来より，那由他，不可思議，無量大数といった呼び名があるが，那由他が 10^{60} である．つまり宇宙の大きさをプランク長さで測るなら，1 那由他となる[12]．

3.11　まとめ

　この章では，相対論的なスカラー場の理論について解説した．基本にあるのは調和振動子の集まりであり，その点で非相対論的な場の量子論との違いはない．違いは，ローレンツ不変性にある．3.3 節では，スカラー場の真空が確かにローレンツ不変，すなわち等速度運動する観測者からみても真空状態は不変であることを確認した．これは必ずしも自明なことではない．次章の 4.1 節では，加速度運動する観測者からみると，真空状態は全く違ってみえることを示す．場の量子論でもっとも重要な概念が伝搬関数である．伝搬関数については，3.5 節で少し詳しくその性質について解説した[13]．

　ひとたび場の量子論が調和振動子と変わりないことを理解できれば，あとは場の理論での種々のテクニックを使って解析を進めて行けばよい．場の理論でわからないことが出て来たら，常に量子力学に戻って考えることが重要である．

　相互作用による摂動，ループ計算，S 行列などについては，どの場の量子論の教科書にも詳しい説明があるので，本書では説明を必要最小限にとどめたが，基本思想は量子力学の摂動計算と大差ない．これらについて系統的に学ぶには，巻末の参考文献をみてほしい．

---

[12] ちなみに観測可能な宇宙の外にさらなる大きな宇宙が広がっていてもよく，現在の暗黒エネルギーの起源をそのような宇宙の存在と関係付ける考え方もある．その場合は，宇宙全体の大きさは 1 無量大数であってもよい．

[13] 非平衡系や有限密度の場の量子論では，遅延グリーン関数が重要な役割を果たす．ここではその性質については，解説できなかった．詳細は，例えば 1.17 節の脚注 26 を参照してほしい．

第4章 場の量子論と真空

場の量子論でもっとも重要な概念が「真空」である．真空とは，粒子がない状態を意味し，それ自体に何ら定義が必要なものでないと思われるかもしれない．しかし，場の量子論では様々な場面で，「真空」の定義が問題になる．それがもっとも顕著に現れるのは，自発的対称性の破れである．これについては後の章で議論する．この章では，より簡単な例について真空が必ずしも自明な概念ではないことをみてみよう[1]．この章は難しいので 4.1 節（ウンルー効果）と 4.4 節（Schwinger 効果）をまず読むことをおすすめする．

4.1 ウンルー効果

3.3 節で，真空はローレンツ不変であることをみた．この真空の一意性は，加速運動する観測者を考えると破れている．この節では，加速度 a で加速運動する観測者は，通常の静止系の真空状態が，温度 $T_U = \hbar a/2\pi c k_B$ の有限温度に励起された状態にみえることを示そう．（$c = \hbar = k_B = 1$ ととる．）

まず相対論的に加速運動している観測者 O の運動を求めよう．運動の方向を z とすると，z 方向に加速度 a をもつ運動は

$$\frac{d}{dt}\left(\frac{v}{\sqrt{1-v^2}}\right) = a, \quad v \equiv \frac{dz}{dt} \tag{4.1}$$

で与えられる．この方程式は，パラメータ τ (proper time) を使うことで

$$t(\tau) = \frac{1}{a}\sinh a\tau, \quad z(\tau) = \frac{1}{a}\cosh a\tau \tag{4.2}$$

---

[1] この章の多くの内容は N. D. Birrell and P. C. W. Davies, Quantum fields in curved space (Cambridge Monographs on Mathematical physics) を参照していただきたい．また R. Brout, S. Massar, R. Parentani and P. Spindel 著の A primer for black hole quantum physics, Phys. Rept. 260 (1995) 329–454 はたいへんよい解説になっている．この章の内容の多くはこの解説論文を参考にした．著者の一人 Brout 博士は，F. Englert と一緒にヒッグス機構を発見した．2012 年にヒッグス粒子が発見され 2013 年にノーベル賞を受賞するはずだったが，その前の 2011 年に亡くなった．

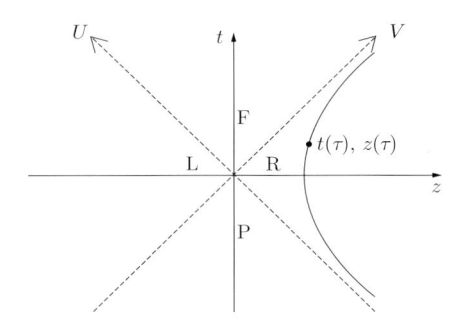

図 4.1 加速運動する観測者 $\mathcal{O}$ の世界線.

と解ける．これは，$\dot{t}(\tau)^2 - \dot{z}(\tau)^2 = 1$ を満たしている．この運動の世界線を図示したものが，図 4.1 である．縦軸が時間 t，横軸が空間 z を表す．観測者 $\mathcal{O}$ は，無限の過去 $\tau = -\infty$ では，光速度で左へ走っており，右向きの加速度 a を受けて減速し，$\tau = 0$ で方向を変え，右へ向かう．時空は四つの領域に分けられ，それぞれ過去 (P)，未来 (F)，右 Rindler 領域 (R)，左 Rindler 領域 (L) とよぶ．光速度を $c = 1$ ととっているので，光は斜め 45 度の直線上 ($t = \pm z$) を進み，いかなる情報も光より速くは伝達できない．観測者 $\mathcal{O}$ の世界線は，R と P の境界から原点をかすめ，R と F の境界に漸近している．このため，領域 L と F にいる人が信号を発しても，(4.2) の世界線上を運動している観測者 $\mathcal{O}$ には，情報が伝達されないことがわかる．このような情報伝達不能な領域との境界を，（この観測者にとっての）事象の地平面（ホライズン）とよぶ．光錐座標 $V = t + z, U = t - z$ を導入すると，R と F の境界（未来の地平面）は $U = 0$，L と F (R と P) の境界（過去の地平面）は $V = 0$ で与えられる．

静止した観測者と加速運動する観測者の関係を議論するために，領域 R で，新しい座標（Rindler 座標）(τ, ξ)

$$t = \frac{e^{a\xi}}{a} \sinh a\tau, \quad z = \frac{e^{a\xi}}{a} \cosh a\tau \tag{4.3}$$

を導入する（図 4.2）．Rindler 座標系の光錐座標を $u = \tau - \xi, v = \tau + \xi$ で定義すると，静止系の光錐座標 U, V とは

$$U = \frac{-e^{-au}}{a}, \quad V = \frac{e^{av}}{a} \tag{4.4}$$

で関係している．ローレンツ不変な線素は，

4.1 ウンルー効果

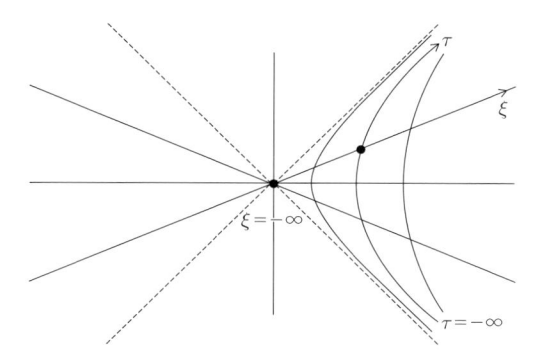

図 4.2 Rindler 座標 (τ, ξ) を導入. 加速運動する観測者は, Rindler 座標では, $\xi = 0$ の位置に静止している.

$$ds^2 = dt^2 - dz^2 = dUdV = e^{2a\xi}(d\tau^2 - d\xi^2) = e^{a(v-u)}dudv \quad (4.5)$$

となる. すなわち, $g_{\tau\tau} = -g_{\xi\xi} = e^{2a\xi}$, また $g = \det g_{\mu\nu} = -e^{4a\xi}$. (4.2) と比べると, 観測者 O は, Rindler 座標系では $\xi = 0$ に静止している. 注意すべき点は, $\tau, \xi \in [-\infty, \infty]$ を動かしても, この座標系は領域 R しか覆えていないことである. 時刻 $t = 0$ で全ての空間 $z \in [-\infty, \infty]$ を覆うためには, 領域 L をカバーする座標系 $(\tilde{\tau}, \tilde{\xi})$

$$t = -\frac{e^{a\tilde{\xi}}}{a}\sinh a\tilde{\tau}, \quad z = -\frac{e^{a\tilde{\xi}}}{a}\cosh a\tilde{\tau} \quad (4.6)$$

も定義する必要がある [2]. 領域 L での光錐座標 $\tilde{u} = \tilde{\tau} - \tilde{\xi}, \tilde{v} = \tilde{\tau} + \tilde{\xi}$ を使うと

$$U = \frac{e^{-a\tilde{u}}}{a}, \quad V = -\frac{e^{a\tilde{v}}}{a}, \quad (4.7)$$

の関係がある. 以下では, 静止した観測者の座標系 (t, z) を慣性系, 加速運動する観測者の座標系 (τ, ξ) を右 Rindler 系, 残り半分の加速座標系 $(\tilde{\tau}, \tilde{\xi})$ を左 Rindler 系とよぶ.

場の量子論の真空は, (3.3) でみたように, 慣性系 (t, z) で最低エネルギーをもつ状態として定義される. このように定義された真空が, Rindler 系でどのように振る舞うかを調べよう. ここでは, 1+1 次元の質量のない実スカラー場 (3.15) を考える [3]. 真空は, (3.20) で定義される. 展開 (3.15) で正振動数と

---
[2] この定義だと, t の未来と $\tilde{\tau}$ の未来が反転していることに注意.
[3] 空間は無限に広がっているとするので, $V \to 2\pi$ に置き換えて, 離散的な運動量を連続にし, 運動量の和を積分する.

消滅演算子を対応させたことが，真空が最低エネルギー状態となることを保証する．簡単のために場の質量はゼロとしたので，$E_k = |k|$ となり，波動関数は右向きに進む進行波 e^{-ikU} $(k>0)$ と左に進む進行波 e^{-ikV} $(k>0)$ に分かれる．質量ゼロの場の波は光速度で進むため，どのような座標系で考えても，右向きと左向きの進行波が混じることはない．そこで以下の議論では，全て右向きの進行波のみに限定して話を進める．慣性系では，右向き進行波をもつ場は，

$$\phi(U) = \int_0^\infty dk \left[\hat{a}_k f_k^{(M)}(U) + \hat{a}_k^\dagger f_k^{(M)*}(U) \right],$$
$$f_k^{(M)}(U) = \frac{e^{-ikU}}{\sqrt{4\pi k}} \tag{4.8}$$

と展開され，慣性系の真空は $\hat{a}_k |0_M\rangle = 0$ を満たす．添字 M はミンコフスキー (Minkowski) 空間の略である．この波動関数は，クライン・ゴルドン内積

$$(f, g) = i \int_{-\infty}^\infty dU (f^* \partial_U g - \partial_U f^* g) \tag{4.9}$$

に対して正規直交であり，性質 (3.14) をもつ．

次に，右側の Rindler 系 (τ, ξ) で場の展開をしよう．スカラー場の方程式 $\Box \phi = (\partial_t^2 - \partial_z^2) \phi = \partial_U \partial_V \phi = 0$ は，

$$\Box \phi = \frac{1}{\sqrt{|g|}} \partial_\mu (g^{\mu\nu} \sqrt{|g|} \partial_\nu \phi) = e^{-2a\xi}(\partial_\tau^2 - \partial_\xi^2)\phi = 0 \to \partial_u \partial_v \phi = 0 \tag{4.10}$$

となる．よって，加速度系でも平面波で展開されて，左右の進行波が分離していることが確認できる．右 Rindler 系 $(U<0)$ では，右向き進行波をもつ場は

$$\phi_R(u) = \int_0^\infty dp \left[\hat{b}_p^{(R)} f_p^{(R)}(u) + \hat{b}_p^{(R)\dagger} f_p^{(R)*}(u) \right],$$
$$f_p^{(R)}(u) = \frac{e^{-ipu}}{\sqrt{4\pi p}} = \theta(-U) \frac{(-aU)^{ip/a}}{\sqrt{4\pi p}} \tag{4.11}$$

と展開され，右 Rindler 系で粒子が励起されていない真空を $|0_R\rangle$ と書くと，$\hat{b}_p^{(R)} |0_R\rangle = 0$ を満たす．波動関数 (4.11) は，内積

$$(f, g) = i \int_{-\infty}^\infty du (f^* \partial_u g - \partial_u f^* g) \tag{4.12}$$

に対して正規直交である．$U<0$ にのみ値をもつ関数 $F(U)$ を $F(U(u))$ として u の関数とみなすと，内積 (4.9) と (4.12) は一致する．このため同じ内積記号 (,) を使用する．

同様に左側の Rindler 系 $(\tilde{\tau}, \tilde{\xi})$ でも場を展開できるが，時間の進み方の定義が右とは反対であったことに注意しよう．そこで，右向き進行波からなる場は，領域 L で

$$\phi_L(\tilde{u}) = \int_0^\infty dp \left[\hat{b}_p^{(L)} f_p^{(L)}(\tilde{u}) + \hat{b}_p^{(L)\dagger} f_p^{(L)*}(\tilde{u}) \right],$$
$$f_p^{(L)}(\tilde{u}) = \frac{e^{ip\tilde{u}}}{\sqrt{4\pi p}} = \theta(U) \frac{(aU)^{-ip/a}}{\sqrt{4\pi p}} \tag{4.13}$$

と展開され，左 Rindler 真空は $\hat{b}_p^{(L)} |0_L\rangle = 0$ を満たす．右 Rindler 系と同様の内積についての性質が成り立つ．

慣性系の時刻 $t=0$ で指定される状態空間 $|M\rangle$ は，

$$|M\rangle = |R\rangle \otimes |L\rangle \tag{4.14}$$

のように，各 Rindler 系で定義された状態空間 $|R\rangle, |L\rangle$ のテンソル積で与えられる．しかし，慣性系での真空 $|0_M\rangle$ は，$|0_R\rangle \otimes |0_L\rangle$ とは異なる．これをみるために，慣性系と Rindler 系の間の生成消滅演算子の関係をつけよう．領域 R ($U<0$) と領域 L ($U>0$) それぞれの領域において，(4.8) の $f_k^{(M)}(U)$ は (4.11) と (4.13) の $f_p^{(R,L)}$ を使って

$$\theta(-U) f_k^{(M)}(U) = \int_0^\infty dp \left(\alpha_{p,k}^R f_p^{(R)}(u) + \beta_{p,k}^R f_p^{(R)*}(u) \right),$$
$$\theta(U) f_k^{(M)}(U) = \int_0^\infty dp \left(\alpha_{p,k}^L f_p^{(L)}(\tilde{u}) + \beta_{p,k}^L f_p^{(L)*}(\tilde{u}) \right) \tag{4.15}$$

と展開できる．ここで $\theta(U)$ は $U>0$ で 1，$U<0$ で 0 となるヘヴィサイドのステップ関数を表す．展開係数は，式 (4.12) のクライン・ゴルドン内積を使うと

$$\alpha_{p,k}^{R,L} = (f_p^{(R,L)}, f_k^{(M)}), \quad \beta_{p,k}^{R,L} = -(f_p^{(R,L)*}, f_k^{(M)}) \tag{4.16}$$

で与えられる．波動関数の関係がわかると，これから慣性系と Rindler 系での演算子の関係がわかる．右向き進行波の場の展開は，慣性系，Rindler 系のそ

れぞれで

$$\phi(U) = \theta(-U)\phi_R(u) + \theta(U)\phi_L(\tilde{u}) \tag{4.17}$$

と展開されていたので，波動関数の展開式 (4.15) を使うと，両者の生成消滅演算子は，

$$\hat{b}_p^{(R,L)} = \int_0^\infty dk \left(\alpha_{p,k}^{R,L} \hat{a}_k + \beta_{p,k}^{R,L*} \hat{a}_k^\dagger \right) \tag{4.18}$$

で関係している．もしくは

$$\hat{a}_k = \int_0^\infty dp \left(\alpha_{p,k}^{R*} \hat{b}_p^{(R)} + \alpha_{p,k}^{L*} \hat{b}_p^{(L)} - \beta_{p,k}^{R*} \hat{b}_p^{(R)\dagger} - \beta_{p,k}^{L*} \hat{b}_p^{(L)\dagger} \right) \tag{4.19}$$

となる．マイナス符号は，内積の性質 (3.14) に由来する．このように，慣性系の消滅演算子は，加速度系では生成消滅演算子の和で書かれており，両者の真空はボゴリューボフ変換で結びついている．

具体的なボゴリューボフ変換の係数の計算は，少々煩雑なので，4.3 節で計算することにして，ここではその結果を使おう．慣性系での真空の定義 $a_k|0_M\rangle = 0$ に，$\alpha_{p,k}^{R,L}$ をかけて k 積分すると，式 (4.19) と次節の式 (4.39) を使うことで

$$\left(\hat{b}_p^{(R)} - e^{-\pi p/a} \hat{b}_p^{(L)\dagger} \right) |0_M\rangle = \left(\hat{b}_p^{(L)} - e^{-\pi p/a} \hat{b}_p^{(R)\dagger} \right) |0_M\rangle = 0 \tag{4.20}$$

が導かれる．これから慣性系の真空状態は，Rindler 系の状態を使って

$$|0_M\rangle \propto \exp\left[-\prod_p e^{-\pi p/a} \hat{b}_p^{L\dagger} \hat{b}_p^{R\dagger} \right] |0_L\rangle \otimes |0_R\rangle \tag{4.21}$$

と書ける．これは，1.9 節で出てきた真空のボゴリューボフ変換そのもの (1.102) である．ボゴリューボフ変換の角度 θ_p は，$\tanh\theta_p = e^{-\pi p/a}$ となり，加速度 a に対して運動量 p が小さいときは大角度のボゴリューボフ変換になっている．慣性系の真空状態は，加速度系でみると，右 Rindler 座標系と左 Rindler 座標系の粒子が対で生成された状態の重ね合わせになっており，量子的に絡み合った状態 (entangled state) が自然に実現されている．

右 Rindler 座標系で静止した座標にいる観測者 O は，領域 L の情報を一切受け取ることができない．つまり，左 Rindler 系の状態は一切伝達されない．もしくは，この観測者が観測できるいかなる物理量も，左 Rindler 系の状態に

は依存しないといってもよい．そこで，左 Rindler 系の状態についてはトレースをとって足し上げてみよう．すると，式 (1.104) と同じように

$$\rho_R = \text{Tr}_L |0_M\rangle\langle 0_M| = \prod_p \frac{e^{-\beta_p \hat{N}_p}}{(\cosh\theta_p)^2} = \prod_p \frac{e^{-\beta \hat{H}_p}}{(\cosh\theta_p)^2} \quad (4.22)$$

となる．まず，式 (1.104) にならって $(\tanh\theta_p) = e^{-\beta_p}$，つまり $\beta_p = 2\pi p/a$ とした．次に，運動量 p に依存しない温度として，$\beta = 2\pi/a$ を定義して，その代わりに運動量 p をもつハミルトニアン $\hat{H}_p = p\hat{N}_p$ を使った．この密度行列 (4.22) は，$\hbar, c$ を復活させると，ウンルー温度 $T_U = 1/\beta = \hbar a/2\pi c$ をもつ有限温度の密度行列になっている．つまり，加速度 a で加速している観測者は，慣性系で定義された真空状態を，あたかも有限温度に励起されているかのように感じる．これをウンルー効果という．プランク定数や光速度を代入すると，ウンルー温度は小さな加速度では，

$$T_U = 4 \times 10^{-21} \text{K} \left(\frac{a}{1\,\text{m/s}^2}\right) \quad (4.23)$$

という極めて低い温度である．しかし，最近のレーザー技術の発展で，電子に強い加速電場をかけることができるようになってきた．これを使って，近い将来，ウンルー効果の検証が期待されている．また，円軌道で電子を加速するシンクロトロン加速器では，完全に電子のスピンを偏極できないことが知られている．これは Sokolov-Ternov 効果とよばれているが，この効果がウンルー効果として解釈できることも指摘されている[4]．

4.2 *Unruh-DeWitt 検出器とウンルー効果

4.1 節で加速運動をする観測者は，慣性系の真空が有限温度にみえることを示した．このことをより具体的にみるために，この節では，世界線 (4.2) に沿って加速運動する温度計が確かに有限温度になることを示す．またこの節の議論は，グリーン関数を使う一つの面白い例にもなっている．

温度計として，振動数 ω の調和振動子を考える．n 番目の励起状態はエネルギー $E_n = (n + \frac{1}{2})\hbar\omega$ をもっている．基底状態にあった調和振動子が加速運動することで，励起状態へ励起する確率を計算しよう．この加速運動している調和振動子系が，質量 0 のスカラー場と

---

[4] J. S. Bell and J. M. Leinaas, Nucl. Phys. B 284 (1987) 488 を参照．

$$S_I = \int_{-\infty}^{\infty} d\tau\, \hat{m}(\tau)\phi(z(\tau)) \tag{4.24}$$

のような相互作用をしているとしよう．$\hat{m}$ は，調和振動子の状態間を結ぶどのような演算子でもよい．もっとも簡単なものとしては，$(\hat{a}+\hat{a}^\dagger)$ が考えられる．温度計は (4.2) の世界線 $z(\tau)$ を運動しているため，そこでの場と相互作用する．この相互作用のもとで，始状態 $|E_0, 0_M\rangle$（場は真空状態，温度計は基底状態）が，終状態 $|E_n, 1_k\rangle$（ある運動量 k の場を輻射して，調和振動子が励起する）へ遷移する確率を計算する．この遷移振幅は，演算子のハイゼンベルグ表示 $\hat{m}(\tau) = e^{i\hat{H}\tau}\hat{m}(0)e^{-i\hat{H}\tau}$ を思い出すと，

$$\langle E_n, 1_k|S_I|E_0, 0_M\rangle = \langle E_n|\hat{m}(0)|E_0\rangle \int_{-\infty}^{\infty} d\tau\, e^{i\delta E_n \tau} \langle 1_k|\phi(z(\tau))|0_M\rangle \tag{4.25}$$

に比例する．$\delta E_n = E_n - E_0$ である．

この τ 積分がどのようなときに残るかは，温度計の世界線によっている．温度計が等速度運動をしていると，$\langle 1_k|\phi(z(\tau))|0_M\rangle \propto e^{i\omega_k \tau}$ となる．ω_k は等速運動している系での場の終状態と始状態のエネルギーの差である．温度計が励起し，場もまた励起しているのだから，$\delta E_n > 0$ かつ $\omega_k > 0$ となり，τ 積分は消えてしまう．これはエネルギー保存則に他ならない．

加速運動の場合は，4.1 節でみたように，真空が有限温度にみえるので状況が変わる．そこで温度計が励起する遷移確率を計算しよう．場の終状態は特定しないことにする．(4.25) を 2 乗して場の終状態についての和をとると，

$$|\langle E_n|\hat{m}(0)|E_0\rangle|^2 \int_{-\infty}^{\infty} d\tau \int_{-\infty}^{\infty} d\tau'\, e^{i\delta E_n(\tau'-\tau)} \langle 0_M|\phi(z(\tau'))\phi(z(\tau))|0_M\rangle \tag{4.26}$$

が得られる．一様加速運動に対しては，Wightman グリーン関数は $\tau'-\tau$ の関数となり時間並進不変性をもつことがわかる．これは任意の時刻で速度がゼロ（加速度は不変）になるようなローレンツ変換を行うことができることから理解できるが，一様加速運動する系が熱平衡状態にあることとも関係している．このことを使うと，時間積分の一つが発散するが，これは単位時間当たりの遷移確率にすることで，相殺する．よって，単位時間当たりに温度計が励起する遷移確率

$$Prob = |\langle E_n|\hat{m}(0)|E_0\rangle|^2 \, \mathcal{F}(\delta E_n)$$
$$\mathcal{F}(\delta E_n) = \int_{-\infty}^{\infty} d\tau e^{i\delta E_n \tau} \langle 0_M|\phi(z(\tau+\tau_0))\phi(z(\tau_0))|0_M\rangle \quad (4.27)$$

が得られる．ここで簡単のために，ϕ として4次元で質量0の場を考えよう．すると，Wightman グリーン関数は，$t = t_x - t_y$, $\mathbf{r} = \mathbf{x} - \mathbf{y}$ とおくと，

$$\langle 0_M|\phi(x)\phi(y)|0_M\rangle = \int \frac{d^3k}{(2\pi)^3 2k} e^{-ikt + i\mathbf{k}\cdot\mathbf{r}} = \frac{-1}{4\pi^2((t-i\epsilon)^2 - r^2)} \quad (4.28)$$

となることがわかる．k 積分の無限遠方で収束するように $i\epsilon$ をつけて積分を実行した．これを使って，(4.2) の世界線に沿って，Wightman グリーン関数を評価すると

$$\langle 0_M|\phi(z(\tau+\tau_0))\phi(z(\tau_0))|0_M\rangle$$
$$= \frac{-a^2}{16\pi^2 \sinh^2(a\tau/2 - i\epsilon)} = \frac{-1}{4\pi^2} \sum_{n=-\infty}^{\infty} \frac{1}{(\tau + i2\pi n/a - i\epsilon)^2} \quad (4.29)$$

となる．これを (4.27) に代入して τ 積分を部分積分と留数積分を用いて実行すると，4.1 節のウンルー温度 $T_U = a/2\pi$ を使って

$$Prob = \frac{1}{2\pi} \frac{\delta E_n |\langle E_n|\hat{m}(0)|E_0\rangle|^2}{e^{\delta E_n/T_U} - 1} \quad (4.30)$$

となる．これより，確かに加速運動している温度計は，ウンルー温度の熱浴に接することで，励起されることがわかった．このようなウンルー効果を検出する温度系のことを Unruh-DeWitt 検出器とよぶ．

また，(4.29) の Wightman グリーン関数は $\tau \to \tau + i2\pi/a$ の並進に対して不変なことがわかる．虚時間方向への並進不変性は，有限温度の一般的な特徴である．このことからも，加速度 a で加速運動している観測者は，ウンルー温度の熱浴を感じることが示唆される．

4.3 *補足：ウンルー効果でのボゴリューボフ係数の導出

この節では，4.1 節に出てきた内積を評価して，ボゴリューボフ変換の係数 (4.16) を計算しよう．クライン・ゴルドン内積の定義から，

$$\alpha_{p,k}^R = (f_p^{(R)}, f_k^{(M)}) = \frac{1}{2\pi}\sqrt{\frac{p}{k}} \int_{-\infty}^{0} dU(-aU)^{-ip/a - 1} e^{-ikU}$$

$$= \frac{1}{2\pi a}\sqrt{\frac{p}{k}}\left(\frac{a}{k}\right)^{-ip/a}\int_0^\infty dt\ t^{-ip/a-1}e^{it} \tag{4.31}$$

となる．2 行目では $t = -kU$ とおいた．この積分は，$t \to i\infty$ で収束しているので，積分路を $t \in [0, +\infty]$ から $t \in [0, +i\infty]$ へずらしてもよい．そこで，$t = se^{i\theta}$ と書いて，$\theta \to \pi/2$ の極限をとると，この積分は

$$\int_0^\infty dt\ t^{-ip/a-1}e^{it} = \lim_{\theta\to\pi/2}\int_0^\infty ds(e^{i\theta})^{-ip/a}s^{-ip/a-1}\exp(ie^{i\theta}s)$$
$$= \int_0^\infty ds\ e^{\pi p/2a}s^{-ip/a-1}e^{-s} = e^{\pi p/2a}\Gamma(-ip/a) \tag{4.32}$$

と評価できる．最後の等式では，ガンマ関数の定義

$$\Gamma(z) = \int_0^\infty dt\ t^{z-1}e^{-t} \tag{4.33}$$

を使った．よって，

$$\alpha_{p,k}^R = \frac{1}{2\pi a}\sqrt{\frac{p}{k}}\left(\frac{a}{k}\right)^{-ip/a}e^{\pi p/2a}\Gamma(-ip/a) \tag{4.34}$$

となる．同様に

$$\beta_{p,k}^R = \frac{1}{2\pi a}\sqrt{\frac{p}{k}}\left(\frac{a}{k}\right)^{+ip/a}e^{-\pi p/2a}\Gamma(+ip/a) \tag{4.35}$$

である．左 Rindler 領域においても，同様に計算でき，

$$\alpha_{p,k}^L = \alpha_{p,k}^{R*},\quad \beta_{p,k}^L = \beta_{p,k}^{R*} \tag{4.36}$$

となることが簡単に確認できる．最後に，ボゴリューボフ係数の満たす公式を導いておく．

$$\int_0^\infty \frac{dk}{k}k^{i(p-p')/a} = 2\pi a\ \delta(p-p') \tag{4.37}$$

と，ガンマ関数の公式（x は実）

$$|\Gamma(ix)|^2 = \frac{\pi}{x\sinh(\pi x)} \tag{4.38}$$

を使うと，次の一連の関係式が証明できる．

$$\int_0^\infty dk \; \alpha_{p,k}^R \; \alpha_{p',k}^{R*} = \frac{e^{2\pi p/a}}{e^{2\pi p/a}-1}\delta(p-p')$$

$$\int_0^\infty dk \; \alpha_{p,k}^R \; \beta_{p',k}^{R*} = \int_0^\infty dk \; \alpha_{p,k}^R \; \alpha_{p',k}^R = 0$$

$$\int_0^\infty dk \; \beta_{p,k}^R \; \beta_{p',k}^{R*} = \frac{1}{e^{2\pi p/a}-1}\delta(p-p')$$

$$\int_0^\infty dk \; \alpha_{p,k}^R \; \beta_{p',k}^R = \frac{e^{\pi p/a}}{e^{2\pi p/a}-1}\delta(p-p') \tag{4.39}$$

4.4　一様電場中の粒子生成：Schwinger 効果

ウンルー効果の場合は，加速運動する観測者にとって，見かけ上粒子が生成されて有限温度になっているだけであり，決して真空が変わったり不安定になったりするわけではない．この節では，強い電場中では，場の理論の真空が不安定となって自発的な粒子生成が起こることをみる．これを Schwinger 効果という．

　場の量子論では，エネルギーを与えると粒子と反粒子を対生成させることができる．そのもっとも簡単な例として，一様電場中での粒子生成を考えよう．まず，なぜ粒子生成が起こるのかを直感的に理解しておこう．電子とその反粒子である陽電子は，それぞれ静止質量 $m_e c^2$ をもっている．このため $2m_e c^2$ 以上のエネルギーを与えないと，粒子生成は起こらない．強い電場 E があると，負電荷 $-e$ をもつ電子と正電荷 e をもつ陽電子は反対方向へ進もうとするので，電子と陽電子が距離 x だけ離れることで電場によるポテンシャルエネルギー $(-eEx)$ を得することができる．両者を足し合わせたもの

$$V(x) = 2m_e c^2 - eEx \tag{4.40}$$

が，真空から電子と陽電子が対生成して距離 x だけ離れたときの総エネルギーである．$V(x)$ は，$x = x_c = 2m_e c^2/eE$ で 0 になる．量子力学に従うと，真空中では粒子と反粒子が常に対生成対消滅を繰り返しているが，通常はすぐに真空に戻り消えてしまう．しかし，もし対生成された対が x_c 以上の距離に離れると，あとはお互いに離れた方がエネルギー的に得することを意味している．この状況を図 4.3 に示した．このようなことが起こる量子力学的トンネル確率を単純に見積もると，

$$\text{トンネル確率} \sim \exp(-\text{斜線の面積}/\hbar) = \exp\left(-\frac{2m_e^2 c^4}{e\hbar E}\right) \tag{4.41}$$

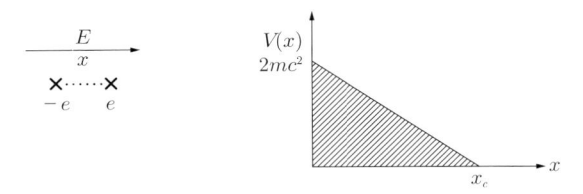

図 4.3 左図は電場中での粒子生成．右図は距離 x だけ離れたときの生成された粒子対のポテンシャル．距離 x_c 以上離れると，エネルギーが負になって，生成された方が得になる．

となる．電場が弱いと指数の肩が 1 より大きく，トンネル効果で電子・陽電子の対が対生成される確率は抑制される．電場の強さが臨界電場

$$E_c = \frac{m_e^2 c^4}{e\hbar} \sim 10^{16}\,[\text{V/cm}] \tag{4.42}$$

くらいになるとトンネル確率が 1 のオーダーになる．このときの電場のエネルギーは $cE_c^2/8\pi \sim 4 \times 10^{29}\,[\text{W/cm}^3]$ になる．実際には，様々な要因が組み合わさって，より小さな電場で粒子生成が雪崩的に起こることが理論的に予想されている．

以下では，電場中での粒子対の生成確率を場の量子論を使って計算しよう．ここでは，電荷 $e=1$ をもつスカラー粒子を考えることにする．一様電場を表すベクトルポテンシャルとして $A_x = Et$ ととる．この電場中の複素場 $\phi(x)$ に対するクライン・ゴルドン方程式は，

$$\left(\partial_t^2 - (\partial_x + iA_x) - \sum_{i=y,z}\partial_i^2 + m^2\right)\phi = 0 \tag{4.43}$$

となる．i は y,z 方向を表す．方程式の解として

$$\phi(t,x,y,z) = \frac{e^{i\sum_{i=y,z}k_i x_i + ipx}}{\sqrt{(2\pi)^3}}f(t) \tag{4.44}$$

とおいてみよう．すると，$f(t)$ は方程式

$$\left(\partial_t^2 + (p+Et)^2 + M^2\right)f(t) = 0, \quad M^2 = m^2 + k_y^2 + k_z^2 \tag{4.45}$$

を満たす．$\omega(t)^2 = (p+Et)^2 + M^2$ とすると，この微分方程式は振動数が時

4.4 一様電場中の粒子生成：Schwinger 効果

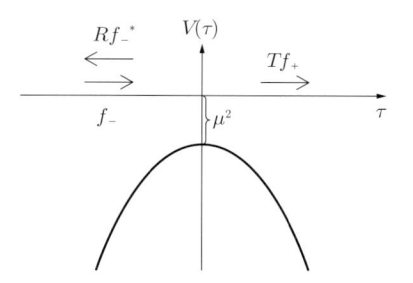

図 4.4 電場中の粒子生成は，逆向きのポテンシャル中での散乱問題と解釈できる．左からエネルギー 0 で入って来た粒子が $\tau = 0$ で左右に散乱される．

間依存する調和振動子の問題と等価になっている．1.11 節で議論したように断熱パラメータは

$$\frac{\dot{\omega}}{\omega^2} = \frac{(p+Et)E}{(M^2 + (p+Et)^2)^{3/2}} \longrightarrow \frac{1}{Et^2} \quad (t \to \pm\infty) \tag{4.46}$$

で与えられるので，$t = \pm\infty$ の極限では断熱近似がよくなる．

ここで

$$\tau = \sqrt{E}\left(t + \frac{p}{E}\right) \tag{4.47}$$

と置き換えると，式 (4.45) は

$$(\partial_\tau^2 + (\tau^2 + \mu^2))f(\tau) = 0, \quad \mu^2 = \frac{M^2}{E} = \frac{m^2 + k_i^2}{E} \tag{4.48}$$

になる．これは，図 4.4 にあるような逆さ向きのポテンシャル $V(\tau) = -\omega(\tau)^2 = -(\mu^2 + \tau^2)$ における散乱問題に対応している．方程式 (4.48) は厳密解が Whittaker の D 関数（もしくは双曲型円柱関数）として知られているが，ここでは WKB 近似で散乱問題を解いてみよう．WKB 波動関数を求めるために，振動数の積分を求めよう．脚注の積分公式[5] を使うと，

$$\int^\tau \omega(\tau)d\tau = \int^\tau \sqrt{\mu^2 + \tau^2}d\tau$$
$$= \frac{\tau\sqrt{\mu^2 + \tau^2}}{2} + \frac{\mu^2}{2}(\log(\tau + \sqrt{\mu^2 + \tau^2}) - \log\mu)$$

---
[5] $2\int \sqrt{1+s^2}ds = s\sqrt{1+s^2} + \text{arcsinh } s$. ただし本文の最後の近似式を求めるだけならば，$\sqrt{\tau^2 + \mu^2}$ を展開して積分すればよい．

$$\sim \frac{\tau^2}{2} + \frac{\mu^2}{2} \log \frac{2|\tau|}{\mu} \quad (|\tau| \gg \mu) \tag{4.49}$$

となるので，右に進む WKB 波動関数は $\tau > 0$ で

$$\begin{aligned} f_+(\tau) &= \frac{e^{-i\int \omega d\tau}}{\sqrt{2\omega}} \sim \frac{1}{\sqrt{2|\tau|}} \exp\left(-\frac{i\tau^2}{2} - i\frac{\mu^2}{2}\log|2\tau|\right) \\ &= \exp\left(-\frac{i\tau^2}{2}\right) (2\tau)^{-i\frac{\mu^2}{2} - \frac{1}{2}} \end{aligned} \tag{4.50}$$

となる．f_+^* が左に進む解である．一方，$\tau < 0$ では，τ が進むと τ^2 は減少するので，

$$\begin{aligned} f_-(\tau) &= \frac{e^{-i\int \omega d\tau}}{\sqrt{2\omega}} \sim \frac{1}{\sqrt{2|\tau|}} \exp\left(+\frac{i\tau^2}{2} + i\frac{\mu^2}{2}\log|2\tau|\right) \\ &= \exp\left(+\frac{i\tau^2}{2}\right) (-2\tau)^{i\frac{\mu^2}{2} - \frac{1}{2}} \end{aligned} \tag{4.51}$$

が右に進む解に対応する．

これらの波動関数を使って，方程式 (4.48) の解を

$$\begin{aligned} \tau > 0: &\quad f_+(\tau) \\ \tau < 0: &\quad \alpha f_-(\tau) + \beta f_-^*(\tau) \end{aligned} \tag{4.52}$$

とおく．方程式 (4.48) の厳密解は τ の解析関数であるが，上記の WKB 解は厳密解を各漸近領域で近似したため，τ の限られた領域でしか意味をもたない．WKB 波動関数を接続するためには，$\tau \to \infty$ の領域から $\tau \to -\infty$ の領域へ複素下半面上を通って $\tau \to \tau e^{-i\pi}$ と接続する．すると，$\tau > 0$ の WKB 解は

$$\exp\left(-\frac{i\tau^2}{2}\right)(2\tau)^{-i\frac{\mu^2}{2} - \frac{1}{2}} e^{-\frac{\pi\mu^2}{2} + i\frac{\pi}{2}} = ie^{-\frac{\pi\mu^2}{2}} f_-(\tau)^* \tag{4.53}$$

となり係数 $\beta = ie^{-\frac{\pi\mu^2}{2}}$ をもつ解に接続できる．もう一つの波動関数の成分は，このやり方で求めることはできないが，確率（ロンスキアン）の保存 $|\alpha|^2 - |\beta|^2 = 1$ を使うことで，その係数 $|\alpha|$ は $|\alpha|^2 = 1 + e^{-\pi\mu^2}$ と求まる．

これを使って電場中の粒子生成率を求めよう．電荷をもったスカラー粒子は複素スカラー場で記述され，無限の過去と未来では

4.4 一様電場中の粒子生成：Schwinger 効果

$$\phi = \sum \left(\hat{a}_p^{\text{in}} \frac{e^{-i\int \omega d\tau}}{\sqrt{(2\pi)^3 2\omega}} + \hat{b}_p^{\text{in}\dagger} \frac{e^{i\int \omega d\tau}}{\sqrt{(2\pi)^3 2\omega}} \right) \quad (\tau \to -\infty)$$

$$= \sum \left(\hat{a}_p^{\text{out}} \frac{e^{-i\int \omega d\tau}}{\sqrt{(2\pi)^3 2\omega}} + \hat{b}_p^{\text{out}\dagger} \frac{e^{i\int \omega d\tau}}{\sqrt{(2\pi)^3 2\omega}} \right) \quad (\tau \to \infty) \quad (4.54)$$

と展開される．両側での波動関数の振舞い (4.52) とその複素共役解の振舞いを代入すると，

$$\hat{a}_p^{\text{in}} = \alpha \hat{a}_p^{\text{out}} + \beta^* \hat{b}_p^{\text{out}\dagger} \quad (4.55)$$

が得られる．この式は，過去 $\tau \to -\infty$ の真空状態 (in-vacuum) から出発して電場中で時間発展させると，未来 $\tau \to \infty$ では真空にとどまらず，ボゴリューボフ変換された励起状態になることを意味している．1.9 節の式 (1.107) を使うと，過去と未来の真空の重なりは（一つの運動量だけに着目すると）

$$|\langle 0|\theta \rangle|^2 = \exp(-\log(1 + e^{-\pi \mu^2})) \quad (4.56)$$

となる．よって全ての運動量モードについて和をとると

$$|\langle out|in \rangle|^2 = \exp \left[-\sum_p \int \frac{L_y L_z d^2 \mathbf{k}}{(2\pi)^2} \log(1 + e^{-\frac{\pi}{E}(m^2 + \mathbf{k}^2)}) \right] \quad (4.57)$$

となる．$\mathbf{k}$ は k_y, k_z の 2 次元積分を表す．x 方向の運動量 p の和を評価するために，x 方向を $0 \le x \le L$ とすると運動量 p は $2\pi/L$ で量子化され，

$$\sum_p \longrightarrow \int \frac{L}{2\pi} dp \quad (4.58)$$

で近似できる．また電場をかけている時間を $0 \le t \le T$ としよう．図 4.4 からわかるように，粒子生成の大半は $\tau = 0$ あたりで発生する．式 (4.47) より，これは $t = -p/E$ で発生していることを意味する．このため，時刻 $0 \le t \le T$ の間に粒子生成が起こるためには，運動量は $-ET < p < 0$ の間に入っている必要がある．よって p の和は（足されるものは p によらないので）

$$\sum_p = \int_{-ET}^0 \frac{L dp}{2\pi} = \frac{ELT}{2\pi} \quad (4.59)$$

となって，**k** 積分も実行すると

$$
\begin{aligned}
|\langle out|in\rangle|^2 &= \exp\left[-\frac{EVT}{2\pi}\int\frac{d^2\mathbf{k}}{(2\pi)^2}\log(1+e^{-\frac{\pi}{E}(m^2+\mathbf{k}^2)})\right] \\
&= \exp\left[-VT\frac{E^2}{(2\pi)^3}\sum_{n=1}^{\infty}\frac{(-1)^{n+1}}{n^2}e^{-\frac{\pi}{E}m^2 n}\right]
\end{aligned}
\tag{4.60}
$$

となる．

フェルミオンの場合には [6] 式 (1.117) を使うと

$$
\begin{aligned}
|\langle out|in\rangle|^2 &= \exp\left[\frac{EVT}{2\pi}\int\frac{d^2\mathbf{k}}{(2\pi)^2}\log(1-e^{-\frac{\pi}{E}(m^2+\mathbf{k}^2)})\right] \\
&= \exp\left[-VT\frac{E^2}{(2\pi)^3}\sum_{n=1}^{\infty}\frac{1}{n^2}e^{-\frac{\pi}{E}m^2 n}\right]
\end{aligned}
\tag{4.61}
$$

となる．どちらの場合も，$n=1$ の初項

$$
|\langle out|in\rangle|^2 \sim \exp\left[-VT\frac{E^2}{(2\pi)^3}e^{-\frac{\pi}{E}m^2}\right] \sim 1 - LT\frac{E^2}{(2\pi)^3}e^{-\frac{\pi}{E}m^2}
\tag{4.62}
$$

は一致している．この項は，粒子対を一つつくる過程を表していて，

$$
\frac{E^2}{(2\pi)^3}e^{-\frac{\pi}{E}m^2}
\tag{4.63}
$$

が単位時間単位体積あたりの粒子対生成確率となる．

4.5 *加速する鏡による粒子生成

　この節では，1 次元空間で加速運動する鏡がある系でのスカラー場の粒子生成を考える．計算はウンルー効果と似ているが，全く異なるのは，鏡が動くことで真空状態が変化し粒子生成が発生することである．この意味では，前節の Schwinger 効果に近い現象であり，さらに次節でのブラックホールからのホーキング輻射のモデルとも考えられる．

　鏡面ではこのスカラー場はディリクレ境界条件をもつとする．つまり，境界条件が時間変化するときのカシミヤ効果 (dynamical Casimir 効果) を考えるのと等価である．まず，鏡の運動を記述しよう．ウンルー効果のときと同じように，光錐座標を使う．ここでは後の便宜上，小文字 $u=t-x, v=t+x$ を

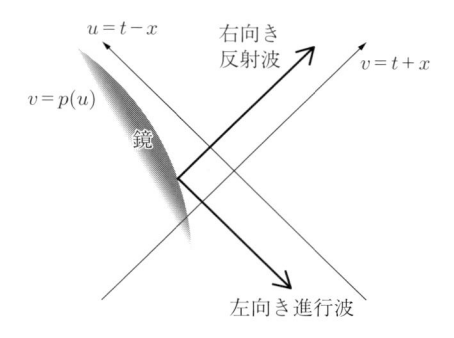

図 **4.5** 1次元空間で加速運動する鏡．縦軸が時間，横軸が空間．鏡の位置は $v = p(u)$ という関数形で与えられる．左へ進む波は鏡で反射して右向き成分をもつ．

ミンコフスキー座標系での光錐座標として使う．この座標系で，鏡の位置を

$$v = p(u) \equiv -\frac{e^{-au}}{a} \tag{4.64}$$

で与える．質量のない相対論的なスカラー場の運動方程式は，左向き進行波と右向き進行波に分離して，解は一般的に

$$\phi(t,x) = f(v) + g(u) \tag{4.65}$$

と書くことができる．鏡面上で $\phi|_{鏡面} = 0$ というディリクレ境界条件

$$\phi(t,x)|_{鏡面} = f(p(u)) + g(u) = 0 \tag{4.66}$$

をおこう．これを (4.65) に代入すると

$$\phi(t,x) = f(v) - f(p(u)) \tag{4.67}$$

が鏡でのディリクレ境界条件を満たす一般解になる．

図 4.6 の領域 $\mathcal{I}_-$ では，$-\infty < v < \infty$ が時間 u 一定面での空間座標と解釈できる．この領域では，左向きに進む平面波を基本にして解を構成する．そこで，$f(v) \propto e^{-i\omega v}$ となる振動数 ω をもつ左向き進行波をとると，(4.67) は

$$\phi_\omega = \frac{1}{\sqrt{4\pi\omega}}(e^{-i\omega v} - e^{-i\omega p(u)}) \tag{4.68}$$

となる．第2項目が，鏡で反射した右向き波による波動関数の補正を表す．こ

[6)] この表式は統計性だけで，スピン自由度は考慮していない．

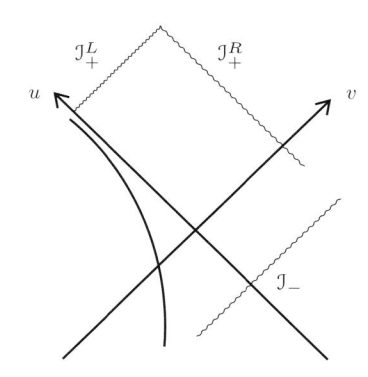

図 4.6 $\mathfrak{I}_-$ で与えられた初期状態が鏡で散乱されて，$\mathfrak{I}_+^L \oplus \mathfrak{I}_+^R$ で与えられる終状態で粒子生成が起こる．

の波動関数を使って場を

$$\phi(u,v)|_{\mathfrak{I}_-} = \int_0^\infty d\omega (\hat{a}_\omega \phi_\omega + \hat{a}_\omega^\dagger \phi_\omega^*) \tag{4.69}$$

と展開しよう．これが $\mathfrak{I}_-$ での場の展開を与える．波動関数 (4.68) は，領域 $\mathfrak{I}_-$ でのクライン・ゴルドン内積に関して，正規直交性

$$(\phi_\omega, \phi_{\omega'})_{\mathfrak{I}_-} = i \int_{-\infty}^\infty dv \left(\phi_\omega^*(u,v) \overleftrightarrow{\partial_v} \phi_{\omega'}(u,v) \right) = \delta(\omega - \omega') \tag{4.70}$$

を満たしている．ただし $f \overleftrightarrow{\partial_v} g = f \partial_v g - \partial_v f g$．初期状態は，この展開で定義される粒子がない真空にあったとする．つまり

$$\hat{a}_\omega |\text{in-vac}\rangle = 0 \tag{4.71}$$

を満たす状態が，鏡が動く前に用意されていた真空状態 (in-vacuum) である．

鏡で散乱された後の状態は，$\mathfrak{I}_+^L \oplus \mathfrak{I}_+^R$ の二つの領域で定義されたフォック空間のテンソル積で与えられる．まず，$\mathfrak{I}_+^R$ の領域を考えよう．この領域では，時間 v 一定面での空間座標は $-\infty < u < \infty$ で与えられる．この領域では右向き平面波を基本にして考えるのがよい．そこで，鏡の位置 (4.64) を

$$u = q(v) \equiv -\frac{1}{a} \log(-av) \tag{4.72}$$

と書き直す．ただし鏡の位置は $v < 0$ の領域にしかない．これを使うとディリ

クレ境界条件が

$$\phi|_{鏡面} = f(v) + g(q(v)) = 0 \tag{4.73}$$

となり，この境界条件を満たす運動方程式の解は

$$\phi(t,x) = -g(q(v)) + g(u) \tag{4.74}$$

と解ける．特に領域 $\mathcal{I}_+^R$ で振動数 k をもつ右向き平面波解は $g(u) \sim e^{-iku}$ なので，

$$\phi_k^R = \frac{1}{\sqrt{4\pi k}}(-e^{-iku} + e^{-ikq(v)}\theta(-v)) \tag{4.75}$$

が解になっている．全体のマイナス符号は単なる波動関数の定義であり本質的ではないが，後の便宜上つけた．第 2 項目は，鏡に入射した波を表している．ステップ関数 $\theta(-v)$ は鏡が $v < 0$ にしか存在していないことから来る．この波動関数は，領域 $\mathcal{I}_+^R$ でのクライン・ゴルドン内積について正規直交条件

$$(\phi_k^R, \phi_{k'}^R)_{\mathcal{I}_+^R} = i\int_{-\infty}^{\infty} du\, \phi_k^{R*} \overleftrightarrow{\partial_u} \phi_{k'}^R = \delta(k-k') \tag{4.76}$$

を満たす．領域 $\mathcal{I}_+^R$ では，この平面波解を使って，場が

$$\phi|_{\mathcal{I}_+^R} = \int_0^\infty dk(\hat{b}_k^R \phi_k^R + \hat{b}_k^{R\dagger}\phi_k^{R*}) \tag{4.77}$$

と展開できる．鏡が左の彼方へ行ってしまった後の真空は，この消滅演算子を使って

$$\hat{b}_k^R|0_R\rangle = 0 \tag{4.78}$$

で定義される．(4.71) で定義された初期に粒子がない状態 $|\text{in-vac}\rangle$ と (4.78) で定義される終状態の真空は，展開する波動関数が異なっているため，異なる状態である．状態の関係を知るためには，波動関数の重なり積分を計算すればよい．式 (4.68) の 2 項目の反射波が $\mathcal{I}_+^R$ の波と重なり積分をもつ．領域 $\mathcal{I}_+^R$ で，(4.68) の ϕ_ω を

$$\phi_\omega|_{\mathcal{I}_+^R} = \alpha_{k,\omega}^R \phi_k^R + \beta_{k,\omega}^R \phi_k^{R*} \tag{4.79}$$

と展開しよう．$U = p(u) = -e^{-au}/a$ と書くと，係数 $\alpha_{k,\omega}^R$ は

$$\alpha_{k,\omega}^R = (\phi_k^R, \phi_\omega)_{\mathcal{I}_+^R} = i\int_{-\infty}^\infty du \frac{e^{iku}}{\sqrt{4\pi k}} \overleftrightarrow{\partial_u} \frac{e^{-i\omega U}}{\sqrt{4\pi\omega}}$$

$$= \frac{1}{2\pi a}\sqrt{\frac{k}{\omega}}\left(\frac{a}{\omega}\right)^{-ik/a} e^{\pi k/2a}\Gamma(-ik/a) \tag{4.80}$$

で与えられ，ウンルー効果の計算で出てきた係数 (4.31) と同じである．また，ϕ_k^{R*} との重なり積分は (4.35) より，係数 $\beta_{k,\omega}^R$ は

$$\beta_{k,\omega}^R = -(\phi_k^{R*}, \phi_\omega) = \frac{1}{2\pi a}\sqrt{\frac{k}{\omega}}\left(\frac{a}{\omega}\right)^{ik/a} e^{-\pi k/2a}\Gamma(ik/a) \tag{4.81}$$

となる．これから，初期の真空状態 $|\text{in-vac}\rangle$ が，加速運動する鏡での反射によってボゴリューボフ変換が起こり，粒子生成が発生していることがわかる．ウンルー効果との類推から，この粒子生成は温度 $T = a\hbar/2\pi$ の熱分布をしていることが推察される．ウンルー効果の場合には，右側の Rindler 時空と左側の Rindler 時空で（ミンコフスキーの）真空状態が絡み合った (entangle) 状態になっていた．そこで今の場合にも同じような絡み合い (entanglement) の結果として，右向きの進行波をつくる粒子生成が起こっていると予想される．このことを確かめるために，終状態が $\mathcal{I}_+^R$ だけでは閉じておらず，もう一つの領域 $\mathcal{I}_+^L$ も含める必要があることを思い出そう．

終状態は，$\mathcal{I}_+ = \mathcal{I}_+^L \oplus \mathcal{I}_+^R$ で完全系が張られている．そこで，クライン・ゴルドン内積としては

$$(\phi_k, \phi_{k'}) = i\int_{-\infty}^\infty du\, \phi_k^* \overleftrightarrow{\partial_u} \phi_{k'} + i\int_0^\infty dv\, \phi_k^* \overleftrightarrow{\partial_v} \phi_{k'} \tag{4.82}$$

で正規直交するような波動関数の完全系をつくる必要がある．ϕ_k^R は波動関数に入っている $\theta(-v)$ 項のために，(4.82) の 2 項目，領域 $\mathcal{I}_+^L$ での v 積分は 0 になっている．よって (4.82) は (4.76) に帰着し，確かに正規直交条件を満たしていることがわかる．領域 $\mathcal{I}_+^L$ で正規直交条件を満たす波動関数は

$$\phi_k^L = \frac{\theta(v)(av)^{-ik/a}}{\sqrt{4\pi k}} \tag{4.83}$$

で与えられる．これは，$av = e^{aV}$ という座標変換をして V 積分に書き直すと，通常の平面波の正規直交条件になることから明らかである．よって領域

$\mathfrak{I}_+ = \mathfrak{I}_+^L \oplus \mathfrak{I}_+^R$ での場 ϕ は，それぞれの領域の和

$$\phi = \phi_{\mathfrak{I}_+^R} + \phi_{\mathfrak{I}_+^L} \tag{4.84}$$

に書かれ，$\phi_{\mathfrak{I}_+^R}$ は (4.77) で与えられ，$\phi_{\mathfrak{I}_+^L}$ は

$$\phi|_{\mathfrak{I}_+^L} = \int_0^\infty dk (\hat{b}_k^L \phi_k^L + \hat{b}_k^{L\dagger} \phi_k^{L*}) \tag{4.85}$$

で与えられる．ここで注意すべき点は，領域 $\mathfrak{I}_+^L$ での波動関数 ϕ_k^L は，そこでの平面波にはなっていないことである．このため，そこでの真空状態は $\hat{b}_k^L |0_L\rangle = 0$ を満たす状態とは異なっている．この点は後でまた重要になる．領域 $\mathfrak{I}_-$ での波動関数 ϕ_ω は，その一部が反射されずに領域 $\mathfrak{I}_+^L$ へ透過し，波動関数 ϕ_+^L と重なりをもつ．領域 $\mathfrak{I}_+^L$ での波動関数 ϕ_k^L を

$$\phi_\omega|_{\mathfrak{I}_+^L} = \alpha_{k,\omega}^L \phi_k^L + \beta_{k,\omega}^L \phi_k^{L*} \tag{4.86}$$

と展開すると，その係数は

$$\alpha_{k,\omega}^L = \alpha_{k,\omega}^{R*}, \quad \beta_{k,\omega}^L = \beta_{k,\omega}^{R*} \tag{4.87}$$

となることが示せる．

以上の結果は，ウンルー効果のときと全く同じボゴリューボフ変換が起こっていることを示していて，初期の真空状態は，

$$|\text{in-vac}\rangle = \prod_k \frac{1}{\cosh\theta_k} \exp(t_k \hat{b}_k^{R\dagger} \hat{b}_k^{L\dagger}) |0_L\rangle \otimes |0_R\rangle \tag{4.88}$$

と書ける．ボゴリューボフ変換の係数は $t_k = \tanh\theta_k = e^{-\pi k/a}$ で与えられる．R 側だけに興味があるとして，L 側の状態をみないことにすると，これは温度 $T = a/2\pi$ の熱化が起こっていることを意味する．この状態を，壁が加速運動して左に走り去った後の真空状態 $|\text{out-vac}\rangle$ と比べてみよう．領域 $\mathfrak{I}_+^R$ の真空状態 $|0_R\rangle$ は，$\hat{b}_k^R |0_R\rangle = 0$ を満たす．しかし，領域 $\mathfrak{I}_+^L$ の真空状態は $|0_L\rangle$ ではなく，むしろ $\mathfrak{I}_-$ で定義された平面波で定義された生成消滅演算子で定義される．つまり，領域 $\mathfrak{I}_-$ の平面波がそのまま素通りして領域 $\mathfrak{I}_+^L$ へ到達したと考えて，$|\text{out-vac}\rangle$ は，

$$|\text{out-vac}\rangle = |vac_L\rangle \otimes |0_R\rangle \tag{4.89}$$

で与えられるとみなす．

加速運動する鏡がある空間での物理量の期待値は，初期の真空状態での期待値から，終状態の"真空"での期待値を引いたもの，

$$\langle \text{in-vac}|\mathcal{O}|\text{in-vac}\rangle - \langle \text{out-vac}|\mathcal{O}|\text{out-vac}\rangle \tag{4.90}$$

として定義しよう．物理量の例として，エネルギー運動量テンソルを計算する．光錐座標でエネルギー運動量テンソルを定義すると，T_{uu}, T_{vv} 成分それぞれが右向き，左向きのエネルギーのフラックスを与える．まず鏡で反射した波がつくる右向きのフラックス T_{uu} を計算しよう．定義から $T_{uu} = \partial_u\phi\partial_u\phi$ であるが，これを最初と最後の状態で期待値をとり，その差

$$\langle T_{uu}\rangle = \langle \text{in-vac}|T_{uu}|\text{in-vac}\rangle - \langle \text{out-vac}|T_{uu}|\text{out-vac}\rangle \tag{4.91}$$

を計算する．in-vacuum については，(4.69) の展開と (4.71) の真空条件を使い，out-vacuum については領域 $\mathcal{I}_+^R$ でのみ右向き進行波が存在するので (4.77) の展開と (4.78) の真空条件を使うと

$$\langle T_{uu}\rangle = \int_0^\infty d\omega \partial_u\phi_\omega \partial_u\phi_\omega^* - \int_0^\infty dk \partial_u\phi_k^R \partial_u\phi_k^{R*} \tag{4.92}$$

となる．2 項目は，真空揺らぎからくる発散を除去することに対応する．(4.79) の展開式を使って 1 項目を

$$\int_0^\infty dk \int_0^\infty dk' (\alpha_{k,\omega}^R \partial_u\phi_k^R + \beta_{k,\omega}^R \partial_u\phi_k^{R*})(\alpha_{k',\omega}^{R*} \partial_u\phi_{k'}^{R*} + \beta_{k',\omega}^{R*} \partial_u\phi_{k'}^R) \tag{4.93}$$

と書き換えて，(4.39) の関係式を使うと

$$\begin{aligned}\langle T_{uu}\rangle &= \int_0^\infty dk \left(\frac{e^{\beta k}+1}{e^{\beta k}-1} - 1\right) \partial_u\phi_k^R \partial_u\phi_k^{R*} \\ &= \int_0^\infty dk\, 2n(k) \frac{k^2}{4\pi k} = \int_0^\infty \frac{kdk}{2\pi(e^{\beta k}-1)} = \frac{\pi T^2}{12}\end{aligned} \tag{4.94}$$

ただし分布関数を $n(k) = 1/(e^{\beta k}-1)$，逆温度を $\beta = 1/T = 2\pi/a$ で定義した．これは温度 $T = a/2\pi$ の熱分布が発するエネルギー流に他ならず，壁が加速運動していることで，そこでディリクレ境界条件をもつ場が有限温度に励起

されていることを示している.

次に左方向へのエネルギー流 T_{vv} を考えよう. もし $\hat{b}_k^L|0_L\rangle$ を out-vacuum とするならば, T_{uu} と同じ温度 T のエネルギー流が存在することになる. しかし, 前にも注意したように, out-vacuum はこの状態とは異なっている. $v > 0$ であれば, 壁による境界条件の影響はないので, 初期状態と同じミンコフスキーの真空になっているはずである. そこで

$$\langle T_{vv} \rangle = \langle \text{in-vac}|T_{vv}|\text{in-vac}\rangle - \langle \text{out-vac}|T_{vv}|\text{out-vac}\rangle = 0 \quad (4.95)$$

と考えられる. $v < 0$ の領域はいずれ壁とぶつかるので, out-state として状態を定義することはできない. このように, $\mathcal{I}_+^L$ と $\mathcal{I}_+^R$ の領域の波動関数が絡み合っている (entangle している) にもかかわらず, 右方向へはエネルギー流をもち, 左方向へはもたないことが, この系の特徴である.

4.6 *ブラックホールからのホーキング輻射

ブラックホールからのホーキング輻射も, ボゴリューボフ変換による粒子生成と考えられる. ブラックホール時空は, ウンルー効果のときと同じように地平面をもち, 地平面の内側と外側の状態が絡み合う. このことがホーキング輻射の本質的な性質である. ホーキング輻射の求め方には, 二つのやり方がある. 一つは, 定常的なブラックホール時空で場の量子論を考え, 地平面での物理量が特異性をもたないという条件を課すことでホーキング輻射を求めるやり方. もう一つは, 物質場が崩壊して地平面が形成されるという時間発展する時空の中で場の量子論を考え, 時間発展に伴うボゴリューボフ変換として粒子生成を考えるやり方がある. ここでは, 後者の立場でホーキング輻射を求めてみよう.

アインシュタイン方程式の解として, 図 4.7 のように古典的な物質が球殻をつくり, その球殻が原点へ向かって落ち込むような解を考えよう. 球殻の外側では, その内側にある質量は変わらないので静的なシュワルツシルト解になり, 内部では, その内側には一切の物質がないので真空解となる. これらを接続して時空全体の解をつくる.

まずシュワルツシルト (Schwartzschild) 解を復習する. 詳細は一般相対性理論の教科書をみてほしい. 時空を記述するメトリックは

$$ds^2 = -f(r)dt^2 + \frac{dr^2}{f(r)} + r^2 d\Omega^2, \quad f(r) = \left(1 - \frac{2M}{r}\right) \quad (4.96)$$

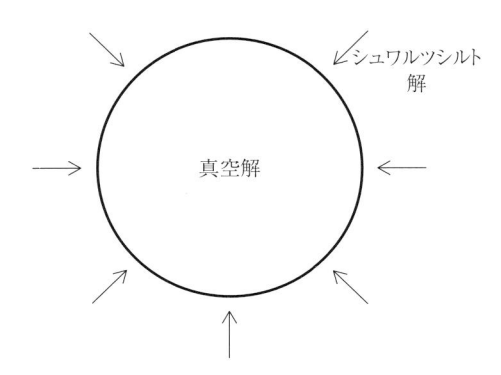

図 4.7 球殻が原点に向かって落ち込みブラックホールを形成する．球殻の外側はシュワルツシルト解，内側が真空解で与えられる．

で与えられる．$d\Omega^2$ は 3 次元球面の線素を表し，M はこれより内側にある質量と解釈できる．また $r = 2M$ に地平面が存在し，この面の内側からは一切の情報を外側へ伝達することができないことがわかる．この意味で，地平面は因果的に内部領域を外部領域から切り離す時空の境界になっている．ここで tortoise 座標 r^* を

$$r_* = r + 2M \log \left| \frac{r - 2M}{2M} \right|, \quad dr_* = \frac{dr}{f(r)} \tag{4.97}$$

で定義する．$r > 2M$ の領域が，$-\infty < r_* < \infty$ に対応している．この座標系を使うと，線素は

$$ds^2 = -f(r)(dt^2 - dr_*^2) + r^2 d\Omega^2 \tag{4.98}$$

となり，(t, r_*) で張られる 2 次元面は，$f(r)$ という全体にかかる因子を除いて平坦な時空と同じ形をしている．そこで，

$$u = t - r_*, \quad v = t + r_* \tag{4.99}$$

で光錐座標を導入すると

$$ds^2 = -f(r) du dv + r^2 d\Omega^2 \tag{4.100}$$

と書くことができる[7]．$r = 2M$ にある地平面は，このシュワルツシルト解

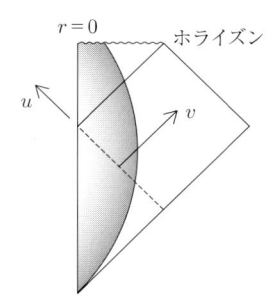

図 4.8 球殻が落ち込む時空を記述するペンローズ図．光の進む方向は常に斜め 45 度に書いてある．この時空に物を光の速さで投げ込むと，ある時刻より前だと中心を通過して再び外へ出てこられるが，それ以降だと地平面に閉じ込められて出てこられなくなる．

が，球殻の外側を記述する．

内側は物質がないので，平坦な時空解，すなわちミンコフスキー時空となり，その線素は

$$ds^2 = dUdV, \quad U = \tau - r, \quad V = \tau + r \tag{4.103}$$

で与えられる．外側の時間 t と区別するために τ を使った．また r は動径座標であり，外側での動径座標と球殻の場所で接続する．

さて，球殻の位置を

$$r = R(v) \tag{4.104}$$

で与えられるとしよう．これを図示したのが図 4.8 である．この球殻の位置を境界にして，線素のシュワルツシルト解の座標 (4.100) と真空解の座標 (4.103) を接続する．U, u がそれぞれ外向きの光錐座標，V, v が内向きの光錐座標なの

---

[7] 線素のもつ $r = 2M$ での特異性が，単なる座標系の取り方の問題であることを理解するためには，さらに ($\kappa = 1/4M$)

$$\tilde{U} = -e^{-\kappa u}/\kappa, \quad \tilde{V} = e^{\kappa v}/\kappa \tag{4.101}$$

という Kruskal 座標系に移ると，

$$ds^2 = -2Me^{-r/2M}/r d\tilde{U}d\tilde{V} + r^2 d\Omega^2 \tag{4.102}$$

と書き直せることからわかる．線素に入っている r 依存性は，$\tilde{U}\tilde{V} = e^{r/2M}(1 - r/2M)/(4M)^2$ を使って特異性なしに $\tilde{U}, \tilde{V}$ に書き直せる．またブラックホールの地平面は，$\tilde{U} = 0$ で与えられる．

で, $U = U(u)$, $V = V(v)$ と書けている. これらの関係式を球殻での接続条件を使って求める.

まず, 動径座標 r が両側で連続的に接続されている必要がある. 球殻の内側では $2r = V - U$, 外側では $2r_* = v - u$ なので, 球殻が時間発展したときの動径座標の微小変化 $2dr = 2f(r)dr_*$ が両側で等しいとおくと

$$dV - dU = f(R)(dv - du) \tag{4.105}$$

となる. 球殻の時間発展は v (これを時間とみなす) をパラメータとして与えられるので,

$$V'(v) - U'(u)\left.\frac{\partial u}{\partial v}\right|_{球殻上} = f(R)\left(1 - \left.\frac{\partial u}{\partial v}\right|_{球殻上}\right) \tag{4.106}$$

が成立する. ただし $V'(v) = \partial V/\partial v$, $U'(u) = \partial U/\partial u$.

これから $U'(u)$ を求めよう. 球殻が地平面を横切る時間を $v = v_0$ としよう. すると $(R(v) - 2M)$ は $(v - v_0)$ に比例する. この比例係数を A と書くと (A は有限)

$$R(v) - 2M = -A(v - v_0) \tag{4.107}$$

とおける. マイナス符号は, 時間 v が進むと, 球殻が内側へ縮むことに対応する. tortoise 座標 r_* と u, v の定義 (4.99) から

$$r - 2M = 2Me^{v/4M - r/2M}e^{-u/4M} \tag{4.108}$$

であるが, $r \sim 2M$ の球殻上では

$$R(v) - 2M = 2Me^{v/4M - 1}e^{-u(v)/4M} \tag{4.109}$$

となっている. 球殻が地平面を横切る時間の近く $v = v_0 + \epsilon \equiv v_{0'}$ では, 左辺が 0 になるため, $e^{-u(v_0 + \epsilon)/4M} \to 0$ である. この式を v で微分すると

$$-A = (1/2)(1 - u'(v)|_{v_{0'}})e^{v_{0'}/4M}e^{-u(v_{0'})/4M} \tag{4.110}$$

となり,

$$u'(v)|_{v_{0'}} = 2Ae^{-v_{0'}/4M}e^{u(v_{0'})/4M} = \frac{4AMe^{-1/4M}}{R(v_{0'}) - 2M} \to \infty \tag{4.111}$$

4.6 *ブラックホールからのホーキング輻射

が導かれる．二つめの等号は (4.109) を使った．この式を (4.106) に代入すると，$f(R)$ と相殺して右辺は有限になる．左辺も有限になるためには

$$U'(u) \propto f(R) \propto e^{-u(v)/4M} \tag{4.112}$$

となっている必要がある．この比例定数は u 座標の定義に吸収できるので，これを 1 ととる．すると

$$U(u) = -4M e^{-u/4M} \tag{4.113}$$

と球殻の両側の座標の関係が求まる．これは球殻上での関係式だったが，そのまま球殻の両側へ拡張して座標の定義とする．

次に $V(v)$ を求めよう．$r = (V-U)/2$ であること，地平面近くでは $u \to \infty$，よって $U \to 0$ となることを (4.107) に代入すると，地平面近くでは $V - 4M = -2A(v-v_0)$ が得られる．$2A$ が 1 となるように v のスケールを選ぶと

$$V(v) - 4M = -(v-v_0) \tag{4.114}$$

となる．

式 (4.113) と式 (4.114) を

$$U = p(u) = -4Me^{-u/4M}, \quad v = q(V) = -V + v_0 + 4M \equiv -V + v_H \tag{4.115}$$

と書く．

この時空での質量のないスカラー場の量子化を考えよう．特に s 波のモードに限定して議論する．すると，(t,r) 空間での運動方程式は $\Box \phi = 0$ となり，解は左右の進行波

$$\phi = F(u) + G(v) \tag{4.116}$$

に分離する．原点 $r = (V-U)/2 = 0$ では $\phi(r=0) = 0$ を満たさないとならない．つまり，$v = q(V) = q(U) = q(p(u))$ で $\phi = 0$ なので

$$F(u) + G(q(p(u))) = 0 \tag{4.117}$$

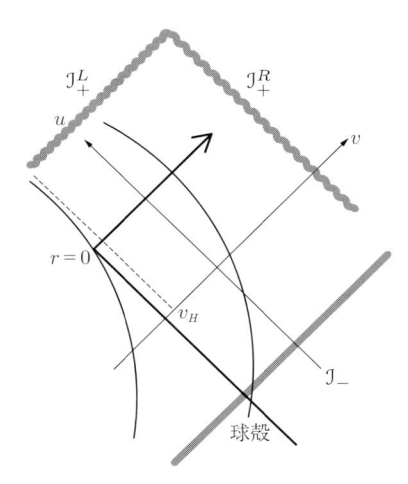

図 4.9 物質が落ち込みブラックホールをつくる図．左端の曲線が原点 $r=0$ を表す．真ん中の曲線が球殻のある場所．初期状態は $\mathfrak{I}_-$ で指定され，それが時間発展して $\mathfrak{I}_+^R \oplus \mathfrak{I}_+^L$ の直和の状態空間になる．$v < v_H$ に入射した波は，原点を通り抜けて外向きの波となり，$\mathfrak{I}_+^R$ の領域へ抜けて行く．

という条件を満たす．これから場 ϕ は

$$\phi = G(v) - G(q(p(u))) \tag{4.118}$$

という形をしている．$q(p(u)) = v_H + 4Me^{-u/4M}$ なので，$G(v)$ として平面波をとると

$$\phi_\omega = \frac{e^{-i\omega v}}{\sqrt{4\pi\omega}} - \frac{e^{-i\omega q(p(u))}}{\sqrt{4\pi\omega}} \tag{4.119}$$

これが，初期状態の領域 $\mathfrak{I}_-$ での真空を決める平面波解になる．1 項目が内側へ入射する平面波で 2 項目が外側へ出てくる波である．2 項目が通常の u についての平面波でないことがホーキング輻射を引き起こす．この解の形は加速運動する鏡の場合 (4.68) と全く同じ形をしている．

終状態は，$\mathfrak{I}_+^R \oplus \mathfrak{I}_+^L$ の直和の状態空間で指定される．$\mathfrak{I}_+^R$ での真空を決める平面波解は，u 座標を使って原点での条件 $\phi = 0$ を解くとよい．式 (4.113) と式 (4.114) を

$$u = s(U) = -4M \log(U/4M), \quad V = t(v) = v_H - v \tag{4.120}$$

と書くと，原点での条件が

$$F(s(t(v))) + G(v) = 0, \quad s(t(v)) = -4M \log((v_H - v)/4M) \quad (4.121)$$

となり，

$$\phi = F(u) - F(s(t(v))) \quad (4.122)$$

が解である．平面波を入れると

$$\phi_k^R = \frac{-1}{\sqrt{4\pi k}} \left(e^{-iku} - \theta(v_H - v)e^{-iks(t(v))} \right) \quad (4.123)$$

となる．これは (4.75) と同じである．入射波動関数をこの波動関数で展開することで，ボゴリューボフ変換の係数が得られ，ホーキング輻射のエネルギー流が計算できる．外に出てくる波と絡み合っているのが，ブラックホールの地平面に落ち込む波であり，$\mathcal{I}_+^L$ でのクライン・ゴルドン内積で正規直交性を満たす解として

$$\phi_k^L = \theta(v - v_H) \frac{(k(v - v_H))^{-ik/\kappa}}{\sqrt{4\pi k}} \quad (4.124)$$

(ただし $\kappa = 1/4M$) ととることができる．

これらは全て，加速運動している鏡の場合と同じになっているので，計算は繰り返さないが，始状態 (in-vacuum) は

$$|\text{in-vac}\rangle = \prod_k \frac{1}{\cosh \theta_k} \exp(t_k \hat{b}_k^{R\dagger} \hat{b}_k^{L\dagger})|0_L\rangle \otimes |0_R\rangle \quad (4.125)$$

で与えられる．ただし $\tanh \theta_k = e^{-4M\pi k}$．ブラックホールに落ち込むモードを消去 (trace out) すると，温度 $T = \kappa/2\pi = 1/8\pi M$ の熱分布になっている．

4.7 まとめ

この章では，場の量子論において，いかに「真空」の定義が自明でないかということをいくつかの例で解説した．4.1 節のウンルー効果は，真空そのものは変わらないが，その真空をみる観測者によって，「粒子がない＝真空」という性質が変わるよい例になっている．4.4 節の Schwinger 効果は，安定だと考

えている真空状態が，外場により不安定化し，粒子生成が発生する例として解説した．また，4.5 節の動く鏡による粒子生成（dynamical Casimir 効果），4.6 節のブラックホールからのホーキング輻射は，ウンルー効果と似ているが，実際に粒子生成してエネルギー流が発生する点でウンルー効果とは異なっている．これらの例に共通する性質として，常に対で粒子生成が起こっていることがあげられる．ウンルー効果の場合は，R 領域と L 領域の粒子が相関をもち，その相関 (entanglement) が R 領域しかアクセスできない観測者にとっての有限温度効果となる．加速運動する鏡による粒子生成では，生成された粒子は真空そのものと相関をもっている．またブラックホールのホーキング輻射では，輻射されてホライズンの外で出て行く粒子が，ホライズンの中の粒子と相関をもっている．このように場の量子論における粒子生成と粒子対の量子相関 (entanglement) には密接な関係がある．

第5章
フェルミ粒子とディラックの海

　これまでスカラー場を題材として場の量子化の手法を紹介してきた．粒子の生成や消滅を扱うという場の量子論における基本的な考えや手法は，フェルミ場やゲージ場に対しても同じように適用することができる．ただし，それぞれにスカラー場の理論にはない特有の問題点があるので注意が必要である．この章では，フェルミ場の波動方程式であるディラック方程式を導入し，その量子化の手法を紹介する．

5.1 電子のスピン

　非相対論的な電子は，シュレーディンガー方程式

$$i\hbar\frac{\partial}{\partial t}\psi(x,t) = \left[-\frac{\hbar^2}{2m}\Delta + V(x)\right]\psi(x,t) \tag{5.1}$$

で近似的に表せる．水素原子の電子準位を求めるには，ポテンシャル $V(x) - e^2/|x|$ のもとでのエネルギー固有値を解けばよく，輝線スペクトルがよい精度で得られる．ただし，現実の原子は磁場中で準位が分裂することが知られている（ゼーマン効果）．これは実際の電子がスピン角運動量をもち，それに応じて磁気能率をもっているためである．これを説明するには，電子の波動関数にスピン成分をもたせ，シュレーディンガー方程式のポテンシャル項に

$$-\frac{e\hbar}{2m}\boldsymbol{\sigma}\cdot\mathbf{B} \tag{5.2}$$

を加えればよい．

　σ_k は 2×2 のパウリ行列であり，

$$\sigma_1 = \begin{pmatrix} 0 & 1 \\ 1 & 0 \end{pmatrix},\ \sigma_2 = \begin{pmatrix} 0 & -i \\ i & 0 \end{pmatrix},\ \sigma_3 = \begin{pmatrix} 1 & 0 \\ 0 & -1 \end{pmatrix} \tag{5.3}$$

の表示で書くと，z 軸方向が対角化されているので，波動関数 $\psi = \begin{pmatrix}\psi_\uparrow \\ \psi_\downarrow\end{pmatrix}$ の

上成分 $\psi_\uparrow$ と下成分 $\psi_\downarrow$ は，それぞれ z 軸方向に上向きスピン $+\hbar/2$ をもつ振幅，あるいは下向きスピン $-\hbar/2$ をもつ振幅を表す．こうして得られる ψ は 2 成分のスピノールで，3 次元空間の回転に対して通常のベクトルとは異なる変換性を示す．

円運動する点電荷がつくる磁気能率の大きさは電荷 e，質量 m と角運動量 $\mathbf{L}$ によって $\boldsymbol{\mu} = (e/2m)\mathbf{L}$ と表せ，ハミルトニアンへの寄与は $-\boldsymbol{\mu}\cdot\mathbf{B}$ である．これと比較すると，式 (5.2) で与えられるスピン磁場相互作用は，（スピン）角運動量が $\hbar\boldsymbol{\sigma}/2$ であることを考慮すると，

$$2\frac{e}{2m}\frac{\hbar\boldsymbol{\sigma}}{2}\cdot\mathbf{B} \tag{5.4}$$

と書ける．つまり，通常の磁気能率よりも 2 倍だけ大きい．この比率のことを磁気回転比 g とよぶ．つまり，電子の場合にはよい精度で $g = 2$ が成り立っている．

ここで新たに加えたスピン磁場相互作用項 (5.2) は，その係数が $g = 2$ になっていることも含めて恣意的に導入されたようにみえるが，以下のように考えると自然に導くことができる．

第 6 章で詳しく紹介するが，電磁場のようなゲージ場を導入するときは，基本となるラグランジアンがゲージ不変になることを要請する．電磁気力は $U(1)$ ゲージ変換，すなわち場の局所的な位相変換，に関する不変性を要求して得られる．これを実現するには，場の方程式に含まれる微分項 $-i\hbar\partial_\mu$ を共変微分 $-i\hbar\partial_\mu - eA_\mu$ で置き換える．ハミルトニアンの段階では $\mathbf{p}$ を $p_\mu - eA_\mu$ で置き換えるといってもよい．2 成分の波動関数に作用することを前提として，非相対論的ハミルトニアン $H^{\mathrm{NR}} = \mathbf{p}^2/2m$ と等価な形

$$H^{\mathrm{NR}} = \frac{(\boldsymbol{\sigma}\cdot\mathbf{p})(\boldsymbol{\sigma}\cdot\mathbf{p})}{2m} \tag{5.5}$$

から出発してみよう．$\mathbf{p}$ を $\mathbf{p} - e\mathbf{A}$ で置き換えたうえで，公式 $(\boldsymbol{\sigma}\cdot\mathbf{A})(\boldsymbol{\sigma}\cdot\mathbf{B}) = \mathbf{A}\cdot\mathbf{B} + i\boldsymbol{\sigma}\cdot(\mathbf{A}\times\mathbf{B})$ を使って変形すると，

$$\begin{aligned}H^{\mathrm{NR}} &\to \frac{1}{2m}\left\{\boldsymbol{\sigma}\cdot(\mathbf{p}-e\mathbf{A})\right\}\left\{\boldsymbol{\sigma}\cdot(\mathbf{p}-e\mathbf{A})\right\}\\&= \frac{1}{2m}(\mathbf{p}-e\mathbf{A})^2 + \frac{i}{2m}\boldsymbol{\sigma}\cdot\{(\mathbf{p}-e\mathbf{A})\times(\mathbf{p}-e\mathbf{A})\}\\&= \frac{1}{2m}(\mathbf{p}-e\mathbf{A})^2 - \frac{e\hbar}{2m}\boldsymbol{\sigma}\cdot\mathbf{B}\end{aligned} \tag{5.6}$$

が得られる．ただし，$\mathbf{p} \times \mathbf{A} + \mathbf{A} \times \mathbf{p} = -i\hbar(\boldsymbol{\nabla} \times \mathbf{A})$ となることを用いた．

こうして，電子のスピン磁場相互作用の項は，ハミルトニアンに現れる $\mathbf{p}^2$ が実はもともと $(\boldsymbol{\sigma} \cdot \mathbf{p})^2$ だと考えると自然に導くことができる．このことは相対論的な電子の波動方程式を導くうえで重要な示唆を与える．

5.2 ディラック方程式

シュレーディンガー方程式 (5.1) は，その形からして明らかにローレンツ不変ではない．ローレンツ変換は時間座標と空間座標を混ぜるような線形変換だが，(5.1) は時間微分のみ 1 階，空間微分は 2 階になっていて，線形変換で両者を入れ替えることはできないためだ．

相対論的な波動方程式を導く際にはむしろ，3.2 節でスカラー場のクライン・ゴルドン方程式を導いたときのように相対論的な分散関係 $E^2/c^2 - \mathbf{p}^2 = m^2c^2$ から出発して，運動量を微分で置き換えるのがよいだろう．ただし，そのままだとスカラー場の方程式が得られるので，5.1 節の教訓を生かして分散関係を

$$\left(\frac{E}{c} - \boldsymbol{\sigma} \cdot \mathbf{p}\right)\left(\frac{E}{c} + \boldsymbol{\sigma} \cdot \mathbf{p}\right) = (mc)^2 \tag{5.7}$$

と書き換えてみよう．その上で $E \to i\hbar c\, \partial_0$, $\mathbf{p} \to -i\hbar \boldsymbol{\nabla}$ と，演算子に読み替える．すると，候補となる波動方程式として

$$(i\hbar\partial_0 + i\hbar\boldsymbol{\sigma} \cdot \boldsymbol{\nabla})(i\hbar\partial_0 - i\hbar\boldsymbol{\sigma} \cdot \boldsymbol{\nabla})\phi = (mc)^2\phi \tag{5.8}$$

が得られる．ここで ϕ は 2 成分スピノールである．式 (5.8) の左辺が二つの演算子の積になっていることに注意しよう．ここで補助的な場 χ を導入して

$$\chi = \frac{1}{mc}(i\hbar\partial_0 - i\hbar\boldsymbol{\sigma} \cdot \boldsymbol{\nabla})\phi \tag{5.9}$$

と書くと，式 (5.8) は連立の 1 階偏微分方程式に書き直すことができる：

$$\begin{pmatrix} -mc & i\hbar(\partial_0 - \boldsymbol{\sigma} \cdot \boldsymbol{\nabla}) \\ i\hbar(\partial_0 + \boldsymbol{\sigma} \cdot \boldsymbol{\nabla}) & -mc \end{pmatrix} \begin{pmatrix} \chi \\ \phi \end{pmatrix} = 0 \tag{5.10}$$

こうしてディラック方程式が得られた．ここで 4 成分のディラックスピノール場 ψ

を導入する．すると (5.10) は，

$$\left(i\gamma^\mu \partial_\mu - \frac{mc}{\hbar}\right)\psi = 0 \tag{5.12}$$

と変形できる．これをディラック方程式という．γ^μ はガンマ行列とよばれる 4×4 の行列で，

$$\gamma^0 = \begin{pmatrix} 0 & I \\ I & 0 \end{pmatrix}, \gamma^k = \begin{pmatrix} 0 & -\sigma_k \\ \sigma_k & 0 \end{pmatrix} \tag{5.13}$$

である．これら 4 つの行列は，各成分が 2×2 行列で，全体では 4×4 行列を表す．I は 2×2 の単位行列である．ガンマ行列はスピノールに作用するので，スピノールの基底を変えるとそれに伴って表示を変える．(5.13) の表示をワイル表示[1]という．ガンマ行列は次の反交換関係を満たす．

$$\{\gamma^\mu, \gamma^\nu\} = \gamma^\mu\gamma^\nu + \gamma^\nu\gamma^\mu = 2\eta^{\mu\nu} \tag{5.14}$$

ここで，$\eta^{\mu\nu} = \eta_{\mu\nu} = \mathrm{diag}(1,-1,-1,-1)$．

なお，以後は簡単のために $\hbar = 1$, $c = 1$ とする表記を用いる．このとき，ディラック方程式は，

$$(i\gamma^\mu \partial_\mu - m)\psi = 0 \tag{5.15}$$

と書かれる．またディラック方程式を導くラグランジアン密度は $\bar{\psi} \equiv \psi^\dagger \gamma^0$ を使って

$$\mathcal{L} = \bar{\psi}(i\gamma^\mu \partial_\mu - m)\psi \tag{5.16}$$

と与えられる．スカラー場と異なり時間に関して 1 階微分のラグランジアン密度であり，$\bar{\psi}$ は ψ とは独立な場として量子化する．この事情は，時間に関して 1 階微分である位相空間のラグランジアン $L = p\dot{q} - H$ を量子化するとき，p

---

[1] $\psi = \begin{pmatrix} \chi + \phi \\ \chi - \phi \end{pmatrix}$ とする表示がとられることも多い．この表示は非相対論的な極限との対応をみるには便利である．素粒子物理では質量 0 のフェルミオンを基本とすることが多く，その場合にはワイル表示がもっとも便利である．本書ではワイル表示を採用する．

と q を独立変数と考えることと同じである．よって (5.16) を $\bar{\psi}$ について変分するとディラック方程式が得られる．

このラグランジアン密度を分解すると

$$\mathcal{L} = i\psi^\dagger \dot{\psi} + \psi^\dagger(i\gamma^0\gamma^i\partial_i - m\gamma^0)\psi \tag{5.17}$$

と書ける．これから ψ に対する正準運動量は

$$\pi \equiv \frac{\partial \mathcal{L}}{\partial \dot{\psi}} = i\psi^\dagger \tag{5.18}$$

で与えられるので，ハミルトニアン密度をつくると

$$\begin{aligned}\mathcal{H} &= \pi\dot{\psi} - \mathcal{L} = \psi^\dagger(-i\gamma^0\gamma^i\partial_i + m\gamma^0)\psi \\ &= (\chi^\dagger, \phi^\dagger)\begin{pmatrix} -i\boldsymbol{\sigma}\cdot\boldsymbol{\nabla} & m \\ m & i\boldsymbol{\sigma}\cdot\boldsymbol{\nabla} \end{pmatrix}\begin{pmatrix} \chi \\ \phi \end{pmatrix}\end{aligned} \tag{5.19}$$

となる．

(5.13) で 4 つのガンマ行列を定義したが，これに加えてカイラリティ演算子 $\gamma^5 = i\gamma^0\gamma^1\gamma^2\gamma^3$,

$$\gamma^5 = \begin{pmatrix} 1 & 0 \\ 0 & -1 \end{pmatrix} \tag{5.20}$$

が定義できる．この表式からわかるように固有値 ± 1 をもち，他の四つのガンマ行列と反可換である．χ, ϕ は，それぞれカイラリティ演算子 ± 1 の状態である．上（下）の各ブロックは γ^5 の固有状態になっており，ハミルトニアンをみると，運動項は同じ γ^5 の固有値の中で閉じている．それに対して質量項は異なる γ^5 の固有状態を混ぜる．ここで定義したカイラリティ演算子 γ^5 を使って，右巻き，左巻きのフェルミオン

$$\psi_R \equiv \frac{1+\gamma^5}{2}\psi = \begin{pmatrix} \chi \\ 0 \end{pmatrix}, \quad \psi_L \equiv \frac{1-\gamma^5}{2}\psi = \begin{pmatrix} 0 \\ \phi \end{pmatrix} \tag{5.21}$$

を定義しよう．これらは $\gamma^5 = \pm 1$ へ射影された状態である．これを使うとラグランジアン密度 (5.17) は

$$\mathcal{L} = \bar{\psi}_R(i\gamma^\mu\partial_\mu)\psi_R + \bar{\psi}_L(i\gamma^\mu\partial_\mu)\psi_L - m(\bar{\psi}_R\psi_L + \bar{\psi}_L\psi_R) \tag{5.22}$$

と書き表せる．この質量項をディラック質量とよび，左右のカイラリティ状態を混ぜていることが重要である．

5.3 ディラック方程式の1粒子解

ディラック方程式 (5.15) の解にはどのようなものがあるかを調べよう．容易に想像できるように，この方程式も平面波解

$$u_\sigma(\mathbf{p})e^{-iE_\mathbf{p}t+i\mathbf{p}\cdot\mathbf{x}}, \quad v_\sigma(\mathbf{p})e^{+iE_\mathbf{p}t-i\mathbf{p}\cdot\mathbf{x}} \tag{5.23}$$

をもつであろう．ただし $E_\mathbf{p} > 0$ とした．これらとガンマ行列の具体系 (5.13) を (5.15) に代入すると，$p_\mu = (E_\mathbf{p}, -\mathbf{p})$ に注意して，

$$\gamma^\mu p_\mu u_\sigma(\mathbf{p}) = \begin{pmatrix} 0 & E_\mathbf{p} + \boldsymbol{\sigma}\cdot\mathbf{p} \\ E_\mathbf{p} - \boldsymbol{\sigma}\cdot\mathbf{p} & 0 \end{pmatrix} u_\sigma(\mathbf{p}) = mu_\sigma(\mathbf{p}),$$
$$\gamma^\mu p_\mu v_\sigma(\mathbf{p}) = -mv_\sigma(\mathbf{p}) \tag{5.24}$$

が得られる．行列 $\gamma^\mu p_\mu$ を再度かけると，$(\gamma^\mu p_\mu)^2 = p^\mu p_\mu$ なので，4元運動量 $p^\mu = (E_\mathbf{p}, \mathbf{p})$ は分散関係 $E_\mathbf{p} = \sqrt{\mathbf{p}^2 + m^2}$ を満たすことがわかる．運動量 $\mathbf{p} = 0$ のときは，運動方程式 (5.24) が

$$\gamma^0 u_\sigma(\mathbf{0}) = u_\sigma(\mathbf{0}), \quad \gamma^0 v_\sigma(\mathbf{0}) = -v_\sigma(\mathbf{0}) \tag{5.25}$$

と簡単化されるために，

$$u_\sigma(\mathbf{0}) = \begin{pmatrix} \xi_\sigma \\ \xi_\sigma \end{pmatrix}, \quad v_\sigma(\mathbf{0}) = \begin{pmatrix} \zeta_\sigma \\ -\zeta_\sigma \end{pmatrix} \tag{5.26}$$

と解ける．ξ_σ と ζ_σ はそれぞれ2成分のスピノールであり，2自由度 ($\sigma = 1, 2$) をもつ．$\xi_1 = \frac{1}{\sqrt{2}}\begin{pmatrix} 1 \\ 0 \end{pmatrix}$, $\xi_2 = \frac{1}{\sqrt{2}}\begin{pmatrix} 0 \\ 1 \end{pmatrix}$ と選ぶ．ζ の選び方も任意であるが，後の便利のために $\zeta_\sigma = i\sigma_2 \xi_\sigma^*$ と選んでおこう．すると

$$v_\sigma(\mathbf{0}) = -i\gamma^2 u_\sigma^*(\mathbf{0}) \tag{5.27}$$

が成立していることがわかる．このように定義すると，正振動数解 u_σ は，$\sigma = 1, 2$ がそれぞれ z 方向の上向き（下向き）のスピンをもち，負振動数解 v_σ

は，逆向きのスピンをもつ．正振動数の解が2自由度しかなかった理由は，運動方程式 (5.25) が4成分から2成分を取り出す射影演算子になっていたため（つまり行列 ($\gamma^0 \pm 1$) が階数2の行列）である．

一般の運動量をもつ解は，上記の解をローレンツ変換すれば求められる．ローレンツブーストの回転角 $\theta_\mathbf{p}$ を

$$\cosh\theta_\mathbf{p} = \frac{E_\mathbf{p}}{m}, \quad \sinh\theta_\mathbf{p} = \frac{|\mathbf{p}|}{m} \tag{5.28}$$

もしくは

$$\cosh\frac{\theta_\mathbf{p}}{2} \equiv \sqrt{\frac{E_\mathbf{p}+m}{2m}}, \quad \sinh\frac{\theta_\mathbf{p}}{2} \equiv \sqrt{\frac{E_\mathbf{p}-m}{2m}} \tag{5.29}$$

と定義する．単位ベクトル $\mathbf{e}_\mathbf{p} = \mathbf{p}/|\mathbf{p}|$ を使って，スピノールに作用するブースト行列

$$\begin{aligned} B(\mathbf{p}) &= \begin{pmatrix} \cosh\frac{\theta_\mathbf{p}}{2} + (\boldsymbol{\sigma}\cdot\mathbf{e}_\mathbf{p})\sinh\frac{\theta_\mathbf{p}}{2} & 0 \\ 0 & \cosh\frac{\theta_\mathbf{p}}{2} - (\boldsymbol{\sigma}\cdot\mathbf{e}_\mathbf{p})\sinh\frac{\theta_\mathbf{p}}{2} \end{pmatrix} \\ &= \frac{1}{\sqrt{2m(E_\mathbf{p}+m)}} \left(m + p_\mu \gamma^\mu \gamma^0\right) \end{aligned} \tag{5.30}$$

を定義すると，

$$B(\mathbf{p})(\gamma^0 m)B(\mathbf{p})^{-1} = \gamma^\mu p_\mu \tag{5.31}$$

が成立することがわかる．行列 $B(\mathbf{p})$ は，スピノールに対する静止系から運動量 $\mathbf{p}$ の状態へのローレンツ変換（ブースト）の演算子[2]であり，$B(\mathbf{p})^\dagger = B(\mathbf{p})$，$B(\mathbf{p})^{-1} = B(-\mathbf{p})$，$B(\mathbf{p})\gamma^0 B(\mathbf{p}) = \gamma^0$ などの関係式を満たす．

一般の $\mathbf{p}$ の場合には，式 (5.30), (5.31) より

$$u_\sigma(\mathbf{p}) = B(\mathbf{p})u_\sigma(\mathbf{0}) = \frac{m + \gamma^\mu p_\mu}{\sqrt{2m(m+E_\mathbf{p})}} u_\sigma(\mathbf{0}) \tag{5.32}$$

$$v_\sigma(\mathbf{p}) = B(\mathbf{p})v_\sigma(\mathbf{0}) = \frac{m - \gamma^\mu p_\mu}{\sqrt{2m(m+E_\mathbf{p})}} v_\sigma(\mathbf{0}) \tag{5.33}$$

が解になることがわかる．これらの解が確かに (5.24) を満たすことは，$(m -$

---

[2] ブーストの回転角 (rapidity) は $\eta_\mathbf{p} = 2\theta_\mathbf{p}$ である．2倍異なるのは，スピノールがローレンツ群の2価表現のために 4π 回転してはじめてもとに戻ることに対応する．

$\gamma^\mu p_\mu)(m + \gamma^\mu p_\mu) = m^2 - p^\mu p_\mu = 0$ を使うと確認できる．共役スピノールを $\bar{\psi} \equiv \psi^\dagger \gamma^0$ で定義する．r, s をスピンの成分 ($r, s = 1, 2$) とすると，行列 B の性質を使って以下の便利な関係式を導くことができる．

$$\bar{u}_r(\mathbf{p}) u_s(\mathbf{p}) = \delta_{rs},$$
$$\bar{v}_r(\mathbf{p}) v_s(\mathbf{p}) = -\delta_{rs} \tag{5.34}$$

$$\sum_{r=\uparrow,\downarrow} u_r(\mathbf{p}) \bar{u}_r(\mathbf{p}) = \frac{\gamma^\mu p_\mu + m}{2m},$$
$$\sum_{r=\uparrow,\downarrow} v_r(\mathbf{p}) \bar{v}_r(\mathbf{p}) = \frac{\gamma^\mu p_\mu - m}{2m} \tag{5.35}$$

$$\bar{u}_r(\mathbf{p}) \gamma^\mu u_s(\mathbf{p}) = \frac{p^\mu}{m} \delta_{rs},$$
$$\bar{v}_r(\mathbf{p}) \gamma^\mu v_s(\mathbf{p}) = \frac{p^\mu}{m} \delta_{rs} \tag{5.36}$$

これらを示すには，双曲線関数で書かれた行列 B の形を使って変形し，最後に (5.30) を使うと見通しがよい．

5.4 ディラック場の量子化

これまでディラック粒子の 1 粒子解について解説した．そこでこれらの多体系を記述するディラック場を量子化しよう．この節では空間は有限体積 V をもつとして場を展開するが，無限体積の場合には 3.2 節の最後のパラグラフで説明した置換えをすればよい．次の節で伝搬関数を求めるときには空間体積は無限大としている[3]．

ディラック場の波動関数は，$u_\sigma(p), v_\sigma(p)$ の四つの解で展開できる．スピノールの内積は

$$(\psi_1, \psi_2) = \int d^3x \psi_1^\dagger(x) \psi_2(x) \tag{5.37}$$

で与えられる．正（負）振動数をもつ正規直交基底

---

[3] 場の量子論をハミルトン形式で考えるときは，状態が離散化されている方が都合がよいので有限体積で行うことが多い．一方，共変的な計算をする場合には有限和よりも積分の方が扱いやすいため無限体積で行うのが便利である．通常，どちらでやっても 3.2 節で説明した置換えで等価であり，両者を自由に行き来できるよう慣れる必要がある．しかし，ときに，空間によらない場のモードや境界条件の取り方に関係したトポロジカルなモードが重要な働きをすることがあるので，注意が必要である．

$$u_{\mathbf{p}r}(t,\mathbf{x}) \equiv \sqrt{\frac{m}{E_\mathbf{p} V}} u_r(\mathbf{p}) e^{-iE_\mathbf{p}t+i\mathbf{p}\cdot\mathbf{x}},$$
$$v_{\mathbf{p}r}(t,\mathbf{x}) \equiv \sqrt{\frac{m}{E_\mathbf{p} V}} v_r(\mathbf{q}) e^{+iE_\mathbf{p}t-i\mathbf{p}\cdot\mathbf{x}} \tag{5.38}$$

を使うと，ディラック場の演算子は

$$\psi(x) = \sum_\mathbf{p} \sum_r (\hat{a}_{\mathbf{p}r} u_{\mathbf{p}r}(t,\mathbf{x}) + \hat{b}^\dagger_{\mathbf{p}r} v_{\mathbf{p}r}(t,\mathbf{x})) \tag{5.39}$$

と展開できる．正振動数解 $u_{\mathbf{p}r}(t,\mathbf{x})$ には消滅演算子，負振動数解 $v_{\mathbf{p}r}(t,\mathbf{x})$ には生成演算子を係数としてつけた理由は「真空 $|0\rangle$ ＝ハミルトニアンの基底状態」を要請したからである．3.3 節を参照せよ．これらの演算子が真空に作用すると $\hat{a}_{\mathbf{p}r}|0\rangle = \hat{b}_{\mathbf{p}r}|0\rangle = 0$ を満たす．これは真空が粒子も反粒子も存在しない状態であることを意味している．

フェルミオンはパウリ排他律に従い各状態には一つの粒子しか占めることができない．このためにはスカラー場のときの交換関係の代わりに反交換関係で量子化する必要がある．そこで

$$\{\hat{a}_{\mathbf{p}r}, \hat{a}^\dagger_{\mathbf{q}s}\} = \delta_{\mathbf{p}\mathbf{q}} \delta_{rs}, \quad \{\hat{b}_{\mathbf{p}r}, \hat{b}^\dagger_{\mathbf{q}s}\} = \delta_{\mathbf{p}\mathbf{q}} \delta_{rs} \tag{5.40}$$

を要請する．これ以外の全ての反交換関係は 0 である．これは

$$\{\psi(\mathbf{x}), \psi^\dagger(\mathbf{y})\} = \delta^{(3)}(\mathbf{x}-\mathbf{y}), \quad \{\psi(\mathbf{x}), \psi(\mathbf{y})\} = 0 \tag{5.41}$$

と等価である．

再度，負エネルギー解 $v_{\mathbf{p}r}$ について考察しよう．真空がハミルトニアンの基底状態であるためには，その係数として生成演算子をもってくる必要があった．フェルミオンはパウリ排他律に従うので，粒子がない状態とある状態には相補的な関係がある．つまり b という粒子がない状態

$$\hat{b}_{\mathbf{p}r}|0\rangle = 0 \tag{5.42}$$

を考える代わりに，$\hat{b}^\dagger_{\mathbf{p}r} = \hat{c}_{\mathbf{p}r}$ とおいて，c という粒子がすでに詰まっている状態

$$|0\rangle = \hat{c}^\dagger_{\mathbf{p}r}|0'\rangle, \quad \hat{c}_{\mathbf{p}r}|0'\rangle = 0 \tag{5.43}$$

を考えることができる．パウリ排他律のため二つの c 粒子は入れないので，(5.42) を満たしている．これがディラックの考えた「ディラックの海」の考えである．ディラック場の量子化を

$$\psi(x) = \sum_{\mathbf{p}} \sum_{r} (\hat{a}_{\mathbf{p}r} u_{\mathbf{p}r}(t,\mathbf{x}) + \hat{c}_{\mathbf{p}r} v_{\mathbf{p}r}(t,\mathbf{x})) \tag{5.44}$$

と展開して「真空」を粒子が全くない状態と考えるのではなく，負エネルギー状態が全て占有されている状態

$$|0\rangle = \prod_{\mathbf{p},r} \hat{c}^{\dagger}_{\mathbf{p}r} |\emptyset\rangle \tag{5.45}$$

と考えるのである．ここで $|\emptyset\rangle$ は，(5.44) で定義された正，負振動数をもつ全ての消滅演算子で消える状態である．これにより，負エネルギーへ粒子が落ち込むことで起こる「真空」の不安定性が解決される．このように無限個のフェルミ粒子が詰まった状態をディラックの海という．この考えだと，ディラックの海から詰まった粒子を一つ取り去った状態「空孔」として，反粒子を定義する．

2.4 節では非相対論的な電子の多体系を考えることでフェルミ球という概念を導入した．外からエネルギーを与えると，フェルミ面近傍で電子が励起され，粒子状態とホール（空孔）状態が対で生成される．相対論的な電子の場合には，もともと1個の電子を議論していたにもかかわらず，真空を定義するためには自然と多粒子系の量子力学を考えざるを得なくなった点が非相対論的な場合との大きな違いである．このようなディラックの解釈は，場の量子論に本質的に内在している多体性を顕著に表している．5.10 節では，このディラック海の性質がカイラルアノマリーとよばれる多体現象に関係しているのをみる．

5.5 フェルミオンの伝搬関数

伝搬関数は，時空における粒子の伝搬を記述する．スカラー場の伝搬関数については 3.4 節で議論した．フェルミ場は互いに反交換な場なので T 積を

$$T(\psi_i(x)\bar{\psi}_j(y)) \equiv \theta(x^0-y^0)\psi_i(x)\bar{\psi}_j(y) - \theta(y^0-x^0)\bar{\psi}_j(y)\psi_i(x) \tag{5.46}$$

とマイナス符号をつけて定義する．$\psi_i(x), \bar{\psi}_j(y)$ はそれぞれ $\psi(x), \bar{\psi}(y)$ の i,j 成分を意味する．これを使ってフェルミオンの伝搬関数は

$$S_{ij}(x,y) = \langle 0|T(\psi_i(x)\bar{\psi}_j(y))|0\rangle \tag{5.47}$$

で与えられる．フェルミ場の展開 (5.39) と関係式 (5.35) および $|0\rangle$ が消滅演算子で消えることを使うと

$$\begin{aligned}S_{ij}(x,y) &= i\int \frac{d^4p}{(2\pi)^4}\frac{(\gamma^\mu p_\mu + m)_{ij}}{p^2 - m^2 + i\epsilon}e^{-ip_\mu(x-y)^\mu}\\ &= (i\gamma^\mu\partial_\mu + m)_{ij}G(x,y)\end{aligned} \tag{5.48}$$

が証明できる．$G(x,y)$ はスカラー場の伝搬関数 (3.31) である．これから $S(x,y)$ が

$$(i\gamma^\mu\partial_\mu - m)S(x,y) = i\delta^{(4)}(x-y) \tag{5.49}$$

を満たすことがわかる．(5.48) から，フーリエ変換されたディラック伝搬関数は

$$\tilde{S}_{ij}(p) = \left(\frac{i(\gamma^\mu p_\mu + m)}{p^2 - m^2 + i\epsilon}\right)_{ij} = \left(\frac{i}{\gamma^\mu p_\mu - m + i\epsilon}\right)_{ij} \tag{5.50}$$

となる．

5.6　ワイル粒子

ここまでは質量をもつディラック型の電子について考えてきた．これは歴史的な経緯による．第8章で説明するように，素粒子の標準模型では，電子の質量は最初からあるものではなく，ヒッグス場との相互作用で後から与えられる．つまり質量をもたない粒子がより基本的な物質の構成要素である．この節では，質量をもたないフェルミオンであるワイル粒子を導入しよう．

式 (5.10) で質量をゼロ ($m=0$) においてみよう．この極限では

$$i(\partial_0 - \boldsymbol{\sigma}\cdot\boldsymbol{\nabla})\phi = 0 \tag{5.51}$$
$$i(\partial_0 + \boldsymbol{\sigma}\cdot\boldsymbol{\nabla})\chi = 0 \tag{5.52}$$

と，ϕ と χ の満たす方程式は完全に独立したものになる．このときには，ϕ 場と χ 場の両方が同時に存在する理由はなくなり，どちらか一方だけを取り出しても構わない．つまり，質量ゼロのフェルミオンはディラック方程式に従う

4成分スピノールでなくてもよく，(5.52) あるいは (5.51) のいずれかに従う 2 成分スピノールであってもよい．これをディラック粒子に対して，ワイル粒子とよぶ．4成分表示で書けば，(5.21) より，ワイル粒子はカイラリティ演算子 γ^5 の固有状態である．

$\gamma^5 = -1$ を満たすワイル粒子 ϕ の正エネルギー解を $\phi = e^{-iE_p t + i\mathbf{p}\cdot\mathbf{x}} u_L$ とおく．ただし，質量ゼロの粒子なので $E_p = |p|c$ である．すると，(5.51) より u_L は

$$\frac{\sigma \cdot p}{|p|} u_L = -u_L \tag{5.53}$$

を満たす．$p/|p|$ は光速で走る粒子の進行方向，σ は粒子のスピンの向きを表すことを思い出すと，u_L は進行方向と逆向きのスピンをもつ状態であり，このような状態のことを負のヘリシティをもつ状態という．一方で $\gamma^5 = 1$ を満たす $\chi = e^{-iE_p t + i\mathbf{p}\cdot\mathbf{x}} u_R$ とおくと u_R は

$$\frac{\sigma \cdot p}{|p|} u_R = +u_R \tag{5.54}$$

を満たし，進行方向と同じ向きのスピンをもつ状態を表す．

質量をもたないワイル粒子の場合，ヘリシティは常に一定である．これとは異なり，質量をもつディラック粒子の場合，ヘリシティは保存されない．ある座標系で進行方向に偏極したスピンをもつ状態にいたとしよう．この粒子は質量をもつため光速度よりも必ず遅い速度で走っている．このためこの粒子よりも速く走る観測者からみると，粒子の進行方向を反転させることができる．スピンの向きは変わらないのでヘリシティが反転する．これは質量をもつ粒子の場合，ヘリシティがローレンツ不変量ではないことに起因する．

質量ゼロのフェルミオンではこれら二つのカイラリティ状態は別々の方程式に従う独立の粒子であってもよい．実際，素粒子の標準模型では，電子などの素粒子の左巻き成分と右巻き成分はもともと異なるワイル粒子であったと考えられている．弱い相互作用は左巻きの粒子 ϕ（または右巻きの反粒子）にのみ結合し，右巻きの粒子 χ（または左巻き反粒子）には結合しない．第 8 章で学ぶように，対称性が自発的に破れて二つの異なるワイル粒子 ϕ と χ がペアリングを起こして「質量をもつディラック型の電子」になったと考える．つまり素粒子の標準模型では，ディラック型フェルミオンよりもワイル型のフェルミオンがより基本的な粒子と考えられている．

5.7 パリティと荷電共役変換

場の理論は，ローレンツ変換や時空間の並進に対する不変性をもつ．このような連続的な対称性は物理現象を記述するうえでもっとも重要な対称性である．これとは別に，時空の離散的な対称性はモデルを選別するうえで重要な役割を果たす．この節では，その例として，パリティ変換と荷電共役変換がどのようにスピノールに作用するかをみておこう．次の節でマヨラナ粒子を導入するための準備でもある．

パリティ変換は，空間を反転させる変換 ($\mathbf{x} \to -\mathbf{x}$) であり，ディラック場の各モードの運動量を反転させる．そこでスピノールに対するパリティ変換の作用（4行4列行列）を P と書くと

$$Pu_r(\mathbf{p}) = \eta_u u_r(-\mathbf{p}), \quad Pv_r(\mathbf{p}) = \eta_v v_r(-\mathbf{p}) \tag{5.55}$$

と変換されないとならない．η_u, η_v は波動関数の位相の自由度の任意性を表す．等式 $\gamma^0(\gamma^i p^i)\gamma^0 = -\gamma^i p^i$ と (5.32) を使うと

$$\gamma^0 u_r(\mathbf{p}) = \gamma^0 B(\mathbf{p}) u_r(\mathbf{0}) = B(-\mathbf{p}) u_r(\mathbf{0}) = u_r(-\mathbf{p}) \tag{5.56}$$

となる．ここで (5.25) の関係式 $\gamma^0 u_r(\mathbf{0}) = u_r(\mathbf{0})$ を使った．同様に $v_r(\mathbf{p})$ に対しても $\gamma^0 v_r(\mathbf{p}) = -v_r(-\mathbf{p})$ が成立する．マイナス符号は $\gamma^0 v_r(\mathbf{0}) = -v_r(\mathbf{0})$ からくる．よって

$$P = \eta \gamma^0 \tag{5.57}$$

で与えられる．ただし $\eta = \eta_u = -\eta_v$ である．η_u はこの場の内在的なパリティに関係した大きさ $|\eta| = 1$ の定数である．パリティ変換をディラック場 (5.39) に作用させると

$$\psi^P(x) \equiv \eta \gamma^0 \psi(x) = \eta \sum_{\mathbf{p}} \sum_r (\hat{a}_{-\mathbf{p}\,r} u_{\mathbf{p}r}(t, \mathbf{x}) - \hat{b}^\dagger_{-\mathbf{p}\,r} v_{\mathbf{p}r}(t, \mathbf{x})) \tag{5.58}$$

と確かに運動量が反転している．これからわかるように，パリティ変換は電荷の異なる粒子と反粒子を混ぜることはない．また運動量を反転させるが，角運動量 $\mathbf{x} \times \mathbf{p}$ は変えない．同様に粒子の内在的な角運動量であるスピンも変えない．このためヘリシティ $\sigma \cdot \mathbf{p}/|\mathbf{p}|$ はパリティ変換で符号を反転させる．式 (5.53)，(5.54) でみたように，ワイル粒子は決まったヘリシティをもっているので，単

独ではパリティ変換の固有状態にはなり得ない．このことは，$P\gamma^5 = -\gamma^5 P$ が成り立ち，パリティ変換行列 P がカイラリティ演算子 γ^5 の固有値を反転させることからもわかる．標準模型はワイル粒子を基本としていて，弱い相互作用（ワインバーグ・サラム理論）は左巻きの粒子だけに関与する．このことを「神様は左利き」と称することもある．自然界（弱い相互作用）はパリティ変換に対して完全に非対称な世界になっている．

次に荷電共役変換を考えよう．荷電共役変換 C は粒子と反粒子を入れ替える変換である．(5.32), (5.33) を使うと (5.27) が運動量 $\mathbf{p} \neq 0$ の場合にも拡張できて

$$v_r(\mathbf{p}) = -i\gamma^2 u_r^*(\mathbf{p}) \tag{5.59}$$

が成立することがわかる．ここでワイル表示でのガンマ行列 (5.13) に対して成立する関係式

$$-\gamma^\mu = (-i\gamma^2)\gamma^{*\mu}(-i\gamma^2) \tag{5.60}$$

を使った[4]．これからスピノールに対する荷電共役変換を

$$\psi \longrightarrow \psi^c \equiv -i\gamma^2 \psi^* \tag{5.61}$$

で定義しよう．すると，複素共役は演算子に対してはエルミート共役として作用するので，

$$\psi^c(x) = \sum_{\mathbf{p}} \sum_r (\hat{a}_{\mathbf{p}r}^\dagger v_{\mathbf{p}r}(t,\mathbf{x}) + \hat{b}_{\mathbf{p}r} u_{\mathbf{p}r}(t,\mathbf{x})) \tag{5.62}$$

となり，確かに粒子 a と反粒子 b が入れ替わっている．荷電共役変換は粒子と反粒子を入れ替えるだけなので，新たなスピノール ψ^c は，ローレンツ変換に対する変換性が ψ と同じである[5]．また荷電共役変換は γ^5 の固有値を反転させる．実際に

---

[4] このような性質を満たす行列 $(-i\gamma^2)$ はガンマ行列の表示に依存するので注意が必要．ワイル表示だと $\gamma^{*2} = -\gamma^2$，それ以外のガンマ行列は $\gamma^{*\mu} = \gamma^\mu$ となる．

[5] $(\mu\nu)$ 面で回転角 θ のローレンツ変換を生成する行列が

$$\exp\left(\frac{1}{4}\theta[\gamma^\mu, \gamma^\nu]\right) \tag{5.63}$$

で与えられることと関係式 $(-i\gamma^2)[\gamma^{*\mu}, \gamma^{*\nu}](-i\gamma^2) = [\gamma^\mu, \gamma^\nu]$ から確認できる．

$$\gamma^5(-i\gamma^2) = -(-i\gamma^2)\gamma^5 \tag{5.64}$$

なので，

$$\text{もし} \quad \gamma^5\psi = \psi \quad \text{ならば} \quad \gamma^5\psi^c = -\psi^c \tag{5.65}$$

が成立する．もう一つの重要な性質は，

$$\psi \to e^{i\theta}\psi \quad \text{のとき} \quad \psi^c \to e^{-i\theta}\psi^c \tag{5.66}$$

と位相変換に対する回転角が逆になることである．これから，荷電共役変換すると電荷が反転することがわかる．

5.8 マヨラナ粒子とマヨラナ質量項

5.6 節では，物質の基本的な構成要素としてワイル粒子を導入した．例えば質量をもつ電子は，二つのワイル粒子から構成されている[6]．この節ではワイル粒子と同じように基本的な構成要素と考えられる，マヨラナ粒子を導入する．やはり自由度はディラック粒子の半分である．

ディラック場が複素スカラー場に対応すると考えるならば，マヨラナ粒子は実スカラー場に対応する．マヨラナ条件（実スピノール条件）として

$$\psi^c = \psi \tag{5.67}$$

を考えよう．これは粒子と反粒子を同一視することである．これを満たすためには，電荷のような粒子と反粒子を区別する量子数をもたない中性の粒子でないといけない．例えば電子は負電荷をもつので，正電荷をもつ陽電子とは同一視できない．素粒子の標準模型では，そのような電荷をもたないフェルミ粒子の候補はニュートリノだけである．

ここでマヨラナ粒子とワイル粒子の等価性について述べておく．両者ともディラック粒子の半分の自由度をもっているが，これらは表示が異なるだけにすぎないことを示そう．まず $\gamma^5\psi_L = \psi_L$ を満たす左巻きワイルフェルミオン ψ_L から出発しよう．これから $\psi^c = \psi$ を満たすマヨラナフェルミオン

---

[6] これは，決して電子が二つのワイル粒子の複合体であるといっているのではなく，二つのワイル粒子の自由度が混ざることでディラック粒子が構成されるという意味である．

$$\psi = \frac{\psi_L + (\psi_L)^c}{2} \tag{5.68}$$

をつくることができる．一見，これとは別に

$$\tilde{\psi} = \frac{\psi_L - (\psi_L)^c}{2} \tag{5.69}$$

という $\tilde{\psi}^c = -\tilde{\psi}$ を満たす線形独立なフェルミオンがつくれるように思われるが，(5.66) でみたように位相変換 $\psi_L \to i\psi_L$ を行うと $\tilde{\psi} \to i\psi$ となり $\tilde{\psi}$ は ψ に一致する．よって両者を独立のマヨラナフェルミオンとして扱うことはできない．

これとは逆に $\psi^c = \psi$ を満たすマヨラナフェルミオンから出発しよう．ψ からワイルフェルミオン

$$\psi_L = \frac{1 + \gamma^5}{2} \psi \tag{5.70}$$

をつくる．これと線形独立な，反対のカイラリティをもつワイルフェルミオン

$$\psi_R = \frac{1 - \gamma^5}{2} \psi \tag{5.71}$$

をつくれるように思える．しかし，

$$(\psi_L)^c = -i\gamma^2 \frac{1 + \gamma^5}{2} \psi^* = \frac{1 - \gamma^5}{2} (-i\gamma^2)(\psi_L)^* = \frac{1 - \gamma^5}{2} \psi^c \tag{5.72}$$

が成立し，マヨラナフェルミオン ψ からつくった右巻きワイル ψ_R (5.71) は

$$\psi_R = (\psi_L)^c \tag{5.73}$$

と ψ_L の荷電共役になる．よって ψ_R と ψ_L は線形独立ではない．以上のことから，ワイル粒子とマヨラナ粒子の違いは単なる表示の違いで，両者は完全に等価なことがわかった．

このことを踏まえて，再びディラック粒子の質量項 (5.22) をみてみよう．質量項は $\overline{\psi_R}\psi_L + \overline{\psi_L}\psi_R$ のように異なるカイラリティのフェルミオンが混合している．そこで，2 個の左巻きのワイル粒子 $\psi_{L,i}$ ($i = 1, 2$) を考えよう．これら 2 個のワイル粒子から 1 個のディラック粒子を

$$\psi \equiv \psi_L + \psi_R \quad \text{ただし} \quad \psi_L \equiv \psi_{L,1}, \quad \psi_R \equiv (\psi_{L,2})^c \tag{5.74}$$

と構成することができる．このディラック粒子の質量項は

$$\overline{(\psi_{L,2})^c}\psi_{L,1} + \overline{\psi_{L,1}}(\psi_{L,2})^c \tag{5.75}$$

と二つのワイル粒子からつくられる質量項として書くことができる．これをディラック型の質量項という．素粒子の標準模型では，全ての素粒子を左巻きと考えるのが都合がよい．すると，例えば電子の質量項は，「左巻き電子」と「右巻き電子」からつくられると考える代わりに，「左巻き電子」と「別の左巻き粒子の荷電共役したもの」からつくられると考える．つまり後者のことを我々は「右巻き電子」とよんでいることになる．

では一つの左巻きワイル粒子 $\psi_{L,1}$ から質量項

$$\overline{(\psi_{L,1})^c}\psi_{L,1} + \overline{\psi_{L,1}}(\psi_{L,1})^c \tag{5.76}$$

をつくるとどうなるか．これをマヨラナ質量項とよぶ．荷電共役に対する位相変換 (5.66) を思い出すと，$\psi_{L,1} \to e^{i\theta}\psi_{L,1}$ の変換に対して，この質量項の 1 項目は $e^{2i\theta}$ で位相回転する．このことはマヨラナ質量項 (5.76) が $\psi_{L,1}$ の粒子数を 2 だけ破ることを意味している．

まとめると，二つの左巻きカイラルフェルミオンからつくられる質量項の一般的な形は

$$\begin{pmatrix} \overline{(\psi_{L,1})^c} & \overline{(\psi_{L,2})^c} \end{pmatrix} \begin{pmatrix} m_1 & m_D \\ m_D & m_2 \end{pmatrix} \begin{pmatrix} \psi_{L,1} \\ \psi_{L,2} \end{pmatrix} \tag{5.77}$$

で与えられる．m_D がディラック質量，$m_{1,2}$ がマヨラナ質量である．

5.9　シーソー機構

この節ではマヨラナ質量の応用として，ニュートリノ質量に関するシーソー機構を紹介する．

標準模型の中でほとんど全ての粒子は電荷をもっている．このため，このような粒子数を破るマヨラナ質量項を入れると電荷の保存を壊してしまう．これは，第 6 章で詳しく学ぶが，ゲージ不変性という理論のもっとも大事な対称性を壊すことになり，理論の整合性に矛盾する．知られている素粒子の中で唯一，電荷をもたないフェルミオンがニュートリノである．ニュートリノは長い間，質量をもたず左巻き成分 ν_L しかもたないと考えられてきた．しかし，こ

この20年間の成果により、ニュートリノ振動が確立し、質量をもつことが明らかになった。第8章でみるように、左巻きニュートリノは電荷はもたないが、弱い相互作用のもとでは電子と組みになり $SU(2)$ 群の二重項をつくる。またハイパー電荷とよばれる電荷をもつことがわかっている。このため左巻きニュートリノ ν_L はマヨラナ型の質量をもつことが許されない[7]。そこで質量項をつくるためには、必ず相棒である右巻きニュートリノ ν_R[8] が存在しないとならない。右巻きニュートリノは弱い相互作用とは無関係に完全に中性な粒子なのでマヨラナ質量をもつことが許される。そこでニュートリノの質量項として

$$\begin{pmatrix} \overline{(\nu_L)^c}, & \overline{\nu_R} \end{pmatrix} \begin{pmatrix} 0 & m \\ m & M \end{pmatrix} \begin{pmatrix} \nu_L \\ (\nu_R)^c \end{pmatrix} \tag{5.78}$$

と書くことができる。非対角部分 m が通常のディラック質量を表し、対角成分 M が右巻きニュートリノのマヨラナ質量である。ニュートリノがマヨラナ型の質量をもつかどうかが、今後の素粒子の最大の謎の一つである。ミンコフスキー、柳田勉、ゲルマン、ラモン、スランスキーらは、右巻きニュートリノが $M \gg m$ という大きなマヨラナ質量をもつと仮定すると、他の素粒子と比べて桁違いに小さなニュートリノの質量が説明できるというアイディアを提案した。これをシーソー機構（Type I 型）という。このときに質量行列を対角化すると、二つの固有値は

$$\frac{M \pm \sqrt{M^2 + 4m^2}}{2} \sim M, \quad -\frac{m^2}{M} \tag{5.79}$$

で与えられる。$M \gg m$ のときに、非常に小さな質量 $m_\nu \sim m^2/M$ が自然に得られることが[9]、シーソー機構の魅力である。

5.10 *ディラックの海とカイラルアノマリー

この節では、これまでと話題をかえて、フェルミ粒子系の興味深い多体効果

---

[7] 正確には、これは繰り込み可能な相互作用に限定した場合であり、質量次元5をもつ項を許せばマヨラナ質量がもてる。第8章の記号を使うと、この項は $\overline{L^c}H(H^c)^\dagger L$ と書け、ヒッグス場が真空期待値をもつと左巻きニュートリノに対するマヨラナ質量になる。この次元5の項は、右巻きニュートリノを積分すると現れる。

[8] 全てを左巻きで書く流儀をとるならば、右巻きニュートリノを $\nu_R = (N_L)^c$ と書く。すると $(\nu_R)^c = N_L$ である。

[9] 分散関係には必ず質量の2乗で入っていることからわかるように、質量の正負は物理的な意味をもたない。

5.10 *ディラックの海とカイラルアノマリー

(粒子対生成)を解説しよう.相互作用しないフェルミ粒子系は,5.4節でみたように「ディラックの海」とよばれる真空状態で定義される.これは2.4節のフェルミ真空と同じである.つまり,フェルミ粒子の真空は,粒子が全くない状態でなく無限に詰まった状態だと考える.この結果,真空が外場に対して非自明な応答をする.その一例が,この節で解説するカイラル異常(アノマリー)である.

簡単のために,電場中にある空間1次元のフェルミオンを考えよう.また空間は長さ L の円周とする.空間1次元の電磁場はベクトルポテンシャル A^μ ($\mu = 0, 1$)で記述される.ベクトルポテンシャルからつくられる電磁場は反対称テンソル $F_{\mu\nu} = \partial_\mu A_\nu - \partial_\nu A_\mu$ で与えられるが,空間1次元だと電場1成分 $E = \dot{A}_1 - A'_0$ だけである.この1成分しかない電場を表すためには, $A_0 = 0$ とおき,電場を $E = \dot{A}_1$ と A_1 で表せば十分である.電磁場との相互作用は,微分 ∇ を

$$\nabla \to \mathbf{D} = \nabla + ie\mathbf{A} \tag{5.80}$$

と共変微分 $\mathbf{D}$ に置き換える操作で与えられる.この操作は電磁場のもつゲージ不変性を保つもっとも簡単なやり方であり,電子やクオークのような基本粒子の電磁相互作用は全てこのやり方で与えられることが知られている.よって空間1次元を動く質量のないフェルミ場 Ψ が電磁場 A_μ と相互作用しているラグランジアンは

$$\mathcal{L} = \bar{\Psi} i D_\mu \gamma^\mu \Psi \tag{5.81}$$

で与えられる.電磁場は外場として考える.

(1+1)次元のディラックフェルミオン Ψ は二つの成分をもち,クリフォード代数 $\{\gamma^\mu, \gamma^\nu\} = 2\eta^{\mu\nu}$ を満たすガンマ行列として

$$\gamma^0 = \begin{pmatrix} 0 & 1 \\ 1 & 0 \end{pmatrix}, \gamma^1 = \begin{pmatrix} 0 & 1 \\ -1 & 0 \end{pmatrix} \tag{5.82}$$

を選ぶことができる.この表示は,4次元のワイル表示(5.13)に対応し,カイラリティ演算子

$$\gamma^5 \equiv -\gamma^0 \gamma^1 = \begin{pmatrix} 1 & 0 \\ 0 & -1 \end{pmatrix} \tag{5.83}$$

が対角化される[10]. 2次元の特殊性として

$$\gamma^\mu \gamma^5 = \epsilon^{\mu\nu}\gamma_\nu \tag{5.84}$$

という関係式が成立する.

これらを使うとラグランジアン密度は

$$\mathcal{L} = i\Psi^\dagger \begin{pmatrix} \partial_0 - D_1 & 0 \\ 0 & \partial_0 + D_1 \end{pmatrix} \Psi \tag{5.85}$$

と書ける. このフェルミオンのハミルトニアン H_F を求めるには, フェルミ場の共役運動量 $\pi = i\psi^\dagger$ を使って $\mathcal{H}_F = \pi\dot\psi - \mathcal{L}$ を計算すればよい. その結果

$$H_F = \int_0^L dx \Psi^\dagger h_F \Psi, \quad h_F = \begin{pmatrix} i\partial_1 - eA_1 & 0 \\ 0 & -(i\partial_1 - eA_1) \end{pmatrix} \tag{5.86}$$

となる. h_F は1粒子ハミルトニアンであり, h_F の固有値がフェルミオンのスペクトルを与える. h_F の固有値問題は上成分と下成分に分離した形で次のように解くことができる.

$$h_F \begin{pmatrix} \psi_n \\ 0 \end{pmatrix} = \epsilon_n \begin{pmatrix} \psi_n \\ 0 \end{pmatrix}, \quad h_F \begin{pmatrix} 0 \\ \psi_n \end{pmatrix} = -\epsilon_n \begin{pmatrix} 0 \\ \psi_n \end{pmatrix} \tag{5.87}$$

これは質量がないディラックフェルミオンのハミルトニアンは, カイラリティ (γ^5 の固有値) ごとに分離して固有状態となることを意味する. h_F の固有関数 ψ_n と固有値 ϵ_n は

$$\psi_n(x) = \frac{1}{\sqrt{L}} \exp[-ie\int_0^x A_1(x)dx - i\epsilon_n x],$$
$$\epsilon_n = \frac{2\pi}{L}\left(n + \frac{1}{2} - \frac{ecL}{2\pi}\right), \quad c = \frac{1}{L}\int_0^L A_1(x)dx \tag{5.88}$$

であり, また c はゲージ場を空間積分した量で, ゲージ場のウイルソンループとよばれる. この解を求めるに際してフェルミオンは反周期的境界条件 $\psi_n(x+L) = -\psi(x)$ をおいた[11]. 固有値はこのウイルソンループを通し

---

[10] γ^5 は他のガンマ行列と反可換であり $\gamma^2 = 1$ となるように定義される. このため4次元と2次元では前の係数が異なっている.
[11] 他の境界条件, 例えば周期的境界条件をおいても構わない. その場合には ϵ_n に $1/2$ が現れない. このように境界条件を変えることと c をずらすことは等価である.

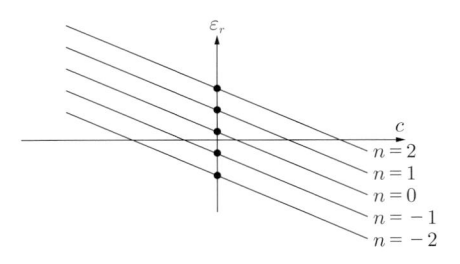

5.10 *ディラックの海とカイラルアノマリー　　**179**

図 5.1 上成分のフェルミオン 1 粒子状態のエネルギースペクトル．ゲージ場の値（ウイルソンループ）c の関数として，スペクトルが連続的に変化している．

てのみゲージ場に依存する．これは，1次元空間ではウイルソンループの値 c のみが唯一のゲージ不変量（物理量に関与する量）であることを意味する．エネルギースペクトルは，各 $n \in \mathbf{Z}$ に対して均等に分布しており，上成分 ($\gamma^5 = 1$) と下成分 ($\gamma^5 = 1$) に応じてウイルソンループの値だけシフトする．各エネルギー固有値の値をウイルソンループ c の関数として図示したのが図 5.1 である．ゲージ場の値 c の値を変化させると，スペクトル全体が変化していく様子がわかる．

この固有関数を使ってフェルミ場を

$$\Psi(x) = \sum_{n \in \mathbf{Z}} \hat{a}_n \begin{pmatrix} \psi_n \\ 0 \end{pmatrix} + \hat{b}_n \begin{pmatrix} 0 \\ \psi_n \end{pmatrix} \tag{5.89}$$

と展開する．フェルミオンの正準交換関係は

$$\{\hat{a}_n, \hat{a}_m^\dagger\} = \{\hat{b}_n, \hat{b}_m^\dagger\} = \delta_{mn} \tag{5.90}$$

の反交換関係で与えられる．

各1粒子状態のエネルギースペクトル（図5.1）をみると，負から正まで離散的無限に分布している．H_F の最低エネルギー状態は負エネルギーにある1粒子状態を全て詰めた状態（ディラックの海）

$$|vac\rangle \equiv \prod_{\epsilon_n < 0} \hat{a}_n^\dagger \prod_{\epsilon_m > 0} \hat{b}_m^\dagger |\emptyset\rangle \tag{5.91}$$

として実現されるが，エネルギースペクトルが c に依存しており，真空の定義も c によって変化する．ただし $|\emptyset\rangle$ は，$\hat{a}_n|\emptyset\rangle = \hat{b}_n|\emptyset\rangle = 0$ を満たす空疎な状

態である．

以下では，ハミルトニアンの基底状態としての真空の変化をみてみよう．まず便宜的に，整数 (N_+, N_-) でラベルされる次のような状態

$$|N_+, N_-\rangle \equiv \prod_{n=-\infty}^{N_+-1} \hat{a}_n^\dagger \prod_{m=N_-}^{\infty} \hat{b}_m^\dagger |\emptyset\rangle \qquad (5.92)$$

を定義しよう．この状態は，上成分については ϵ_{N_+} より小さなエネルギーをもつ全ての状態が占有されており，

$$N_+ - \frac{1}{2} \leq \frac{ecL}{2\pi} = \frac{e}{2\pi} \oint A_1 dx \leq N_+ + \frac{1}{2} \qquad (5.93)$$

を満たすときに限り（上成分のハミルトニアンの）基底状態となる．同様に下成分は $(-\epsilon_{N_-})$ より小さなエネルギーをもつ全ての状態が占有されている．

電場がないときには，「真空 = H_F の基底状態」は $|\text{vac}, c=0\rangle = |0, 0\rangle$ で与えられる．この状態に断熱的にゆっくりと電場をかけていこう．

カイラリティが正（上成分）をもつ1粒子状態のエネルギー ϵ_n は，(5.88) に従って外場とともに減少し，円周を一周したときの電位 c が $2\pi/eL$ 変化するごとに，一つの正エネルギー解の状態が負エネルギーをもつようになる．変化は断熱的に起こると仮定しているので，最初に占有されていた状態はそのままさらにエネルギー h_F が下がり，占有されていなかった状態（もともとは正エネルギー解状態）が次々と負エネルギーに変化する．これは新たな基底状態からみると反粒子（空孔）が生成されたことを意味している．一方，カイラリティが負のフェルミオン（下成分）の1粒子状態のエネルギー h_F は $-\epsilon_n$ で与えられ，逆の振舞いをする．電場を増やすにつれて h_F が上昇し，ディラックの海に詰まっていた粒子たちが正エネルギー状態として次々と現れる．カイラリティ正の反粒子とカイラリティ負の粒子の対生成が起こっている．粒子と反粒子の対生成なので逆の電荷をもち，総電荷は保存されている．しかしカイラリティは2ずつ変化している．

このことを式で示してみよう．ディラックの海には無限個の粒子が詰まっているので，$|N_+, N_-\rangle$ 状態の電荷やカイラル電荷を計算するためには，無限和

$$Q = \sum_{n=-\infty}^{N_+-1} 1 + \sum_{m=N_-}^{\infty} 1, \quad Q_5 = \sum_{n=-\infty}^{N_+-1} 1 - \sum_{m=N_-}^{\infty} 1 \qquad (5.94)$$

を計算する必要がある．このようなときによく行う常套手段として，和が有限

になるような正則化

$$Q_+ = \sum_{n=-\infty}^{N_+-1} 1 \longrightarrow Q_+ = \lim_{s \to 0} \sum_{n=-\infty}^{N_+-1} \frac{1}{|\epsilon_n L/2\pi|^s} \tag{5.95}$$

を行う．このやり方はゼータ関数正則化[12]とよばれている．数学公式集をみると，一般化されたゼータ関数 $\zeta(s,a) = \sum_{n=0}^{\infty} |n+a|^{-s}$ の極限として $\lim \zeta(s \to 0, a) = -a + 1/2$ がとなることがわかるので，これより

$$Q = N_+ - N_-, \quad Q_5 = N_+ + N_- - 2\frac{ecL}{2\pi} \tag{5.96}$$

となる．確かに総電荷 Q は電場 (c) を変えても不変であるが，カイラル電荷 Q_5 は電場とともに変化し，$ecL/2\pi$ が 1 変わるごとに 2 だけ変化していることが確認できる．この現象はカイラルアノマリーとよばれている．このようにフェルミオンの基底状態がディラックの海として構成されているということから，1粒子状態の描像では現れない多体効果（粒子対生成）が起こる．

　この粒子対生成を共変な形で表しておこう．そこでカイラルカレントと通常の電磁カレント

$$J_5^\mu = \bar{\Psi}\gamma^\mu\gamma^5\Psi, \quad J^\mu = \bar{\Psi}\gamma^\mu\Psi \tag{5.97}$$

を定義する．カイラル電荷 Q_5 および通常の電荷 Q は，カイラルカレントの積分として

$$Q_5 = \int_0^L J_5^\mu dx, \quad Q = \int_0^L J^\mu dx \tag{5.98}$$

で与えられる．ここでウイルソンループ c の時間微分は

$$\frac{1}{2}\int \epsilon^{\mu\nu} F_{\mu\nu} dx = \frac{d}{dt}\int A_1 dx = \frac{dc}{dt}L \tag{5.99}$$

というローレンツ共変なテンソルを用いて書けることを使い，式 (5.96) のカイラル電荷の時間微分を書き直すと

---

[12] ゼータ関数の代わりに，例えばガウス関数 $\exp(-s\epsilon_n)^2$ で正則化して和を計算し，その後に $s \to 0$ の極限をとってもよい．すると，s の負冪をもつ電場に依存しない項と，電場に依存するが $s \to 0$ 極限で発散しない項の和に書ける．この収束する項を「かっこよく」取り出すのがゼータ関数正則化である．

$$\frac{dQ_5}{dt} = \int \partial_\mu J_5^\mu dx = -\frac{e}{2\pi}\int \epsilon^{\mu\nu}F_{\mu\nu}dx \tag{5.100}$$

となる．これが任意の電磁場のもとで成立することを使うと

$$\partial_\mu J_5^\mu = -\frac{e}{2\pi}\epsilon^{\mu\nu}F_{\mu\nu} \tag{5.101}$$

が導かれる．最後に 2 次元ガンマ行列の関係式 (5.84) と電荷保存を使うと

$$\partial_\mu J^\mu = \epsilon^{\mu\nu}\partial_\mu J_{5,\nu} = 0 \tag{5.102}$$

が得られる．カイラルカレントの発散が有限で回転が 0 であることから，スカラー関数 ϕ が存在して

$$J_5^\mu = \frac{\partial^\mu \phi}{\sqrt{\pi}}, \quad \Box \frac{\phi}{\sqrt{\pi}} = -\frac{e}{2\pi}\epsilon^{\mu\nu}F_{\mu\nu} \tag{5.103}$$

と書けることがわかる[13]．これは，質量をもたない 1+1 次元の相対論的なフェルミ場が質量をもたないスカラー場 ϕ で書けることを示唆している．実際，2.6 節でみたように 1+1 次元系のフェルミオンの集団運動は自由ボソンで書き直すことができ，この ϕ がフェルミオンの集団運動に対応することがわかる[14]．

さらにゲージ場の運動項も入れて，このスカラー場の性質をもう少し詳しくみてみたい．ゲージ場の量子化については 6.8 節で解説するが，ここでは作用 (6.63) とそこから導かれる運動方程式 (6.64) しか使わない．1+1 次元の場合，電磁場の運動方程式 (6.64) は，

$$\partial_\mu F^{\mu\nu} = eJ^\nu = e\epsilon^{\nu\mu}\partial_\mu \frac{\phi}{\sqrt{\pi}} \tag{5.104}$$

と書き直せる．式 (5.103) と式 (5.104) の右辺は，フェルミオンをボソン ϕ で書き換えたとき，ゲージ場と集団運動のボーズ場 ϕ との間に

---

[13] ϕ の規格化として $1/\sqrt{\pi}$ をつけた．これは ϕ の運動項が $(\partial_\mu \phi)^2/2$ という標準的なものになることに対応する．

[14] 詳細は，例えば S. Iso and H. Murayama, Progress of Theoretical Physics 84 (1990) 142 を参照．1+1 次元 QED は簡単に厳密解が求まるが，集団運動，アノマリー，カイラル対称性の破れや閉じ込めなど様々な興味深い性質についての知見を得ることができる．ハミルトン形式で解くことにより，場の量子論の直感的な理解が得られるよい例になっている．

$$\frac{-e}{2\sqrt{\pi}}\epsilon^{\mu\nu}F_{\mu\nu}\phi \tag{5.105}$$

という結合があることを意味している.

スカラー場とゲージ場が混合することで,スカラー場のスペクトルは変更を受ける.励起スペクトルを求めるには二つの方程式を連立する必要がある.ゲージ固定条件としてローレンツゲージ $\partial_\mu A^\mu = 0$ をとると,電磁場の運動方程式の左辺は $\Box A^\nu$ となる.これに $\epsilon^{\mu\nu}\partial^\nu$ を作用させると

$$\Box \epsilon^{\mu\nu}F_{\mu\nu} = 2e\Box \frac{\phi}{\sqrt{\pi}} \tag{5.106}$$

が求められる.そこで $\epsilon^{\mu\nu}F_{\mu\nu} = 2e\phi/\sqrt{\pi}$ として,スカラー場の運動方程式 (5.103) の右辺に入れると,

$$\left(\Box + \frac{e^2}{\pi}\right)\phi \tag{5.107}$$

となる.つまりスカラー場は,電磁場との結合によって,質量 $m = e/\sqrt{\pi}$ を獲得する.これはヒッグス機構に類似しており 8.4 節で再びとりあげる.

5.11 グラスマン数とフェルミオンの経路積分

この節では,フェルミ場の経路積分を導入する.そのためには,グラスマン数とよばれるちょっと変わった性質をもつ代数を導入しないとならない.

5.4 節でみたように,フェルミ場の正準量子化は,パウリ排他律を満たすよう反交換関係で定義される.この節ではフェルミ統計に従う粒子の経路積分表示を求めよう.通常の 1 粒子系は,位置演算子 $\hat{x}$ とそれに共役な運動量演算子 $\hat{p}$ で表される.これらからつくられた生成消滅演算子 $\hat{a}, \hat{a}^\dagger$ で表されるといってもよい.これを反交換関係に拡張したものが反交換関係 $\{\hat{b}, \hat{b}^\dagger\} = 1$ を満たすフェルミオン的な生成消滅演算子であり,この系の状態空間は

$$|0\rangle, \ |1\rangle = \hat{b}^\dagger|0\rangle \tag{5.108}$$

の 2 状態で表される.ただし $|0\rangle$ は $\hat{b}|0\rangle = 0$ を満たす.これを N フェルミオンに拡張し,消滅演算子 $\hat{b}_i \ (i = 1, \cdots, N)$ を導入しておこう.すると状態空間は,$n_i = 0$ または 1 として,2^N 個の状態

$$|n_1, n_2, \cdots, n_N\rangle = \prod (\hat{b_i}^\dagger)^{n_i} |0\rangle \tag{5.109}$$

から構成される．$|0\rangle$ は全ての i に対して，$\hat{b}_i|0\rangle = 0$ を満たす．

このようなフェルミオンの状態を古典的に表現するために，

$$\{\eta_i, \eta_j\} = \{\eta_i, \bar{\eta}_j\} = \{\bar{\eta}_i, \bar{\eta}_j\} = 0 \tag{5.110}$$

を満たすグラスマン変数 $\eta_i, \bar{\eta}_i$ ($i = 1, \cdots, N$) を導入する[15]．グラスマン数は，2回かけると0になるフェルミ演算子を表す古典対応物と考えられる．グラスマン数を変数にもつ関数 $f(\eta)$ は（1変数の場合）

$$f(\eta) = f_0 + f_1 \eta \tag{5.111}$$

と展開でき，（右）微分を $\partial_\eta f = f_1$ で定義する．また積分は

$$\int d\eta \, 1 = 0, \quad \int d\eta \, \eta = 1 \tag{5.112}$$

で定義する．積分測度は $d\eta = d(\eta + \xi)$ の平行移動不変性をもっている．これから $f(\eta)$ の積分 f_1 となり，積分が微分と同じ操作であることがわかる．さらにグラスマン数のガウス積分を計算しよう．1変数の場合，$\bar{\eta}$ と $d\eta$ が反可換であることに注意すると

$$\int d\bar{\eta} d\eta \, e^{-\bar{\eta} M \eta} = M \tag{5.113}$$

がわかる．これを N 変数へ拡張すると

$$\int \prod_i (d\bar{\eta}_i d\eta_i) e^{-\sum_i \bar{\eta}_i M_{ij} \eta_j} = \det M \tag{5.114}$$

となることも確かめられる．通常の複素 N 変数のガウス積分が $(\det M)^{-1}$ となることを思い出すと，逆数になっていることがわかる[16]．この逆数になる

---

[15] η_i や $\bar{\eta}_i$ はフェルミ演算子 $\hat{b}_j$ や $\hat{b}_j^\dagger$ などとも反可換である．

[16] 実 N 変数のガウス積分が $(\det M)^{-1/2}$ となることに対応して，実 N グラスマン変数のガウス積分は，実反対称行列 M のパフィアン (Pfaffian) になる．

$$\int \prod_i d\eta_i \, e^{-\sum_i \eta_i M_{ij} \eta_j} = \text{Pf} \, M \tag{5.115}$$

という性質は，積分したものを指数の肩にのせて $\exp(\mathrm{Tr}\ln M)$ と書くと，指数の肩の符号が通常の c 数の積分と逆符号になることに対応する[17]．

以上のような性質をもつグラスマン数を使って，フェルミオンのコヒーレント状態を

$$|\eta\rangle = \prod_i e^{-\eta_i \hat{b}_i^\dagger}|0\rangle, \quad \langle\bar{\eta}| = \langle 0|\prod_i e^{\bar{\eta}_i \hat{b}_i} \quad (5.116)$$

で定義すると

$$\hat{b}_i|\eta\rangle = \eta_i|\eta\rangle, \quad \langle\bar{\eta}|\hat{b}_i^\dagger = \langle\bar{\eta}|\bar{\eta}_i \quad (5.117)$$

を満たす．$\bar{\eta}$ は η とは独立なグラスマン数である．特に1粒子の場合は $|\eta\rangle = |0\rangle - \eta|1\rangle$ である．状態 (5.116) は，内積

$$\langle\bar{\xi}|\eta\rangle = \prod_i e^{\bar{\xi}_i \eta_i} \quad (5.118)$$

をもつ．さらに次の 1 の分解

$$\int \prod_i (d\bar{\eta}_i d\eta_i) \prod_i e^{-\bar{\eta}_i \eta_i}|\eta\rangle\langle\bar{\eta}| = 1 \quad (5.119)$$

が証明できる．これは，左辺が，フェルミオンのつくる状態空間で単位演算子となっていることを意味する．証明は簡単なので読者に任せる．

フェルミオンのコヒーレント状態を使うと，1.19 節の通常の粒子に対するコヒーレント経路積分と同様に，フェルミ粒子の経路積分を求めることができる．始状態から終状態への遷移振幅 $\mathcal{A}_{fi} = \langle\psi_f|e^{-i\hat{H}T/\hbar}|\psi_i\rangle$ の時間間隔 T を N 等分して，1 の分解を挿入すると

$$\mathcal{A}_{fi} = \int \prod_{m=0}^{N-1} (d\bar{\eta}_m d\eta_m e^{-\bar{\eta}_m \eta_m}) \psi_f^*(\eta_f)\psi_i(\bar{\eta}_i) \prod_{m=0}^{N-1} \langle\bar{\eta}_{m+1}|e^{-i\hat{H}\epsilon/\hbar}|\eta_m\rangle$$
$$\eta_0 = \eta_i, \quad \eta_{N-1} = \eta_f \quad (5.120)$$

と書き直せる[18]．式 (1.225) と同様に，$\eta_{m+1} \sim \eta_m + \dot{\eta}_m \epsilon$ と置き換え，ϵ の

---

[17] このことが，フェルミ場のループ積分にマイナス符号をつけることの原因となる．この事実は後で有効作用を計算するときに使う．
[18] ここではコヒーレント状態を 1 に規格化していなかったので，積分測度に余分な因子 $e^{-\bar{\eta}\eta}$ が付け加えられている．

高次を無視すると

$$\langle \bar{\eta}_{m+1}|e^{-i\hat{H}\epsilon/\hbar}|\eta_m\rangle \approx e^{i(i\hbar\bar{\eta}_m\dot{\eta}_m - H(\bar{\eta}_m,\eta_m))\epsilon/\hbar}e^{\bar{\eta}_m\eta_m} \tag{5.121}$$

となり，これを遷移振幅に挿入すると，フェルミ粒子の経路積分

$$\mathcal{A}_{fi} = \int [d^2\eta]\psi_f^*(\eta_f)\psi_i(\bar{\eta}_i)\exp\left[\frac{i}{\hbar}\int_{t_i}^{t_f} dt\,(i\hbar\bar{\eta}\dot{\eta} - H(\bar{\eta},\eta))\right],$$
$$[d^2\eta] = \prod_m d\bar{\eta}_m d\eta_m \tag{5.122}$$

が得られる．フェルミ粒子の経路積分が時間について 1 次なのは，座標と運動量を一緒にした相空間の経路積分だからであり，運動量を積分した座標空間上の経路積分表示 (1.165) ではなく，式 (1.226) のコヒーレント状態を使った相空間上の経路積分に対応している．

5.12　ディラック場の経路積分

フェルミ粒子の経路積分を，ディラック場の経路積分に一般化するにはフェルミ演算子 $\hat{b}$ に対応した自由度 η を，フェルミ場 $\hat{\psi}(\mathbf{x})$ に対応した自由度 $\psi(\mathbf{x})$ に置き換えればよい．式 (5.19) のハミルトニアンを使って，自由ディラック場の経路積分は [19]

$$\mathcal{A}_{fi} = \int \mathcal{D}\bar{\psi}\mathcal{D}\psi\,\Psi^*[\psi_f]\Psi[\psi_i]\exp\left[i\int_{t_i}^{t_f} dt \int d^3x\,\mathcal{L}\right]$$
$$\mathcal{L} = \left(i\hbar\bar{\psi}\dot{\psi} - \mathcal{H}(\bar{\psi},\psi)\right) = \bar{\psi}(i\gamma^\mu\partial_\mu - m)\psi \tag{5.123}$$

となる．相互作用がある場合は，相互作用項をラグランジアンに付け加えればよい．

フェルミ場の相関関数を計算するためには，生成母関数

$$Z[\eta,\bar{\eta}] \equiv \int \mathcal{D}\bar{\psi}\mathcal{D}\psi \exp\left[iS + i\int(\bar{\eta}\psi + \bar{\psi}\eta)\right] \tag{5.124}$$

を定義して，これをグラスマン変数の外場 $\eta(x),\bar{\eta}(x)$ で変分をとると，N 点関数が得られる．

---

[19] 再び $\hbar = 1$ とおく．

5.13 まとめ

　この章では，パウリ排他律をもつ粒子であるフェルミ場の量子化を行った．最初にディラック方程式を導入したが，それよりワイル粒子やマヨラナ粒子がより基本的な構成要素である．またフェルミ粒子の真空は，ディラックの海とよばれる粒子が無限に詰まった状態で指定される．この結果，ボーズ粒子では起こらなかった不思議な現象が起こる．その例として，5.10節で，1+1次元フェルミ系におけるカイラル異常現象について説明した．カイラル異常は，1+1次元に限らず，任意の偶数次元時空で起こる．その詳細については，巻末の参考文献の藤川和男氏の教科書が詳しい．また奇数次元でも，偶数次元とは異なる量子異常現象が発生する．より詳しくは，例えば，巻末参考文献のナイア著「場の量子論　発展編」をみてほしい．最後に，フェルミ粒子の経路積分をグラスマン数を使って導入した．

第6章
対称性とゲージ場の量子化

対称性は，物理学のもっとも重要な考え方であり，大局的な対称性と局所的な対称性に分類される．局所的な対称性はゲージ対称性ともよばれ，素粒子の標準模型の基礎になっている．この章では，これらの対称性から導かれる保存則を議論し，その後でゲージ場の量子化を説明する[1]．

6.1 位相変換と粒子数保存則

複素スカラー場がもつもっとも簡単な対称性は，位相変換の対称性であり，これは粒子数保存則と関係する．この節ではまずこの簡単な対称性と保存則から考えよう．

複素スカラー場 ϕ のラグランジアン

$$\mathcal{L} = \partial_\mu \phi^\star \partial^\mu \phi - V(\phi) \tag{6.1}$$

を考えよう．$V(\phi)$ はポテンシャル項で

$$V(\phi) = m^2 \phi^\star \phi + \lambda (\phi^\star \phi)^2 \tag{6.2}$$

で与えられる．複素場 ϕ を，二つの実場 $\phi = (\phi_1 + i\phi_2)/\sqrt{2}$ に置き換えると

$$\mathcal{L} = \sum_{i=1,2} \left(\frac{1}{2} \partial_\mu \phi_i \partial^\mu \phi_i + \frac{m^2}{2} \phi_i^2 \right) + \frac{\lambda}{4} (\phi_1^2 + \phi_2^2)^2 \tag{6.3}$$

と書き換えられる．このラグランジアンは，時空座標によらない定数 θ に対して

$$\phi'(x) = e^{i\theta} \phi(x), \quad \phi^{\star\prime}(x) = e^{-i\theta} \phi^\star(x) \tag{6.4}$$

---

[1] 本書では，ゲージ場の量子論に関して最低限のことしか説明できなかった．より詳細は，藤川和男「ゲージ場の理論」（岩波講座現代の物理学 20）などを参照してほしい．

もしくは実場で書くと

$$\begin{pmatrix} \phi'_1 \\ \phi'_2 \end{pmatrix} = \begin{pmatrix} \cos\theta & -\sin\theta \\ \sin\theta & \cos\theta \end{pmatrix} \begin{pmatrix} \phi_1 \\ \phi_2 \end{pmatrix} \tag{6.5}$$

という変換のもとで，不変

$$\mathcal{L}(\phi', \phi^{\star\prime}) = \mathcal{L}(\phi, \phi^\star) \tag{6.6}$$

である．θ を微小量にとると，座標点 x での変分は

$$\delta\phi(x) = \phi'(x) - \phi(x) = i\theta\phi(x) \equiv \theta\left(\mathcal{M}\phi(x)\right) \tag{6.7}$$

で与えられる．この場合 $\mathcal{M}\phi$ は $\mathcal{M}\phi = i\phi$ で定義される．ラグランジアンを $\phi, \phi^\star$ と $\partial\phi, \partial\phi^\star$ の汎関数と考えると，性質 $\delta\partial_\mu\phi = \partial_\mu\delta\phi$ を使うと $\delta\mathcal{L}$ は

$$\begin{aligned} \delta\mathcal{L} &= \left(\frac{\delta\mathcal{L}}{\delta\phi}\delta\phi + \frac{\delta\mathcal{L}}{\delta\partial_\mu\phi}\delta(\partial_\mu\phi)\right) + (\phi \leftrightarrow \phi^\star) \\ &= \left(\frac{\delta\mathcal{L}}{\delta\phi} - \partial_\mu\frac{\delta\mathcal{L}}{\delta\partial_\mu\phi}\right)\delta\phi + \partial_\mu\left(\frac{\delta\mathcal{L}}{\delta\partial_\mu\phi}\delta\phi\right) + (\phi \leftrightarrow \phi^\star) \end{aligned} \tag{6.8}$$

と書き換えられるが，式 (6.6) より $\delta\mathcal{L} = 0$ である．運動方程式

$$E_{om} \equiv \frac{\delta\mathcal{L}}{\delta\phi} - \partial_\mu\frac{\delta\mathcal{L}}{\delta\partial_\mu\phi} = 0 \tag{6.9}$$

を使うと，$\mathcal{L}$ の不変性 $\delta\mathcal{L} = 0$ から，ネーター (Noether) カレント J^μ の保存則

$$\begin{aligned} &\partial_\mu J^\mu = 0, \\ &J^\mu = \frac{\delta\mathcal{L}}{\delta\partial_\mu\phi}\delta\phi + \frac{\delta\mathcal{L}}{\delta\partial_\mu\phi^\star}\delta\phi^\star = i\left(\phi\partial^\mu\phi^\star - \phi^\star\partial^\mu\phi\right) \end{aligned} \tag{6.10}$$

が得られる．$J^0(x)$ の積分に式 (3.21) の場の展開を使うと，

$$\int d^3x J^0(x) = \sum_{\mathbf{p}}\left(a^\star_{\mathbf{p}}a_{\mathbf{p}} + b^\star_{\mathbf{p}}b_{\mathbf{p}}\right) \equiv N \tag{6.11}$$

と粒子数演算子になる[2]．つまり，位相変換に対するネーターカレントの保存

---
[2] 量子化すると，複素共役 ϕ^* はエルミート共役 $\phi^\dagger$ に置き換わる．

則は，粒子数の保存則に他ならない．

6.2 対称性と保存則

　系が対称性をもつと保存則が導かれる．これをネーターの定理という．この節では，前節の議論を一般化して，作用 S のもつ対称性（不変性）に付随する保存則を導出する準備を行う[3]．次の 6.3 節で大局的な対称性に付随する保存則を導く．

　今，微少量による座標変換

$$x^\mu \to x^{\mu\prime} = x^\mu + \delta x^\mu \tag{6.12}$$

と同時に，場の微小変換

$$\delta\phi(x) = \phi'(x') - \phi(x) \tag{6.13}$$

を行ったときに作用が不変だとしよう．実際，一般相対性理論では，作用にこのような不変性が要求される．場の変分 $\delta\phi(x)$ は，微分 ∂_μ と可換ではない．そこで，微分と可換となる変分を

$$\bar\delta\phi(x) \equiv \phi'(x) - \phi(x) = \delta\phi(x) - (\delta x^\mu)\partial_\mu\phi \tag{6.14}$$

で定義しよう．作用の不変性は

$$\begin{aligned}
0 = \delta S &= \int d^4 x' \mathcal{L}[\phi'(x')] - \int d^4 x \mathcal{L}[\phi(x)] \\
&= \int [(\mathcal{L} + \delta\mathcal{L})](1 + \partial_\mu \delta x^\mu) d^4 x - \int \mathcal{L} d^4 x \\
&\approx \int [\mathcal{L} \partial_\mu \delta x^\mu + \delta\mathcal{L}] d^4 x
\end{aligned} \tag{6.15}$$

で与えられる．2 行目の等式では，

$$d^4 x' = \left(\frac{\partial x'}{\partial x}\right) d^4 x \approx (1 + \partial_\mu \delta x^\mu) \tag{6.16}$$

を使った．最後の等式 $\approx$ では微少量の 2 次を落とした．$\delta\mathcal{L}$ は

---
[3] この章のネーターの定理の導出は，内山龍雄「一般相対性理論」（物理学選書 15）（裳華房，1978）の第 5 章「不変変分論」に従った．

となる. 最後の項は, $\mathcal{L}$ がもつあらわな座標依存性 (場所に依存するポテンシャルなど) についての座標微分であり, それを $\mathring{\partial}\mathcal{L}/\partial x^\mu$ の記号で表した. (6.12) を微少量の 1 次までとった式

$$\delta\mathcal{L} = \frac{\delta\mathcal{L}}{\delta\phi}\delta\phi + \frac{\delta\mathcal{L}}{\delta\partial_\mu\phi}\delta\partial_\mu\phi + \frac{\mathring{\partial}\mathcal{L}}{\partial x^\mu}\delta x^\mu \tag{6.17}$$

$$\frac{\partial x^\nu}{\partial x^{\mu\prime}} = \delta^\nu_\mu - \partial_\mu(\delta x^\nu)$$

を使うと

$$\delta\partial_\mu\phi \equiv \partial'_\mu\phi'(x') - \partial_\mu\phi(x) = \partial_\mu\delta\phi - \partial_\mu(\delta x^\nu)\partial_\nu\phi$$

となる. この式に (6.14) を微分した式を使うと

$$\delta\partial_\mu\phi = \partial_\mu\bar{\delta}\phi + \delta x^\nu(\partial_\mu\partial_\nu\phi) \tag{6.18}$$

と書き換えられる. (6.14) と (6.18) を (6.17) に代入し, さらに $\delta\mathcal{L}$ を (6.15) に代入すると

$$\delta S = \int d^4 x \left[\frac{\delta\mathcal{L}}{\delta\phi}\bar{\delta}\phi + \frac{\delta\mathcal{L}}{\delta\partial_\mu\phi}\partial_\mu(\bar{\delta}\phi) + \partial_\mu\left(\mathcal{L}\delta x^\mu\right) \right]$$

となる. 最後の項は,

$$\frac{\mathring{\partial}\mathcal{L}}{\partial x^\mu}\delta x^\mu = \frac{\delta\mathcal{L}}{\delta\phi}\partial_\mu\phi\delta x^\mu + \frac{\delta\mathcal{L}}{\delta\partial_\mu\phi}(\partial_\nu\partial_\mu\phi)\delta x^\nu + \frac{\mathring{\partial}\mathcal{L}}{\partial x^\mu}\delta x^\mu$$

を使ってまとめた. $\bar{\delta}$ と ∂_μ は可換なので,

$$\delta S = \int d^4 x \left[E_{om}\,\bar{\delta}\phi + \partial_\mu\left(\frac{\delta\mathcal{L}}{\delta\partial_\mu\phi}\delta\phi - T^\mu_\nu\delta x^\nu\right) \right] = 0,$$

$$T^\mu_\nu = \frac{\delta\mathcal{L}}{\delta\partial_\mu\phi}\partial_\nu\phi - \mathcal{L}\delta^\mu_\nu \tag{6.19}$$

が得られる. この式が, 次節の大局的な対称性, および 6.5 節の局所的な対称性に付随する保存則を導く基礎となる.

6.3 大局的な時空対称性

まずはこの節で, 式 (6.19) を出発点として, 大局的な対称性に付随したネー

ターの保存則を導出しよう．

大局的な対称性とは，変換パラメータが座標によらない定数で与えられる対称性のことをいう．例えば，作用がパラメータ ϵ^r $(r = 1, \cdots, n)$ をもつ変換

$$\delta x^\mu = \epsilon^r X_r^\mu, \quad \delta \phi = \epsilon^r (\mathcal{M}_r \phi) \tag{6.20}$$

で不変ならば，運動方程式 $E_{om} = 0$ が満たされるとき，カレント

$$J_{(r)}^\mu = \frac{\delta \mathcal{L}}{\delta \partial_\mu \phi} \mathcal{M}_r \phi - T_\lambda^\mu X_r^\lambda \tag{6.21}$$

は保存則 $\partial_\mu J_{(r)}^\mu = 0$ を満たす．これをネーターの第一定理という．

例として，並進と回転を考えよう．スカラー場の並進対称性は，定数ベクトル ϵ^μ を使って

$$\delta x^\mu = \epsilon^\mu, \quad \delta \phi = 0 \tag{6.22}$$

で与えられる．このとき作用が並進不変性をもてば，任意のベクトル ϵ^ν に対して $T_\nu^\mu \xi^\nu$ が保存する．すなわち，並進対称性は，エネルギー運動量テンソル T_ν^μ の保存則を導く．

スカラー場の回転対称性は，反対称テンソル ω_ν^μ を使って

$$\delta x^\mu = \omega_\nu^\mu x^\nu, \quad \delta \phi = 0 \tag{6.23}$$

で与えられる．これから，運動方程式を使うことで (ν, λ) 面での回転に付随するカレント

$$(M^\mu)_\lambda^\nu = T_\lambda^\mu x^\nu - T_\nu^\mu x^\lambda \tag{6.24}$$

が保存する．これはスカラー場の回転を生成する演算子となる．

理論が対称性をもつとそれに付随するカレント $J_{(r)}^\mu$ が保存する．このカレントのことをネーターカレントという．ネーターカレントの保存則 $\partial_\mu J_{(r)}^\mu = 0$ から，ネーター電荷

$$Q_{(r)}(t) = \int d^3 x J_{(r)}^0(t, x) \tag{6.25}$$

は $\dot{Q}_{(r)}(t) = 0$ を満たし，時間変化をしない．ネーター電荷のもう一つの役割

は，場を量子化すると，ネーター電荷が変換の生成子となり

$$[i\epsilon Q_{(r)}, \phi] = \delta_\epsilon \phi \tag{6.26}$$

を満たすことである．具体例でみてみよう．複素スカラー場の理論 (6.1) は位相変換 $\delta_\epsilon \phi = i\epsilon\phi$ に対して不変であり，ネーターカレントは

$$J^\mu = \frac{\delta \mathcal{L}}{\delta \partial_\mu \phi} \mathfrak{M}_r \phi + \frac{\delta \mathcal{L}}{\delta \partial_\mu \phi^*} \mathfrak{M}_r \phi^* = i(\partial^\mu \phi^*)\phi - i(\partial^\mu \phi)\phi^* \tag{6.27}$$

で与えられる．運動方程式 $\partial^\mu \partial_\mu \phi = 0$ を考慮すると，カレントは保存している．ネーター電荷は，ϕ の正準共役量が $\pi_\phi = \dot\phi^*$ となることに注意すると，

$$Q = i\int d^3x \left[\pi_\phi \phi - \pi_{\phi^*} \phi^*\right] \tag{6.28}$$

なので，正準交換関係 $[\phi(x), \pi_\phi(y)] = i\delta^3(x-y)$ を使うと

$$[Q, \phi(x)] = \phi(x) \tag{6.29}$$

が導かれ，確かに式 (6.26) が成り立っていることがわかる．

次の例として，実スカラー場で並進に対する不変性をみてみよう．λ 方向への並進は $\delta x^\mu = -\epsilon \delta^\mu_\lambda$, $\delta\phi = 0$ で与えられる[4]．するとカレントはエネルギー運動量テンソルそのもの $J^\mu_{(\lambda)} = T^\mu_\lambda$ になり，保存電荷は運動量 $Q_{(\lambda)} = \int d^3x T^0_\lambda = P_\lambda$ である．

6.4 アーベル型ゲージ場理論

次に局所的な対称性を考えるが，その前にスカラー場の理論を局所対称性で不変にするためには，ゲージ場を導入する必要がある．この節では，まずアーベル型のゲージ場 A^μ を導入する．

作用 (6.1) は，θ が座標によらない場合は変換 (6.4) $\delta\phi = i\theta\phi$ のもとで不変である．しかし $\theta(x)$ が座標依存性をもつと，

$$\delta\mathcal{L} = i(\partial_\mu \phi^\star - \partial_\mu \phi)\partial^\mu \theta \neq 0 \tag{6.30}$$

となって不変性を壊す．この不変性を回復させるのが，ゲージ場 $A^\mu(x)$ であ

---
[4] $\delta\phi(x)$ の定義は式 (6.13) で与えられ，$\bar\delta\phi(x)$ とは異なることに注意．

る．ゲージ場は，スカラー場のような物質場と共変微分

$$D_\mu \phi \equiv (\partial_\mu - ieA^\mu(x))\phi \tag{6.31}$$

を通して結合することを要請する．これを最小結合の原理という．すなわち，作用 (6.1) の運動項を

$$\begin{aligned}\mathcal{L}_{kin} &= (D_\mu \phi)^\star D^\mu \phi = [(\partial_\mu + ieA^\mu)\phi^\star][(\partial_\mu - ieA^\mu)\phi] \\ &= \partial \phi^\star \partial \phi + ieA^\mu[\phi^\star \partial_\mu \phi - \phi \partial_\mu \phi^\star] + e^2 A^\mu A_\mu |\phi|^2\end{aligned} \tag{6.32}$$

に置き換える．そしてゲージ場の変換性として，任意の $\theta(x)$ に対して，共変微分が

$$\begin{aligned}D'_\mu(e^{i\theta}\phi) &= (\partial_\mu - ieA^{\mu\prime}(x))(e^{i\theta(x)}\phi) \\ &= e^{i\theta(x)}(\partial_\mu - ieA^\mu(x))\phi = e^{i\theta}(D_\mu \phi)\end{aligned} \tag{6.33}$$

を満たすことを要請する．このとき，$(D'_\mu e^{i\theta}\phi)^\star = e^{-i\theta}(D_\mu \phi)^\star$ なので，作用は確かに局所的な位相変換に対して不変になる．共変微分の変換性から，ゲージ場は

$$A^{\mu\prime}(x) = A^\mu(x) + \frac{1}{ie}(\partial_\mu e^{i\theta})e^{-i\theta(x)} = A^\mu(x) + \frac{\partial_\mu \theta}{e} \tag{6.34}$$

と変換する．これをアーベル型 (Abelian) のゲージ変換または $U(1)$ ゲージ変換という．ゲージ場は，μ という時空と同じローレンツの添字をもっていることからベクトルポテンシャルともよばれる．

ゲージ場自身の作用は次のように構成される．ベクトルポテンシャル A^μ から，場の強さを

$$F^{\mu\nu} \equiv \partial^\mu A^\nu - \partial^\nu A^\mu \tag{6.35}$$

で定義する．$F^{\mu\nu}$ は反対称テンソルであり，上記のゲージ変換に対して不変である．特に，$i = 1, 2, 3$ を空間成分とすると，$E_i \equiv F_{0i}$ は電場，$B_i \equiv \epsilon_{ijk}F^{jk}$ は磁場に対応する．この場の強さを使って，ゲージ場の作用を

$$\mathcal{L}_{EM} = -\frac{1}{4}F_{\mu\nu}F^{\mu\nu} = \frac{1}{2}\sum_i \left(E_i^2 - B_i^2\right) \tag{6.36}$$

で与える．場の強さがゲージ不変なため，ゲージ場の作用も自明にゲージ不変である．

6.5 *局所的対称性と保存則

この節では，式 (6.19) から出発して，変換パラメータが時空座標に依存するような局所的な対称性が導く保存則を考えよう[5]．6.4 節で導入した $U(1)$ ゲージ対称性も局所対称性の一つだが，この節ではまず一般論を議論する．

任意関数 $\lambda(x)$ に対する変換性

$$\delta x^\mu = \lambda^r(x) X_r^\mu(x), \quad \delta\phi = \lambda^r(x) M_r(x,\phi) + \partial_\mu \lambda^r(x) N_r^\mu(x,\phi) \quad (6.37)$$

に対して作用が不変であるとしよう．場 $\phi = \{\phi_a\}\,(a=1,\cdots,N)$ は N 成分あるとしよう．このとき，$M_r = \{M_{r,a}\}$ や $N_r = \{N_{r,a}\}$ も同様に N 個の成分をもつ．これらは必要のあるときまで明示しない．このような変換の例として，例えば，メトリック場 $g_{\mu\nu}$ で記述される重力理論がある．局所変換のパラメータ ξ^μ に対して，一般座標変換不変な作用は，

$$\delta x^\mu = \xi^\mu(x), \quad \delta g_{\mu\nu} = -(\partial_\mu \xi^\rho) g_{\rho\nu} - (\partial_\nu \xi^\rho) g_{\mu\rho} \quad (6.38)$$

の変換に対して不変であり，確かに上の一例となっている．(6.37) をさらに一般化して，場 ϕ の変換が $\lambda(x)$ の高階微分を含むようにもできるが，ここでは簡単のため 1 階微分までとする．

この場合，式 (6.19) に (6.37) を代入して，一部を部分積分すると

$$0 = \delta S = \int d^4 x\, \lambda^r \Big(E_{om}(M_r - X_r^\mu \partial_\mu \phi) - \partial_\mu(E_{om} N_r^\mu) \Big)$$
$$+ \partial_\mu \left(\frac{\delta \mathcal{L}}{\delta \partial_\mu \phi} \delta\phi - T_\nu^\mu \delta x^\nu + \lambda^r E_{om} N_r^\mu \right) \quad (6.39)$$

となる．パラメータ $\lambda(x)$ は任意関数でよいので，領域の境界で消えるならば，第 2 行目は落ちる．そこで 1 行目の括弧内

$$E_{om}(M_r - X_r^\mu \partial_\mu \phi) - \partial_\mu(E_{om} N_r^\mu) = 0 \quad (6.40)$$

---
[5] より詳細な解説は内山龍雄「一般相対性理論」(物理学選書 15)（裳華房，1978）の第 5 章「不変変分論」を参照．本書の記法もこの本に従っている．

が $r = 1, \cdots, n$ に対して恒等的に 0 でなくてはならない．$E_{om} = \delta S/\delta \phi$ を使うと，この恒等式は（表面項が消える変分に対する）作用の不変性

$$\int d^4x \frac{\delta S}{\delta \phi_a(x)} \bar{\delta}\phi_a(x) = 0 \tag{6.41}$$

に他ならない．これより，N 成分場 ϕ_i ($i = 1, \cdots, N$) に成り立つ N 個の運動方程式に対して，局所変換のパラメータの数 n 個だけの恒等式が成立する．つまり，通常だと運動方程式を解けば（少なくとも境界条件を与えれば）解が一意的に求まるのに対して，局所対称性がある場合には，その対称性の数だけ解が一意には決まらないことを意味している．これが局所対称性の一つの重要な帰結である．大局的な対称性の場合でも，ある特殊解 $\phi(x)$ が与えられれば，それに大局的な変換を施してもやはり解である．しかし，局所変換の場合は，時空座標に依存する変換をしても解になるという点で大きく異なっている．

次に，境界で消えない λ を考えることで，式 (6.39) の第 2 行目も独立に 0 となること

$$\partial_\mu \left(\frac{\delta \mathcal{L}}{\delta \partial_\mu \phi} \delta \phi - T^\mu_\nu \delta x^\nu + \lambda^r E_{om} N^\mu_r \right) = 0 \tag{6.42}$$

が要請される．これはカレントの保存則のようにみえるが，まだ局所変換のパラメータ $\lambda^r(x)$ を含んだ式になっている．そこで (6.37) を入れて，λ^r とその 1 階微分でまとめると，

$$\begin{aligned} 0 &= \partial_\mu (B^\mu_r \lambda + C^{\mu\nu}_r \partial_\nu \lambda^r) \\ &= \lambda^r \partial_\mu B^\mu_r + \partial_\mu \lambda^r (B^\mu_r + \partial_\nu C^{\nu\mu}_r) + \partial_\mu \partial_\nu \lambda^r C^{\mu\nu}_r = 0 \end{aligned} \tag{6.43}$$

と書き直せる．ただし，

$$B^\mu_r \equiv \frac{\delta \mathcal{L}}{\delta \partial_\mu \phi} M_r - T^\mu_\nu X^\nu_r + E_{om} N^\mu_r, \quad C^{\mu\nu}_r \equiv \frac{\delta \mathcal{L}}{\delta \partial_\mu \phi} N^\nu_r \tag{6.44}$$

である．任意関数 λ で上記の方程式が成立することから，運動方程式とは無関係に成立する三つの恒等式

$$\partial_\mu B^\mu_r = 0 \tag{6.45}$$

$$B^\mu_r + \partial_\nu C^{\nu\mu}_r = 0 \tag{6.46}$$

$$C^{\mu\nu}_r + C^{\nu\mu}_r = 0 \tag{6.47}$$

が導かれる．変換パラメータ λ が座標依存性をもたない場合には，(6.45) が保存則を与え，運動方程式を満たす場合 ($E_{om} = 0$)，B_r^μ は式 (6.21) の保存カレントに等しくなる．

しかし，局所不変性の結果として次の著しい性質をもつ．$C_r^{\mu\nu}$ の反対称性 (6.47) のため，恒等式 (6.46) が成立すると，(6.45) は自動的に成り立つ．つまり，座標依存しない大局的対称性に付随する保存カレント B_r^μ は，運動方程式の結果として保存しているのではなく，式 (6.46) のような全微分で書かれていることで恒等的に保存しているのである．また保存電荷は，C_r^{0i} をベクトルの成分と考えると

$$Q_r \equiv \int_V d^3x B_r^0 = \int_V d^3x \partial_i C_r^{0i} = \int_S d\mathbf{n} \cdot \mathbf{C}_r \tag{6.48}$$

と表面積分に書き換えられる．すなわち，局所的な対称性に付随している保存電荷は，考えている領域の境界，つまり場の無限遠方での振舞いから決定される．

6.6　ゲージ対称性とガウスの法則

この節では，前節で導いた一般的な結果を 6.4 節のゲージ理論に適用して，どのような保存則が導かれるかをみてみよう．

場は複素スカラー場 ϕ とゲージ場 A^μ である．局所的なゲージ変換則は

$$\delta\phi = ie\lambda(x)\phi, \quad \delta A^\mu = \partial_\mu \lambda \tag{6.49}$$

で与えられる．前節の議論と合わせるために，変換パラメータを $\theta = e\lambda$ と書いた．また明らかに $\delta x = 0$ である．ラグランジアンを，式 (6.36), (6.32), (6.2) を組み合わせて

$$\mathcal{L} = \mathcal{L}_{EM} + \mathcal{L}_{kin} - V(\phi) \tag{6.50}$$

とする．B^μ で $E_{om} = 0$ とおくと，

$$\begin{aligned} J^\mu &\equiv B^\mu = ie\left[\phi(D^\mu\phi)^\star - \phi^\star(D^\mu\phi)\right], \\ C^{\mu\nu} &= -F^{\mu\nu} \end{aligned} \tag{6.51}$$

となり，式 (6.46) は $J^\mu = \partial_\nu F^{\nu\mu}$ となる．これはゲージ場の運動方程式その

6.6 ゲージ対称性とガウスの法則

ものであり，式 (6.48) は，物質場の電荷が電磁場がつくる遠方での電場の面積分で表されるというガウスの法則に他ならない．B^μ は，物質場の作用 S_M のゲージ場での変分

$$B^\mu = -\frac{\delta S_M}{\delta A_\mu} \tag{6.52}$$

としても得られる．これは，ゲージ場と物質との相互作用が式 (6.31) の最小結合で与えられていることからもわかる．

ゲージ対称性のような局所的な対称性で不変な理論では，ネーター電荷は場の遠方での表面積分として書くことができる．この性質は，重力場と相互作用している物質場でも同じように成立する．この場合，局所的な対称性は，一般座標不変性である．一般座標不変性の一部として，並進や回転に対する大局的な対称性が含まれるが，これらの変換の保存カレントであるエネルギー運動量テンソルや角運動量テンソルは，やはり重力場の全微分で書くことができる．その結果，物質場がつくる質量や角運動量は，重力場の無限遠での面積分として書ける．これらについては，この本の範囲を超えるので，一般相対性理論の専門書をみてほしい．

スカラー場と同じように，電磁場と結合するフェルミ場も最小結合の原理，すなわち

$$\partial_\mu \to D_\mu = \partial_\mu - ieA_\mu \tag{6.53}$$

の置換えで構成できる．質量 m のディラック場 ψ に対して

$$\mathcal{L}_F = \bar{\psi}(iD_\mu \gamma^\mu - m)\psi = \bar{\psi}(i\partial_\mu \gamma^\mu - m)\psi + eA^\mu \bar{\psi}\gamma^\mu \psi \tag{6.54}$$

というラグランジアンを考えると

$$\begin{aligned}\psi'(x) &= e^{ie\lambda(x)}\psi(x), \quad \bar{\psi}'(x) = \bar{\psi}e^{-ie\lambda(x)}, \\ A^{\mu\prime} &= A^\mu + \partial_\mu \lambda\end{aligned} \tag{6.55}$$

のゲージ変換のもとで不変である．これと式 (6.36) の電磁場のラグランジアン $\mathcal{L}_{EM}$ を合わせた理論を，量子電磁力学という．これは電荷 e をもつ電子と電磁場 A^μ の相互作用を記述する．フェルミ場のカレントは

$$J^\mu = e\bar{\psi}\gamma^\mu \psi \tag{6.56}$$

で与えられる．スカラー場の場合と同様に，カレントはフェルミ場の作用をゲージ場 A_μ で変分したものと等価であり，フェルミ場とゲージ場の相互作用は，

$$\int d^4x J^\mu A_\mu \tag{6.57}$$

で記述されている．

6.7 アハラノフ・ボーム効果

この節ではゲージ変換と量子論を組み合わせたときに起こる少し不思議な現象について説明する．このことはゲージ変換が古典的に考えている以上に奥深いものであることを示唆している．

ゲージ変換で移り合うものは，物理的に区別できない．例えば，ゲージ場は (6.55) と変換することから，$A^\mu = \partial_\mu f(x)$ と書かれるゲージ場の配位はゲージ場のない配位 $A^\mu = 0$ と等価とみなされる．同様に，場の言葉でいうと，$\psi(x)$ の位相そのものは，ゲージ変換により移り変わるので観測量ではないことになる．一方，ゲージ場の強さ $F^{\mu\nu}$ や共変微分を使って書かれた量 $\bar{\psi}D_\mu\psi = \bar{\psi}(\partial_\mu - ieA_\mu)\psi$ などのゲージ不変量は，観測可能量である．

これらの局所的なゲージ不変量以外に，次の重要なゲージ不変量が存在する．閉曲線 C での線積分

$$W[C] = \exp\left(ie\oint_C A_\mu dx^\mu\right) \tag{6.58}$$

はウィルソンループとよばれ，ゲージ変換のパラメータ θ が C 上の 1 価関数ならば，この量はゲージ不変である．ウィルソンループの有用性をみるため，図 6.1 のような 2 重スリットを使った干渉実験を考えてみよう．左の図は，入射した電子を 2 重スリットで分離して異なる経路を通した後に，スクリーン上で干渉された様子を表す．各スリットを通った波動関数は，経路積分の表式 (1.165) または式 (1.166) より，

$$\psi(x) \approx A_1 e^{iS_1(x)/\hbar} + A_2 e^{iS_2(x)/\hbar} \tag{6.59}$$

と近似できる．ここで S_i ($i=1,2$) は，入射点から上（下）のスリットを通ってスクリーン上のある点 x に行く古典粒子の作用関数を表し，A_i はその周り

6.7 アハラノフ・ボーム効果

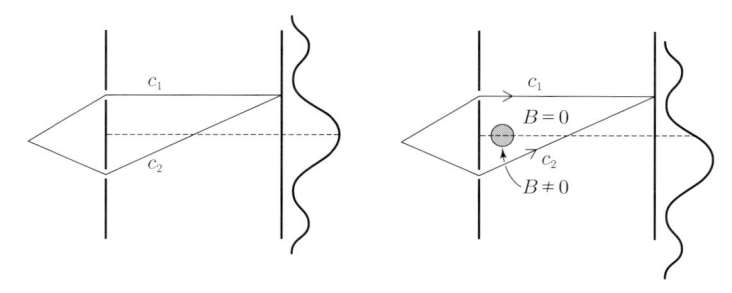

図 6.1 2重スリットによる干渉実験．左は入射した電子線が，スリットの二つの穴を通って先のスクリーン上で干渉縞をつくる様子．右では，電子線が通る二つの経路の真ん中に，紙面に垂直方向の磁場が0でない領域をつくり，干渉実験を行う．磁場は電子が通る経路に滲み出していないにもかかわらず，干渉縞の位置が変わる．

のガウス積分からくる係数である．スクリーン上の干渉の強さは $|\psi(x)|^2$ で与えられる．

次に，これら二つの経路の真ん中に，紙面に垂直方向の磁場が $B \neq 0$ の領域をつくる．ただし電子の経路上には磁場が漏れ出してこないとする．ゲージ場があるときの経路積分は

$$\mathcal{A}_{fi} = \int_{x_i}^{x_f} \mathcal{D}x \; \psi_f^*(x_f)\psi_i(x_i) e^{iS_0[\{x(t)\}]/\hbar} e^{ie \int dt \mathbf{A} \cdot \dot{\mathbf{x}}/\hbar} \tag{6.60}$$

と余分な位相因子がつく．これは，ゲージ場と物質の相互作用が (6.57) で与えられ，荷電点粒子のカレントが $\mathbf{J}(x) = e\dot{\mathbf{x}}\delta^3(\mathbf{x} - \mathbf{x}_{cl}(t))$ となることから導かれる．このためスクリーン上での波動関数は

$$\begin{aligned}\psi(x) &\approx A_1 e^{iS_1(x)/\hbar} e^{\frac{ie}{\hbar}\int_{C_1} d\mathbf{l}\cdot\mathbf{A}} + A_2 e^{iS_2(x)/\hbar} e^{\frac{ie}{\hbar}\int_{C_2} d\mathbf{l}\cdot\mathbf{A}} \\ &= e^{ie\int_{C_1} d\mathbf{l}\cdot\mathbf{A}} \left(A_1 e^{iS_1(x)/\hbar} + A_2 e^{iS_2(x)/\hbar} e^{\frac{ie}{\hbar}\oint_C d\mathbf{l}\cdot\mathbf{A}} \right)\end{aligned} \tag{6.61}$$

に変更される．ここで閉経路 $C = C_2 - C_1$ は，磁場のある領域をぐるっと反時計周りに回る経路で，ベクトルポテンシャル $\mathbf{A}$ の線積分は，経路 C に囲まれた領域の磁束

$$\oint_C d\mathbf{l} \cdot \mathbf{A} = \Phi \tag{6.62}$$

で与えられる．この位相の分だけ，干渉縞のパターンが変わる．ここで重要なのは，古典的な電子の経路（量子論的には，もっとも経路積分への重みが大き

な経路) 上には，磁場や電場といった観測可能なものは全くないことである．しかし，このような磁場をベクトルポテンシャル $\mathbf{A}$ で表すと，必ず経路上でのウイルソンループが残ってしまう．量子力学では，このような古典的に観測不可能な物理量を間接的に測定することができる，という点において古典的な直感に反している[6]．これをアハラノフ・ボーム (Aharonov-Bohm) 効果という．このような干渉実験を最初に精密に行ったのが，外村彰らの電子線ホログラフィーを使った美しい実験である[7]．

6.8 ゲージ場の量子化

本節と次節で，$U(1)$ ゲージ場の量子化を行う．ゲージ場はゲージ対称性をもつため，スカラー場やフェルミ場のように簡単には量子化できない．そこで必要になるのがゲージ固定である．この節では，ローレンツ共変性をあらわには保たないクーロンゲージで量子化を行う．もちろん，物理量を計算するとローレンツ不変性は回復している．次の節では，経路積分形式でローレンツ共変な量子化を解説する．

電磁場の作用は，物質場のカレントを $J^\mu = (\rho, \mathbf{J})$, $J_\mu = (\rho, -\mathbf{J})$ と書くと

$$\begin{aligned}S &= \int d^4x \left(-\frac{1}{4}F^{\mu\nu}F_{\mu\nu} - A_\mu J^\mu\right) \\ &= \frac{1}{2}\int d^4x A^\mu (\Box \delta^\nu_\mu - \partial_\mu \partial^\nu)A^\nu - A_\mu J^\mu \end{aligned} \quad (6.63)$$

で与えられる．ただし $\Box \equiv \partial_\mu \partial^\mu$ を定義した．この作用がゲージ変換 $\delta A^\mu = \partial^\mu \lambda$ で不変あるためには，カレントの保存 $\partial_\mu J^\mu = 0$ が要求される．この作用から導かれる運動方程式は

$$\partial_\mu F^{\mu\nu} = (\Box \delta^\nu_\mu - \partial_\mu \partial^\nu)A^\mu = J^\nu \quad (6.64)$$

となる．カレントが与えられたときに，この方程式は A^μ について解けるだろうか．これが解けるためには，微分演算子 $(\Box \delta^\nu_\mu - \partial_\mu \partial^\nu)$ に逆（グリーン関数）

---

[6] 波動関数とその重ね合わせの原理を出発点とする量子力学的な世界観に立てば，特に奇妙なことではない．精密に検証された理論（量子力学や相対性理論など）の帰結は，いかに直感に反しようが信じないとならないよい例である．しかしやはり何かもっとより奥深いものがゲージ対称性の背後にあるようにも思われる．

[7] 外村さんたちの実験は A. Tonomura *et. al.*, Phys. Rev. Lett. 48 (1982) 1443–1446 を参照．

が存在する必要があるが，任意関数 $f(x)$ に対して

$$(\Box \delta_\mu^\nu - \partial_\mu \partial^\nu)\partial^\mu f(x) = 0 \tag{6.65}$$

が成立する．もし逆が存在すると $\partial^\mu f$ が常に 0 になり矛盾である．別の言い方をすると，A^μ が式 (6.64) の解だとすると，その解をゲージ変換した関数 $A^\mu + \partial^\mu \lambda$ も運動方程式の解である．これは，ゲージ場の運動方程式がゲージ不変（より一般的な言い方ではゲージ共変）であることに他ならない．

そこで，ゲージ場を量子化するためには，このようなゲージ変換の自由度をいったん封印する必要がある．その操作を「ゲージ固定」という．一番簡単なゲージ固定は，クーロンゲージとよばれる．ゲージ変換のパラメータは時空間の任意関数でよい．そこで A_0 に対するゲージ変換 $\delta A_0(t, \mathbf{x}) = \partial_0 \lambda(t, \mathbf{x})$ を使い，$A_0 = 0$ とおこう．ゲージ場の空間成分は，横波成分 $\mathbf{A}^T$ と縦波成分 $\boldsymbol{\nabla} f$ に

$$\mathbf{A} = \mathbf{A}^T + \boldsymbol{\nabla} f, \quad \boldsymbol{\nabla} \cdot \mathbf{A}^T = 0, \quad \boldsymbol{\nabla} \times \boldsymbol{\nabla} f = 0 \tag{6.66}$$

と分離できる．これから，電場と磁場を計算すると

$$\mathbf{E} = \dot{\mathbf{A}} = \dot{\mathbf{A}}^T + \boldsymbol{\nabla} \dot{f}, \quad \mathbf{B} = \boldsymbol{\nabla} \times \mathbf{A}^T \tag{6.67}$$

となる．ゲージ場の運動方程式 (6.64) の $\nu = 0$ 成分は

$$\boldsymbol{\nabla} \cdot \mathbf{E} = \Delta \dot{f} = \rho \tag{6.68}$$

となって，ラプラス方程式のグリーン関数 G_c

$$\Delta G_c(\mathbf{x}, \mathbf{y}) = \delta^3(\mathbf{x} - \mathbf{y}), \quad G_c(\mathbf{x}, \mathbf{y}) = \frac{-1}{4\pi |\mathbf{x} - \mathbf{y}|} \tag{6.69}$$

を使うと

$$\dot{f}(x^0, \mathbf{x}) = \int d^3y G_c(\mathbf{x}, \mathbf{y}) \rho(x^0, \mathbf{y}) \tag{6.70}$$

のように電荷分布で解くことができる．このことは，f がダイナミカルな自由度（つまり伝搬する自由度）を全くもっていないことを示している[8]．これは

---

[8] (6.70) には $\Delta \theta = 0$ となるラプラス方程式の 0 モードを加えてもよい．しかし，空間の無限遠方で $\theta(x) \to 0$ という境界条件を課すと，$\theta(x) = 0$ 以外には $\Delta \theta = 0$ の解は存在しない．

クーロンポテンシャルに他ならない．一方，ゲージ場の横波成分 $\mathbf{A}^T$ が，ダイナミカルな自由度を担い，電磁波に対応する．

このことをみるため，ゲージ場のラグランジアンを横波と縦波成分で書き直そう．まず

$$\frac{1}{2}\int d^4 x \mathbf{E}^2 = \frac{1}{2}\int d^4 x \left[(\dot{\mathbf{A}}^T)^2 + (\boldsymbol{\nabla}\dot{f})^2\right] = \frac{1}{2}\int d^4 x \left[(\dot{\mathbf{A}}^T)^2 - \dot{f}\rho\right],$$
$$-\int d^4 x A_\mu J^\mu = \int d^4 x (A_i^T + \partial_i f) J_i = \int d^4 x (A_i^T J_i + \dot{f}\rho) \tag{6.71}$$

となる．ここで部分積分とカレントの保存則 $\dot{\rho} + \boldsymbol{\nabla}\cdot\mathbf{J} = 0$ を使った．これらを合わせると，(6.63) の作用は

$$\begin{aligned} S &= \int d^4 x \left[\frac{\dot{\mathbf{A}}^T}{2} - \frac{(\boldsymbol{\nabla}\times\mathbf{A})^2}{2} - \mathbf{A}^T\mathbf{J}\right] \\ &+ \int d^4 x d^4 y\ \rho(x)\ G_c(\mathbf{x}-\mathbf{y})\delta(x^0-y^0)\ \rho(y) \end{aligned} \tag{6.72}$$

となる．1 行目が横波成分の運動方程式を与える．2 行目はクーロン相互作用であり，横波成分を含んでいない．ゲージ場のクーロンゲージでの量子化は，この 1 行目を量子化することに対応する．

A_i^T の運動方程式は，(6.64) の空間成分 $\nu = i$，または直接 (6.72) の作用から求められる．$\partial_\mu A^{\mu T} = 0$ なので (6.64) の 2 項目は消えて，$\Box A_i^T = J^i$ となる．$\mathbf{J} = 0$ だと，質量のないスカラー場の方程式と同じで平面波解 e^{-ikx} をもつ．このとき，横波条件 $\mathbf{k}\cdot\mathbf{A}^T = 0$ が課される．そこで A_i^T を

$$A_i^T(x) = \int d^3\mathbf{k} \sum_\lambda \left(\hat{a}_{\mathbf{k},\lambda} e_i^{(\lambda)} u_\mathbf{k}(x) + \hat{a}_{\mathbf{k},\lambda}^\dagger e_i^{(\lambda)} u_\mathbf{k}^*(x)\right)$$
$$u_\mathbf{k}(x) = \frac{e^{-ikx}}{\sqrt{(2\pi)^3 2|\mathbf{k}|}} \tag{6.73}$$

と展開する．ただし偏極ベクトルは $\lambda = 1, 2$ をとり，$\mathbf{k}\cdot\mathbf{e}^{(\lambda)} = 0$ を満たす 3 次元ベクトルである．また大きさを 1 に規格化する．すると

$$P_{ij} \equiv \sum_{\lambda=1,2} e_i^{(\lambda)} e_j^{(\lambda)} = \delta_{ij} - \frac{k_i k_j}{|\mathbf{k}|^2} \tag{6.74}$$

が成立する．これは，二つの偏極ベクトルに $\mathbf{k}$ 方向の単位ベクトルを合わせる

と，三つの線形独立な単位ベクトルになることからもわかる．つまりゲージ場のダイナミカルな自由度は，二つの偏極ベクトルで記述された横波によって記述されている．生成消滅演算子の交換関係は

$$[\hat{a}_{\mathbf{k},\lambda}, \hat{a}^\dagger_{\mathbf{k}',\lambda'}] = \delta^3(\mathbf{k}-\mathbf{k}')\delta_{\lambda\lambda'} \tag{6.75}$$

で与えられる．これを使って電磁場のファインマン伝搬関数を計算しよう．各偏極ベクトルはそれぞれ独立な実スカラー場と考えられるので，クーロンゲージでの電磁場のグリーン関数は質量 0 のスカラー場のグリーン関数 $G(x,y)$ を使って

$$\begin{aligned} D^c_{ij}(x,y) &= \langle 0|T\left(A^T_i(x)A^T_j(y)\right)|0\rangle \\ &= \int \frac{d^4k}{(2\pi)^4}\left(\delta_{ij}-\frac{k_ik_j}{\Delta}\right)\frac{i}{k^2+i\epsilon}e^{-ik(x-y)} \\ &= \left(\delta_{ij}-\frac{\partial_i\partial_j}{\Delta}\right)G(x,y) \end{aligned} \tag{6.76}$$

と書くことができる．クーロンゲージは，物理的状態が明確なので正準形式には適しているが，ローレンツ共変性を見かけ上破っており，実際の計算には必ずしも最適ではない．そこで次の節では，経路積分形式で共変に量子化する方法を導入する．

6.9 *共変ゲージでの経路積分量子化

ゲージ場の経路積分 $Z = \int \mathcal{D}A e^{iS[A]}$ に問題がある理由は，作用 (6.63) で，A^μ の 2 次項に作用する微分演算子が 0 固有値をもち，ガウス積分が実行できないためであった．それを回避する方法として Faddeev-Popov による次のやり方が知られている．0 固有値をもつのは，作用がゲージ不変性をもつことにある．そこでまずゲージ変換に対して不変ではない汎関数 $G(A)$ を考えて，$G(A) = 0$ を満たすゲージ場の配位を選択する．このとき，次の恒等式に注目する．

$$1 = \int \mathcal{D}\theta\, \delta(G(A^\theta))\, \det\left(\frac{\delta G(A^\theta)}{\delta\theta}\right) \tag{6.77}$$

ただし，A^θ はゲージ場 A をゲージパラメータ θ でゲージ変換した配位 $A^\theta = A + \partial\theta$ を意味する．これは，1 変数の δ 関数についての恒等式

$$1 = \int dx \delta(f(x)) \frac{df}{dx} \tag{6.78}$$

または有限個の変数 $\{x_i\} \to \{f_i(\mathbf{x})\}$ $(i=1,\cdots,N)$ の δ 関数についての恒等式

$$1 = \int \prod_i dx_i \; \delta(\mathbf{f}(\mathbf{x})) \det\left(\frac{df_i}{dx_j}\right) \tag{6.79}$$

で，変数 $\mathbf{x}$ を $\theta(x)$ へ，$\mathbf{x}$ の関数 $\mathbf{f}(\mathbf{x})$ を $\theta(x)$ の汎関数 $G(A^\theta)$ へ拡張したものになっている．これを分配関数 Z に挿入すると，

$$Z = \int \mathcal{D}A \int \mathcal{D}\theta \; \delta(G(A^\theta)) \; \det\left(\frac{\delta G(A^\theta)}{\delta \theta}\right) e^{iS[A]} \tag{6.80}$$

となる．ここで積分測度 $\mathcal{D}A$ と作用 $S[A]$ が，ゲージ変換に対して不変 $\mathcal{D}A = \mathcal{D}A^\theta$, $S[A] = S[A^\theta]$ であることを使い，$A^\theta \to A$ の置換えをすると

$$\begin{aligned} Z &= \left[\int \mathcal{D}\theta\right] \int \mathcal{D}A \; \delta(G(A)) \; \det\left(\frac{\delta G(A^\theta)}{\delta \theta}\right) e^{iS[A]} \\ &\to \int \mathcal{D}A \; \delta(G(A)) \; \det\left(\frac{\delta G(A^\theta)}{\delta \theta}\right) e^{iS[A]} \end{aligned} \tag{6.81}$$

となる．det は A の汎関数だが θ にはよっていない．(これは $\delta G(A^\theta)/\delta\theta$ が θ 方向の微係数だからである．) このため，θ 積分は全体にかかる数として分離してしまう．この積分はゲージ変換の自由度が固定されているにもかかわらず，計算された分配関数はもとと同じ性質をもつ．δ 関数部分はゲージ固定項，det 部分は Faddeev-Popov 項とよばれる．

　アーベル型のゲージ場について具体的にみてみよう．ゲージ固定項として

$$G(A) = \partial_\mu A^\mu - w(x) \tag{6.82}$$

をとる．すると $G(A^\theta) = G(A + \partial\theta/e)$ なので，$\delta_\theta G(A) = \Box\theta/e$ となり，det 部分はゲージ場の配位 A に無関係な数となる [9]．このため，この部分を経路積分の外に出してしまうと

---

[9] これはアーベル型のゲージ理論の特殊性で，非可換ゲージ理論の場合は，det 部分が複雑で重要な役割を果たす．またアーベル型でも 7.7 節脚注 16 で議論するようにゲージの取り方によっては取り扱いに注意が必要である．

$$Z_\omega = \int \mathcal{D}A\, \delta(G(A))e^{iS[A]} \tag{6.83}$$

というとても簡単な式に変形できる．δ関数のままでは扱いにくいので，$w(x)$について次のように平均化すると

$$Z = \int \mathcal{D}\omega e^{-\frac{i}{2\xi}\int d^4x \omega^2} Z_\omega = \int \mathcal{D}A e^{iS[A]-\frac{i}{2\xi}\int d^4x(\partial_\mu A^\mu)^2} \tag{6.84}$$

となり，ゲージ場の作用にゲージ固定項がついて，ガウス積分が実行できる．新しい作用は（$J=0$とすると）

$$S[A] - \frac{1}{2\xi}\int d^4x (\partial_\mu A^\mu)^2$$
$$= \frac{1}{2}\int d^4x A^\mu \left(\Box \delta^\nu_\mu - \left(1 - \frac{1}{\xi}\right)\partial_\mu \partial^\nu\right) A_\nu \tag{6.85}$$

となり，この微分演算子は逆をもつ．フーリエ変換した演算子について

$$\left[k^2 g_{\mu\nu} - \left(1 - \frac{1}{\xi}\right)k_\mu k_\nu\right]\left[\delta^\nu_\lambda - (1-\xi)\frac{k^\nu k_\lambda}{k^2}\right] = k^2 \delta^\lambda_\mu \tag{6.86}$$

が成り立つことから，

$$\left(-\Box g_{\mu\nu} + \left(1 - \frac{1}{\xi}\right)\partial_\mu \partial_\nu\right) D^{\nu\lambda} = -i\delta^4(x-y)\delta^\lambda_\mu \tag{6.87}$$

を満たすファインマン型の境界条件をもつグリーン関数は

$$D_F^{\nu\lambda}(x,y) = \int \frac{d^4k}{(2\pi)^4} \frac{-i}{k^2 + i\epsilon}\left(\eta^{\nu\lambda} - (1-\xi)\frac{k^\nu k^\lambda}{k^2}\right)e^{-ik(x-y)} \tag{6.88}$$

で与えられる．特に$\xi=0$をランダウゲージ，$\xi=1$をファインマンゲージという．量子電磁気学の場合，ファインマンゲージを使うことが多い．物理量はξの選び方にはよらない．ファインマンゲージのとき，$1/k^2$の符号は，空間成分$\nu=\lambda=1,2,3$がスカラー場と同じになり，時間成分$\nu=\lambda=0$は逆符号をもつ．このことはゲージ場の時間成分の場でつくられた状態が正ノルムをもたないことに対応する．

6.10　接続の理論としての非可換ゲージ対称性

この節では，ゲージ対称性を接続という考え方で説明する．またそれに伴っ

てアーベル型の可換ゲージ対称性を拡張し，非可換ゲージ対称性を導入する．

アーベル型のゲージ対称性は式 (6.55) のような変換に対する不変性をもつ[10]．場に $U_\lambda \equiv e^{ie\lambda(x)}$ をかけるという操作は，$U_{\lambda_1} U_{\lambda_2} = U_{\lambda_1+\lambda_2}$ を満たし，$U(1)$ 群（アーベル群）を構成する．これをより一般の非可換リー群へ拡張したものが，非可換ゲージ理論である．

まず接続という概念を紹介しよう．物理量は局所的な位相の選び方に依存してはならない．$|\psi(x)|^2$ のような物理量が各点での観測可能量である．しかし時空間の異なる点での場を比較すると，位相変換に対して

$$\epsilon^\mu \partial_\mu \psi \sim \psi(x) - \psi(x-\epsilon) \to e^{ie\lambda(x)}\psi(x) - e^{ie\lambda(x-\epsilon)}\psi(x-\epsilon) \quad (6.89)$$

のようにバラバラに変換してしまうため，このままだとゲージ不変量がつくれない．そこで，空間の異なる点での場を比較するために，ゲージ場を使って，点 x から点 $x+\epsilon$ までの経路に沿った積分（ウイルソンライン）

$$W(x, x-\epsilon) \equiv \exp\left(ie \int_{x-\epsilon}^{x} A_\mu dx^\mu\right) \quad (6.90)$$

を導入する．この量は，ゲージ変換 (6.55) のもとで，

$$W(x, x-\epsilon) \to e^{ie(\lambda(x) - \lambda(x-\epsilon))} W(x, x-\epsilon) \quad (6.91)$$

と変換する[11]．このウイルソンラインを使って，引き戻した場

$$\psi_\parallel(x-\epsilon) \equiv W(x, x-\epsilon)\, \psi(x-\epsilon) \quad (6.92)$$

を定義すると $x-\epsilon$ での場が

$$\psi_\parallel(x-\epsilon) \to e^{ie\lambda(x)} \psi_\parallel(x-\epsilon) \quad (6.93)$$

とあたかも x での場であるかのようにゲージ変換する．そこで

$$\psi(x) - \psi_\parallel(x-\epsilon) \sim \epsilon^\mu (\partial_\mu - ieA_\mu)\psi \equiv \epsilon^\mu D_\mu \psi \quad (6.94)$$

---

[10] 以下ではフェルミ場に対するゲージ変換性を，一般に波動関数に対するゲージ変換性と読み替えて使う．以下の議論は，ボソンでもフェルミオンでも同様に成り立つ．

[11] ウイルソンラインのゲージ変換則は，2 点を結ぶ経路の取り方にはよらない．また 2 点間は有限距離，離れていてもよい．

という量を考えると，これを使って $\psi^* D_\mu \psi$ のようなゲージ不変量をつくることができる．

この局所的な位相変換を，一般のリー群へ拡張したものが，非可換ゲージ理論である．簡単のため，ここでは $SU(N)$ 群を例にとって考えよう．1 成分の場 ψ を内部対称性をもつ多成分場

$$\psi = \begin{pmatrix} \psi_1 \\ \psi_2 \\ \vdots \\ \psi_N \end{pmatrix} \tag{6.95}$$

に拡張する．この場は，$SU(N)$ 変換のもとで

$$\psi \to U\psi, \ \psi^\dagger \to \psi^\dagger U^\dagger, \quad U = e^{i\theta^a T^a} \tag{6.96}$$

と変換する．ここで T^a $(a = 1, \cdots, N^2-1)$ は N^2-1 個の $SU(N)$ リー代数の生成子で，交換関係と内積

$$[T^a, T^b] = if_{abc}T^c, \quad \mathrm{Tr}(T^a T^b) = \frac{1}{2}\delta_{ab} \tag{6.97}$$

を満たす $N \times N$ エルミート行列である．このため実の変換パラメータ θ^a に対して，U は N 行 N 列のユニタリー行列となり，$U^\dagger U = UU^\dagger = 1$ を満たす．変換パラメータ θ^a が場所によらない場合を，大局的な変換とよぶ．$\psi^\dagger \psi$ などの量は，この変換で不変である．これを場所に依存する局所的なゲージ変換

$$\psi(x) \to U(x)\psi(x) \tag{6.98}$$

に拡張する．単純に異なる場所の場を比較すると，(6.89) のようにバラバラに変換してゲージ不変性を保てない．そこで異なる場所での変換を比べるために，(6.90) にならって非可換理論に拡張されたウイルソンラインを定義しよう．$A_\mu = A_\mu^a T^a$ を使って，

$$\begin{aligned} W(x, y) &\equiv P \exp\left(i \int_y^x A_\mu(x) dx^\mu\right) \\ &= \lim_{M \to \infty} \left[\exp\left(i \int_{x_{M-1}}^{x_M} A_\mu dx^\mu\right) \cdots \exp\left(i \int_{x_1}^{x_2} A_\mu dx^\mu\right)\right] \end{aligned} \tag{6.99}$$

$$P \exp(i \int_y^x A_\mu(x) dx^\mu)$$
$$= \lim_{M \to \infty} \left[\exp(i \int_{x_{M-1}}^{x_M} A_\mu dx^\mu) \cdots \exp(i \int_{x_1}^{x_2} A_\mu dx^\mu) \right]$$

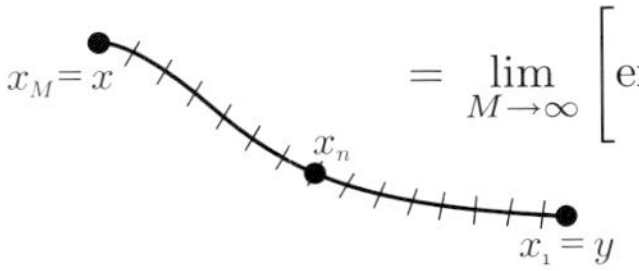

図 **6.2** 経路順序積によるウイルソンラインの定義．点 y から点 x までの経路を細かく $M(\to \infty)$ 分割し，経路に沿って右から左へ各部分の演算子 $e^{i \int_{x_n}^{x_{n+1}} A_\mu(x) dx^\mu}$ をかけたものを，ウイルソンラインという．

により非可換ゲージ理論でのウイルソンラインを定義する．P は経路順序積 (path ordering) とよばれ，y から x までの経路を細かく M 分割し，各部分の $\exp(i \int_{x_n}^{x_{n+1}} A_\mu dx^\mu) \sim 1 + i \int_{x_n}^{x_{n+1}} A_\mu dx^\mu$ を右から左へ順番にかける操作を意味する．これは，異なる点のエルミート行列 $A_\mu(x)$ が互いに可換ではなく，積の順序が重要となるためである．$A_\mu(x)$ は N^2-1 個の成分をもつ非可換ゲージ場とよばれる．この量が，(6.98) のゲージ変換に対して

$$W(x,y) \to U(x) W(x,y) U^\dagger(y) \tag{6.100}$$

と変換すれば，$\psi_\|(y) = W(x,y)\psi(y)$ は $\psi(x)$ と同じ変換性をもつ．このためには，各部分の演算子が

$$\left(1 + i \int_{x_n}^{x_{n+1}} A_\mu(x) dx^\mu \right) \to U(x_{n+1}) \left(1 + i \int_{x_n}^{x_{n+1}} A_\mu(x) dx^\mu \right) U^\dagger(x_n) \tag{6.101}$$

と変換すればよい．すると，各部分を P 積に従って掛け合わせると隣り合ったユニタリー変換が $U^\dagger(x_n) U(x_n) = 1$ で消えて，両端点の変換だけが残る．式 (6.101) を $x_{n+1} - x_n = \epsilon$ で展開して ϵ の 1 次をとると，ゲージ場は

$$i A_\mu(x) \to -U(x) \partial_\mu U^\dagger(x) + i U(x) A_\mu U^\dagger(x) \tag{6.102}$$

と変換すればよい．これにより，$W(x, x-\epsilon)\psi(x-\epsilon)$ は x での場と同じ変換をする．よって，場の共変微分を

$$D_\mu \psi(x) = (\partial_\mu - i A_\mu^a T^a) \psi \tag{6.103}$$

で定義すると，これは

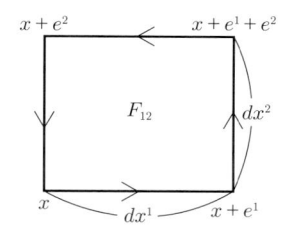

6.10 接続の理論としての非可換ゲージ対称性

図 6.3 (1,2) 面に広がる小さな経路に沿って定義された x から x へ戻るウイルソンライン．このウイルソンラインを展開したものとして，場の強さが定義される．

$$(D_\mu \psi)(x) \to U(x)(D_\mu \psi)(x) \tag{6.104}$$

と変換し，$\psi^\dagger D_\mu \psi$ は局所的なゲージ変換で不変となる．これは言い換えると，共変微分そのものが

$$D_\mu \to U(x) D_\mu U^\dagger(x) \tag{6.105}$$

と変換することを意味する．

非可換ゲージ場に対する場の強さを，

$$F_{\mu\nu} \equiv i[D_\mu, D_\nu] = \partial_\mu A_\nu - \partial_\nu A_\mu - i[A_\mu, A_\nu] \tag{6.106}$$

で定義する．式 (6.105) の性質を使うと，場の強さは

$$F_{\mu\nu}(x) \to U(x) F_{\mu\nu}(x) U^\dagger(x) \tag{6.107}$$

とゲージ変換する．よって，$\mathrm{Tr}(F_{\mu\nu} F^{\mu\nu})$ はゲージ不変である．幾何学的には，場の強さは閉じたウイルソンループを展開したものと理解できる．非可換ゲージ理論の場合，経路 C が x からはじまり出発点である x に戻っても，ウイルソンラインは $W_C(x) \to U(x) W_C(x) U^\dagger(x)$ と変換する[12]．経路が囲む面積が小さく，図 6.3 のように $(1,2)$ 面に広がっているとしよう．このとき，W_C を展開すると

$$W_C(\mathbf{x}) \sim e^{-iA_2(\mathbf{x}+\mathbf{e}^2/2)dx^2} e^{-iA_1(\mathbf{x}+\mathbf{e}^1/2+\mathbf{e}^2)dx^1}$$
$$\times e^{iA_2(\mathbf{x}+\mathbf{e}^1+\mathbf{e}^2/2)dx^2} e^{iA_1(\mathbf{x}+\mathbf{e}^1/2)dx^1}$$

---

[12] ゲージ不変な量を定義するためには，この閉じたウイルソンラインを $N \times N$ 行列についてトレースをとる．この量をウイルソンループとよぶ．

$$\sim 1 + iF_{12}dx^1 dx^2 + \mathcal{O}((dx)^3) \tag{6.108}$$

と展開できる．ウイルソンラインのゲージ変換性から場の強さの変換性が再導出される．

6.11 *非可換ゲージ場の量子化

この節では，前節で導入した非可換ゲージ対称性をもつゲージ場の理論を量子化する．やり方は 6.9 節と同じであるが，ゴーストとよばれる粒子が必要となる点が異なっている．

非可換なゲージ理論で基本的な量は，共変微分 D_μ であり，これを使ってゲージ共変な量 $D_\mu \psi$, $F_{\mu\nu} = i[D_\mu, D_\nu] = \partial_\mu A_\nu - \partial_\nu A_\mu - i[A_\mu, A_\nu]$ が定義できる．これらの量を使い，フェルミ場と相互作用するゲージ不変な作用は

$$\mathcal{L} = -\frac{1}{2g^2}\text{Tr}(F_{\mu\nu}F^{\mu\nu}) + \bar{\psi}(i\gamma^\mu D_\mu - m)\psi \tag{6.109}$$

$$D_\mu = \partial_\mu - iA_\mu^a T^a, \quad \text{Tr}(F_{\mu\nu}F^{\mu\nu}) = \frac{1}{2}\sum_a F_{\mu\nu}^a F^{a,\mu\nu}$$

で与えられる．非可換ゲージ場のことを Yang-Mills 場ともいう．ゲージ変換は，微小変換 $U = 1 + i\theta^a T^a$ に対して，(6.98) と (6.102) より

$$\delta\psi = i\theta^a T^a \psi, \quad \delta A_\mu = \partial_\mu \theta - i[A_\mu, \theta] \equiv \mathcal{D}_\mu \theta \tag{6.110}$$

で与えられる．$\mathcal{D}_\mu$ は，$SU(N)$ 代数の随伴 (adjoint) 表現に従う場に対する共変微分になっている．素粒子の標準理論である電弱模型は $SU(2)_L \times U_Y(1)$ の非可換ゲージ理論で書かれている．L は左巻きの粒子にだけ作用するという意味を，Y は $U(1)$ 電荷がハイパー電荷で与えられることを意味する．この対称性がヒッグス場の真空期待値で電磁場理論のもつ対称性 $U(1)_{EM}$ にまで壊れている．また強い相互作用は $SU(3)_C$ の非可換ゲージ理論で記述される．C はカラー電荷を意味する．

非可換ゲージ理論の量子化は，6.8 節でアーベル型の場合に行ったように，クーロンゲージ固定で実行することもできる．また 6.9 節のように共変的にも行える．ここでは，共変な量子化をみてみよう．(6.110) はゲージ不変性をもつことから，ゲージ場の 2 次の項に作用する微分演算子がアーベル型の場合と同様に逆をもたない．このため量子化するにはゲージ固定が必要であ

り，6.9 節の Faddeev-Popov のやり方に従おう．ゲージ固定条件として，各 $a = 1, \cdots, N^2 - 1$ について

$$G(A) = (\partial_\mu A^{\mu a} - \omega^a(x))T^a \tag{6.111}$$

を選び，$\omega^a(x)$ それぞれについてガウス分布で平均化する．その結果，分配関数は

$$Z = \int \mathcal{D}A e^{iS[A] - \frac{i}{2\xi} \int d^4 x (\partial_\mu A^{\mu a})^2} \det\left(\frac{\delta G(A^\theta)}{\delta \theta}\right) \tag{6.112}$$

となる．ゲージ場は，ゲージ固定項のために逆をもつことができ，

$$D_F^{\nu\lambda,ab}(x,y) = \delta^{ab} \int \frac{d^4 k}{(2\pi)^4} \frac{-i}{k^2 + i\epsilon} \left(\eta^{\nu\lambda} - (1-\xi)\frac{k^\nu k^\lambda}{k^2}\right) e^{-ik(x-y)} \tag{6.113}$$

というファインマン型のグリーン関数が得られる．アーベル型との大きな違いは，

$$\delta_\theta G = \partial_\mu \mathcal{D}^\mu \theta \tag{6.114}$$

となり，θ で変分をとっても $\mathcal{D}$ の中にゲージ場 A の依存性が残っていて，det 部分を積分の外に出すことができない点である．det のままだと計算が困難なので，本来，理論にはなかった新しいグラスマン変数の場 $\bar{c}, c$ を導入して[13]，

$$\det\left(\frac{\delta G(A^\theta)}{\delta \theta}\right) = \int \mathcal{D}c \mathcal{D}\bar{c} \exp\left(2i \operatorname{Tr} \int d^4 x\, \bar{c} \partial_\mu \mathcal{D}^\mu c\right) \tag{6.115}$$

と置き換える．det を出すためには，この場はグラスマン数である必要がある．一方でローレンツ変換に対してはスカラー場として振る舞う．このような場のことをゴースト場とよぶ．

結局，非可換ゲージ理論は，物質場以外に，ゲージ場 A とゴースト場 $\bar{c}, c$ で記述されて，ラグランジアンは

$$\mathcal{L} = -\frac{1}{2g^2} \operatorname{Tr}(F_{\mu\nu} F^{\mu\nu}) - \frac{1}{2\xi} \operatorname{Tr} \int d^4 x (\partial_\mu A^\mu)^2$$

---

[13] この変形には，グラスマン数のガウス積分公式 (5.114) を使った．i などからくる定数項は全体にかかる数因子なので気にしなくてよい．

$$+\bar{\psi}(i\gamma^\mu D_\mu - m)\psi - 2\,\mathrm{Tr}\left(\bar{c}\,\Box c - \bar{c}\,\partial_\mu[A^\mu, c]\right) \quad (6.116)$$

で与えられる．最後の項がゴースト場とゲージ場の相互作用を与える．アーベル型だと交換関係が0なので，相互作用項が消え，ゴースト場の寄与はゲージ場とは無関係となり落としてよい．

6.12　まとめ

　この章では，対称性とそれに付随する保存則を調べた．保存則の性質は，変換のパラメータが時空に依存しない大局的な対称性と，時空座標の任意関数である局所的な対称性の場合で異なっている．両者ともにネーターの定理とよばれるが，6.3節でみたように，大局的な場合はネーターカレントが定義され，その時間成分から保存電荷を構成できる．一方，6.5節でみたように，局所的な対称性に付随している保存電荷は恒等式として保存していて，その結果，場の無限遠方での振舞いから決定される．具体的例として，6.6節では，ゲージ対称性に付随する保存電荷（すなわち系の電荷）はガウス則を使って無限遠方の電場の振舞いで決定されることをみた．

　この章の後半では，ゲージ場の量子化を行った．ゲージ場は，ゲージ対称性をもつために，そのままでは量子化できず，ゲージ固定が必要である．6.8節でクーロンゲージでの量子化，6.9節では共変ゲージでの量子化を行った．ゲージ場の量子化の標準模型への応用は，巻末のPeskinやRamondの教科書などをみていただきたい．

第 7 章
有効作用

　この章では場の量子論における有効作用という概念を導入する．場の量子論を定義するとき，まずやらなくてはならないのが，真空を定義することである．これは一般的にとても難しい．例えば，BCS 理論だと，クーパー対が凝縮して，その結果クーパー対を平均場とする Ginzburg-Landau 理論を解析すればよい．特に，温度を変えたときの相転移は GL 理論に表れる平均場（凝縮場）のポテンシャルを調べればわかる．より一般的な理論，特に強く相互作用する場の量子論では，どのような場が平均場としての役割を果たすのかを理解することがもっとも大事であり，またもっとも困難である．この章ではすでに平均場となるべきスカラー場が何かを知っていると仮定する．その上で，このスカラー場のポテンシャルが，様々な他の物質（フェルミ場やゲージ場）との相互作用によって，どのように振る舞い，その極小点がどこに与えられるかを議論する．これは，電弱対称性の破れを司るヒッグス場への応用を想定している．このような量子補正を入れた作用およびポテンシャルのことを有効作用，および有効ポテンシャルという．

7.1　有効作用と 1PI 図

　この節では，まずはじめに分配関数からルジャンドル変換を使って，有効作用を定義する．次に，このように定義した有効作用が，1 粒子既約 (1PI) なファインマン図の生成母関数となっていることを示そう．

　作用 S をもつスカラー場を考えよう．3.6 節や 3.7 節でみたように，N 点関数の母関数は

$$Z[J] = \int \mathcal{D}\phi \, e^{iS + i\int d^4 x J\phi}$$
$$= \sum_N \frac{i^n}{N!} \int \prod_i d^4 x_i J(x_1) \cdots J(x_N) G(x_1, \cdots, x_N) \quad (7.1)$$

で与えられる．この母関数は，式 (3.53) にあるように，全てのグリーン関数が

一つにつながっていないような非連結図も含んでいる．$Z[J]$ から

$$Z[J] = e^{iW[J]},$$
$$iW[J] = \sum_N \frac{i^n}{N!} \int \prod_i d^4 x_i J(x_1) \cdots J(x_N) G_C(x_1, \cdots, x_N) \quad (7.2)$$

で $W[J]$ を定義すると，$iW[J]$ は連結図だけを集めたファインマン図の母関数になる[1]．

次に，外部ソース J があるときの 1 点関数は

$$\varphi(x) \equiv \frac{\delta W}{\delta J(x)} = \langle \phi(x) \rangle_J \quad (7.3)$$

で与えられる．この式を逆に解くと，J を φ で解くことができる．そこで変数 J から ϕ へルジャンドル変換して

$$\Gamma[\varphi] \equiv W[J] - \int d^4 x J(x) \varphi(x) \quad (7.4)$$

で有効作用 $\Gamma[\varphi]$ を定義すると，

$$\frac{\delta \Gamma}{\delta \varphi(x)} = -J(x) \quad (7.5)$$

が成立する．$J = 0$ とおくと，有効作用 Γ の極値が，量子論的な運動方程式の解になっていることがわかる．この意味で，Γ は古典的な作用に量子補正を加えたものと解釈できる．

$$\Gamma[\varphi] = \sum_N \frac{1}{N!} \int \prod_i d^4 x_i \varphi(x_1) \cdots \varphi(x_N) \Gamma_N(x_1, \cdots, x_N) \quad (7.6)$$

と展開すると，Γ_N は，量子的な有効作用における場の N 次項である．

この Γ は，ファインマン図形の分類でいうと，1PI (one-particle irreducible, 1 粒子既約) 図[2] の生成母関数になっている．このことをまず 2 点関数で確認

---

[1] 証明は以下のようにする．連結図の生成母関数を Z_C とおく．非連結図の連結成分を N とすると，N 個を入れ替える対称性があるので，$Z_C^N/N!$ が連結成分 N の非連結図の生成母関数になっている．N を足し上げると，非連結図の生成母関数は，$Z = \sum_N Z_C^N/N! = e^{Z_C}$ で与えられる．よって Z_C は iW_C に一致する．

[2] 1PI 図とは，ファインマン図で内線を一本切断しても二つに分離しない図をさす．例えば，図 7.1 の右辺三つめ，1PI 図を二つつなげた図は，1PI 図をつなぐ内線を切断すると二つに分離するため 1 粒子既約ではない．

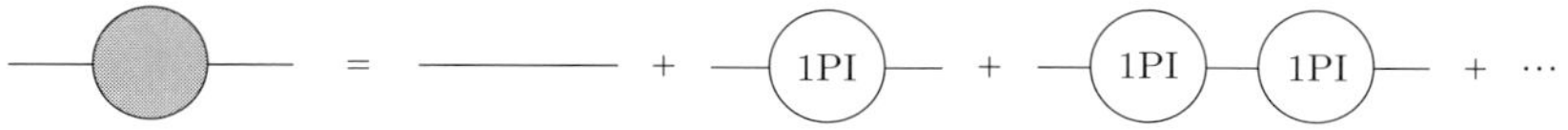

図 **7.1** 全ての輻射補正を入れた 2 点関数 G は，補正のないグリーン関数（初項の直線）G_0 と 1PI 図を組み合わせて書き表せる．

しよう．(7.5) より

$$\frac{\delta^2 \Gamma}{\delta\varphi(x)\delta\varphi(y)} = -\frac{\delta J(x)}{\delta\varphi(y)} \tag{7.7}$$

となる．一方で，(7.3) より

$$\frac{\delta^2 W}{\delta J(y)\delta J(z)} = \frac{\delta\varphi(y)}{\delta J(z)} = G(y,z) \tag{7.8}$$

となるので，

$$\int d^4y \frac{\delta^2 \Gamma}{\delta\varphi(x)\delta\varphi(y)} \frac{\delta^2 W}{\delta J(y)\delta J(z)} = -\delta^4(x-z) \tag{7.9}$$

が成立する．この式をシンボリックに $\Gamma_2 = -G^{-1}$ と書く．内線を一本切断してもグラフが分割されない 2 点関数を $\Gamma_{2,\text{1PI}}$ と書くと，図 7.1 からわかるように

$$\begin{aligned} G &= G_0 + G_0 \Gamma_{2,\text{1PI}} G_0 + G_0 \Gamma_{2,\text{1PI}} G_0 \Gamma_{2,\text{1PI}} G_0 + \cdots \\ &= \frac{1}{G_0^{-1} - \Gamma_{2,\text{1PI}}} \end{aligned} \tag{7.10}$$

と書ける．これを，式 (7.9) と見比べると，$\Gamma[\varphi]$ の中で φ の 2 次の項が $\Gamma_2 = -G^{-1} = \Gamma_{2,\text{1PI}} - G_0^{-1}$ で与えられていることがわかる．G_0^{-1} は古典的な作用からの寄与なので，残りが 1PI 図を与える．

3 点関数の場合も同様にチェックできる．式変形も簡単だが，ここでは図 7.2 だけで説明する．一番下の図をみると，Γ の φ による 3 階変分が，1PI の 3 点関数（つまり連結な 3 点関数から，それぞれ外線のグリーン関数を取り去ったもの）を与えていることがわかる．この操作は，4 点関数以上についても同様に行えて，有効作用 Γ が 1PI 図の生成母関数になっていることが確認できる．

7.2 ループ展開

この節では，有効作用の相互作用項による展開が，プランク定数 $\hbar$ の展開に

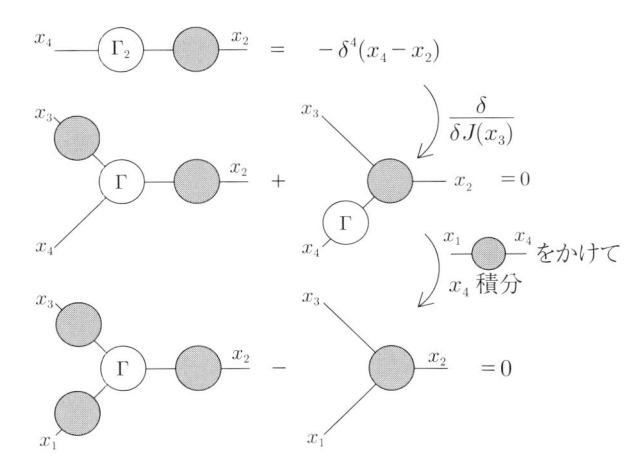

図 7.2 一番上の図は，式 (7.9) を図示したもの．この式を $J(x_3)$ で変分をとる．右辺は 0 になる．左辺で，Γ への作用は，φ での変分に置き換えて (7.8) を使う．W への作用は直接 $J(x_3)$ で変分をとる．最後に，$G(x_1, x_4)$ をかけて x_4 で積分する．W にかかった方は，式 (7.9) を使って Γ_2 と G を相殺させる．一番下の図は，1 項目の Γ_3 の各外線に 2 点関数 G（黒丸）を付加したものが，2 項目の full な 3 点グリーン関数を与えることを示しており，これは Γ_3 が 1PI の 3 点関数であることを示している．

なっていることを示す．

式 (7.5) で外部ソース $J(x)$ を 0 とすると $\delta\Gamma[\varphi]/\delta\varphi = 0$ となり，φ の運動方程式は，有効作用 Γ の極値で与えられる．このことは，有効作用が，古典作用 S の量子的な一般化になっていることを意味する．有効作用の相互作用項による摂動展開は，$\hbar$ の展開に対応する．このことを示すため，この節では $\hbar$ を復活させる．分配関数は

$$Z[J] = \int \mathcal{D}\phi \exp\left(\frac{i}{\hbar}S + i\int d^4x J(x)\phi(x)\right) \tag{7.11}$$

で与えられる．作用は

$$S = \frac{1}{2}\int d^4x \phi G_0^{-1}\phi + S_{int}(\phi) \tag{7.12}$$

と書かれる．外線の数が N 本のグリーン関数（N 点グリーン関数）を計算するためには，J の N 次項をみればよい．また相互作用項についての展開

$$e^{i\int S_{int}/\hbar} = \sum_{V=0}^{\infty} \frac{i^V}{\hbar^V V!} S_{int}^V \tag{7.13}$$

がファインマン図の摂動展開を与える．V は相互作用の頂点の数を表す．

有効作用 $\Gamma[\varphi]$ の寄与をファインマン図で図示したとき，頂点の数 V 個，内線（伝搬関数）の数を I 本としよう．またファインマン図に残っている独立な運動量積分の数 L をそのファインマン図のループ数とよぶ．I 個の伝搬関数それぞれに運動量積分が付随するが，V 個の頂点で運動量保存が要請される．また頂点での運動量保存則のうち一つは，外線に入射してくる運動量の総和が 0 という条件式と等価になる．そこで独立に残っている（積分すべき）運動量の数 L は

$$L = I - (V-1) \tag{7.14}$$

である．一方でこのファインマン図の $\hbar$ の次数は $(I-V)$ で与えられる．これは，グリーン関数（伝搬関数）$\hbar G_0$ の $\hbar$ の次数が 1，相互作用項は頂点 S_{int} 一つにつき $1/\hbar$ で次数 (-1) であることからわかる．式 (7.14) を使うと，上記のファインマン図の $\hbar$ の次数は $(L-1)$ に等しい．

これにより有効作用のループ数 L による展開は，

$$\frac{\Gamma[\varphi]}{\hbar} = \frac{1}{\hbar} \sum_{L=0}^{\infty} \hbar^L \Gamma^{(L)}[\varphi] \tag{7.15}$$

のように $\hbar$ の展開と同定できる．$L=0$ のツリー図は古典作用そのもの，$L=1$ の 1 ループ図は作用に対する $\hbar$ の 1 次量子補正と考えられる．

7.3 有効作用の 1 ループ展開と鞍点近似

この節と 7.4 節では，実スカラー場の理論を例にとり，有効作用に対する最低次の量子補正である 1 ループ補正（$\hbar$ の 1 次補正）を経路積分の鞍点近似を用いて計算する．まずそのための準備として，本節では，1 ループの量子補正が古典解の周りのガウス積分（経路積分）で求まることを示す．

これまで通常のローレンツ計量（つまりミンコフスキー空間）で有効作用を議論してきたが，以下の計算では，ユークリッド計量の場の量子論を考える．これは，時間を $t \to -i\tau$ と解析接続し，時間発展の演算子を e^{-iHt} から $e^{-H\tau}$ へ変更することに対応する．このためには，ハミルトニアンの固有値が下から抑えられていること（つまりエネルギーの最低固有状態が存在すること）が必要である．特に，平衡系の場の量子論で真空から真空への遷移振幅を計算する場合，摂動展開の伝搬関数にファインマン・グリーン関数を使うが，これは図

3.1 のように複素 k_0 面の第 2, 第 4 象限に極をもつ. そこで式 (3.31) の積分変数 k_0 を $\pi/2$ だけ反時計回りに回転すると, これらの極を横切ることなく積分領域が $k_0 \in [-\infty, +\infty]$ から $k_0 \in [-i\infty, +i\infty]$ へ変更される. $k_0 = ik_4$ とすると, $k_4 \in [-\infty, +\infty]$ である. この操作を Wick 回転とよび, 式 (3.31) は新しい変数 $k_E = (k_4, \mathbf{k})$, $x_E = (x_4, \mathbf{x})$ を使って

$$G_E(x_E, y_E) = \int \frac{d^4 k_E}{(2\pi)^4} \frac{1}{k_E^2 + m^2} e^{-ik_E(x_E - y_E)}$$
$$k_E^2 = k_4^2 + \mathbf{k}^2, \; k_E x_E = k_4 x_4 + \mathbf{k} \cdot \mathbf{x} \qquad (7.16)$$

と書き換えられる. G_E をユークリッド・グリーン関数という.

ユークリッド空間での分配関数は

$$Z[J] = e^{\frac{-W[J]}{\hbar}} = \int \mathcal{D}\phi \, e^{-\frac{S_E}{\hbar}}$$
$$S_E = \int d^4 x_E \left[\sum_{I=1}^{4} \frac{(\partial_I \phi)^2}{2} + \frac{m^2 \phi^2}{2} + V(\phi) - \hbar J \phi \right] \qquad (7.17)$$

で与えらる. ソース項も作用 S_E の中に吸収して定義した. これから $\varphi = \delta W[J]/\delta(\hbar J(x))$ を使って, 有効作用をルジャンドル変換 $\Gamma[\varphi] = W[J] - \hbar \int J\varphi$ で定義する. 最終的には $J = 0$ とおくと, $\Gamma[\varphi]$ は古典的なポテンシャル $V(\varphi)$ に量子補正を加えたものと解釈できる. このとき, φ は有効作用から導かれた古典運動方程式 $\delta \Gamma[\varphi]/\delta \varphi = 0$ を満たす.

経路積分は, 古典的な運動方程式を満たす解の周りではガウス積分で近似できる. そこで通常の積分の鞍点近似と同様に, 場 $\phi(x)$ を古典解 $\varphi(x)$ とその周りの量子揺らぎ $\phi_1(x)$ に展開する.

$$\phi(x) = \varphi(x) + \sqrt{\hbar} \phi_1(x) \qquad (7.18)$$

φ は有効作用の古典解だが量子補正の最低次では S_E の古典解と同じである. すると作用は

$$\frac{S_E[\phi]}{\hbar} \approx \frac{S_E[\varphi]}{\hbar} + \frac{1}{2} \int dx dy \frac{\delta^2 S_E}{\delta \phi(x) \delta \phi(y)} \phi_1(x) \phi_1(y) + \mathcal{O}(\sqrt{\hbar}) \qquad (7.19)$$

と展開される. φ が古典解であることから, 1 次の項は消えている. ϕ_1 の積分は, $\mathcal{D}\phi = \mathcal{D}\phi_1$ を使うと

$$e^{-\frac{\Gamma^{(1)}}{\hbar}} = \int \mathcal{D}\phi_1 \exp\left\{-\frac{1}{2}\int dxdy \frac{\delta^2 S_E}{\delta\phi(x)\delta\phi(y)}\phi_1(x)\phi_1(y)\right\}$$

$$= \left(\det \frac{\delta^2 S_E}{\delta\phi\delta\phi}\right)^{-1/2} = \exp\left(-\frac{1}{2}\mathrm{Tr}\log\frac{\delta^2 S_E}{\delta\phi\delta\phi}\right) \tag{7.20}$$

となる．この det は，関数空間に作用する積分核に対する det，つまり演算子 $\delta^2 S_E/\delta\phi^2$ の固有値を掛け合わせたものとして定義される．同様に Tr log は，これらの固有値の対数をとってから全て足し上げたものである．これから有効作用の $\hbar$ 展開，つまりループ展開は，最低次では古典作用

$$\Gamma^{(0)} = S_E(\varphi) \tag{7.21}$$

で，1 ループの量子補正は

$$\Gamma^{(1)} = \frac{\hbar}{2}\mathrm{Tr}\log\frac{\delta^2 S_E}{\delta\phi\delta\phi}\bigg|_{\phi=\varphi} \tag{7.22}$$

で与えられる．2 ループ補正を計算するためには，1 ループ補正を取り入れた有効作用の古典解の周りで場を展開して，経路積分を評価しないとならない．

7.4 　質量項のある実スカラー場の 1 ループ有効作用

この節では，前節（7.3 節）で求めた一般論を使って，ϕ^4 相互作用をもつ実スカラー場の理論の 1 ループ有効作用を具体的に計算する．またそれを用いて，質量と波動関数の繰り込みを行う．

ソース項以外の作用を

$$S_E = \int d^4x \left[\frac{1}{2}\phi\left(-\Box_x + m^2\right)\phi + \frac{\lambda}{4}\phi^4\right] \tag{7.23}$$

とすると [3]，積分核は

$$\frac{\delta^2 S_E}{\delta\phi(x)\delta\phi(y)}\bigg|_{\phi=\varphi} = \left(-\Box_x + m^2 + 3\lambda\varphi^2\right)\delta^4(x-y) \tag{7.24}$$

となる．式 (7.22) より，有効作用はこの積分核の対数のトレースで与えられ

---

[3] λ の定義として相互作用項を $\lambda'\phi^4/4!$ ととる流儀もあるので注意．この定義とは $\lambda = \lambda'/6$ で関係している．

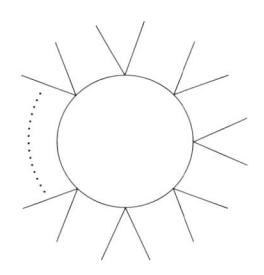

図 **7.3** ϕ^4 スカラー理論で ϕ^{2n} のポテンシャルをつくる 1 ループのファインマン図．頂点の数が n 個．

るが，相対座標 $x - y$ をフーリエ変換することで $\Gamma^{(1)}$ は

$$\begin{aligned}\Gamma^{(1)}[\varphi] &= \frac{\hbar}{2} \int d^4x \int \frac{d^4p}{(2\pi)^4} \log\left(p^2 + m^2 + 3\lambda\varphi^2\right) \\ &= \text{const.} + \frac{\hbar}{2} \int d^4x \int \frac{d^4p}{(2\pi)^4} \log\left(1 + \frac{3\lambda\varphi^2}{p^2 + m^2}\right) \\ &= \text{const.} - \hbar \sum_{n=1}^{\infty} \frac{(-1)^n}{2n} \int d^4x \int \frac{d^4p}{(2\pi)^4} \left(\frac{3\lambda\varphi^2}{p^2 + m^2}\right)^n \end{aligned} \quad (7.25)$$

となる．この展開は運動量が小さい領域では $(3\lambda\varphi^2/m^2)$ の展開になっており，φ が質量項に比べて小さな領域でしか適用できない．この領域の外での展開は次節（7.5 節）で議論する．また const.と書いた定数項は運動量積分が 4 次発散しているが，φ によらないので以後無視する．

このように φ^4 理論から始めても量子補正で φ^{2n} の高次項がポテンシャルに現れる．この項は図 7.3 の頂点の数が n 個あるファインマン図で生成される．このファインマン図の数因子は，

$$- (-3\lambda)^n \frac{1}{2n} \quad (7.26)$$

で確かに上記の展開と一致している．全体のマイナスは (7.20) で指数の肩を $-\Gamma^{(1)}/\hbar$ としたことによる (-1) 倍，(-3λ) が各頂点からの寄与，$2n$ は頂点を巡回または反転しても図が同じであることからくる重複因子である．

$n = 1$ の φ^2 項は質量項への量子補正を与える．積分は紫外領域で発散しているので，$|p|$ に対する切断 Λ を導入して計算すると，

$$\int^{p^2 = \Lambda^2} \frac{d^4p}{(2\pi)^4} \frac{1}{p^2 + m^2} = \frac{1}{8\pi^2} \int_0^{\Lambda} dp \frac{p^3}{p^2 + m^2}$$

$$= \frac{1}{16\pi^2}\left(\Lambda^2 - m^2\log\left(\frac{\Lambda^2+m^2}{m^2}\right)\right) \tag{7.27}$$

となる．ただし $d^4p = 2\pi^2 p^3 dp$ を使った．古典的な作用 $S_E[\varphi]$ と 1 ループの量子補正 $\Gamma^{(1)}[\varphi]$ を足して，その φ^2 の係数を $m_R^2/2$ と定義すると，この係数は

$$m_R^2 = m^2\left(1 - \hbar\frac{3\lambda}{16\pi^2}\log\frac{\Lambda^2}{m^2}\right) + \frac{3\hbar\lambda}{16\pi^2}\Lambda^2 + \mathcal{O}(m^4/\Lambda^2) \tag{7.28}$$

となる．m_R^2 は量子補正を取り入れたポテンシャル V_{eff} の原点 $\varphi=0$ での曲率 $V_{eff}''(\varphi=0)$ を与え，古典的なポテンシャルの曲率 m^2 が量子効果で補正を受けたと解釈できる．もし真空状態が $\varphi=0$ で定義されているとすると[4]，m_R が実際に観測されるスカラー粒子の質量となる．そこで m_R を繰り込まれた質量とよび，m は（量子補正を受ける前の質量という意味で）裸の質量という．

第 2 項目がなければ，繰り込まれた質量 m_R は古典的な質量 m に比例している．このような繰り込みを乗法的繰り込みという．一方で，2 項目は古典的な質量がなくても紫外切断とともに増大する大きな補正を与える．これは加法的繰り込みであり，一般的にいわれているスカラー粒子の質量項に対する階層性問題（または自然さの問題）を引き起こす．例えばヒッグス粒子はスカラー粒子であり，LHC 実験で発見された．その質量は $m_H = 125~\text{GeV}$ である[5]．一方で素粒子物理学はより高いスケールまで成立すると考えられており，紫外切断はこれよりもはるかに高いスケール（例えば量子重力のスケールである $M_{Pl} = 10^{18}~\text{GeV}$ や大統一理論のスケールである $10^{16}~\text{GeV}$ など）にあることが期待される．そこで古典的質量（裸の質量ともいう）から紫外切断の 2 乗に比例する量子補正を差し引いた値が，ヒッグス質量と同じオーダーでないとならない．なぜこのような微調整が起こったのだろうか，というのが自然さの問題といわれる．しかしこれは少々短絡的な議論であり，質量項の補正に対する第 2 項が何を意味するのかを正しく理解するためには，紫外領域で標準模型がどのような模型に拡張されるのか明確に理解する必要がある．この補正項は質量のゼロ点に対する原点を決めるだけなので，ここではこれ以上の言及はせ

---

[4] 次節では，スカラー場に結合している粒子の種類によっては，V_{eff} の極小点が $\varphi=0$ ではないことをみるが，ここでは $\varphi=0$ が有効ポテンシャルの最小値だとする．

[5] ヒッグス粒子の質量とは，原点の周りではなく極小値の周りでのポテンシャルの 2 階微分で与えられる．このためヒッグス粒子の質量項と観測されたヒッグス質量は異なる．しかし，もし質量項が紫外切断の大きさをもっているならば，ヒッグス粒子の質量も小さくはなり得ない．この意味で自然さの問題はヒッグス粒子に対しても成立する．

ず[6]．単純に無視することにしよう．

$n=2$ の展開項は φ^4 項に対する量子補正を与える．積分は同様に紫外切断を入れると $\Lambda \to \infty$ の極限で

$$\int \frac{d^4 p}{(2\pi)^4} \frac{1}{(p^2+m^2)^2} = \frac{1}{16\pi^2} \left[\log \frac{\Lambda^2+m^2}{m^2} + \left[\frac{m^2}{s+m^2}\right]_{s=0}^{s=\Lambda^2} \right]$$

$$\sim \frac{1}{16\pi^2} \log \frac{\Lambda^2}{m^2} \quad \text{ただし} \quad \Lambda \to \infty \quad (7.29)$$

となる．$d^4 p = 2\pi^2 p^3 dp$ を使い，$n=1$ と同様に積分を行った．そこで古典的なポテンシャルの 4 点結合定数は，量子補正を入れることで

$$\lambda_R = \lambda \left(1 - \hbar \frac{9\lambda}{16\pi^2} \log \frac{\Lambda^2}{m^2}\right) \quad (7.30)$$

に変化する．質量項に対する量子補正と同様に，λ が裸の相互作用定数，λ_R が繰り込まれた相互作用定数である．実際の観測量は λ_R なので，裸の相互作用 λ を λ_R が不変となるように，紫外切断 Λ の関数として変化させるとしよう．そこで裸の相互作用定数を $\lambda(\Lambda)$ と書く．(7.30) を $\hbar$ 展開の 1 次近似で解き直すと

$$\lambda(\Lambda) = \lambda_R \left(1 + \hbar \frac{9\lambda_R}{16\pi^2} \log \frac{\Lambda^2}{m_R^2}\right) \quad (7.31)$$

となる．これは，繰り込まれた相互作用定数 λ_R を不変となるように紫外切断 Λ を変えると，同時に，理論を定義する裸の質量を式 (7.31) に従って変化させる必要があることを意味している．この操作を繰り込みという．繰り込みの操作は，ここでみたように，質量，相互作用定数だけでなく，場の規格化に対しても必要となる．これは波動関数繰り込みとよばれ，7.8 節で解説する．

7.5　1 ループ有効作用と CW 機構

この節では，繰り込まれた相互作用定数と質量を使って有効作用を書き直し，輻射補正を入れた有効ポテンシャルを計算する．質量項をもたない ϕ^4 ポテン

---

[6] 例えば上記のような紫外切断でなく，次元正則化による積分の正則化を行うと 2 次発散項は生じない．これは 2 次発散を単純に無視することと等価であり正当化にはなっていない．2 次発散の問題は紫外領域への拡張の問題であり，低エネルギー理論だけで議論できる問題ではないというのが正確な言い方である．

シャルをもつ複素スカラー場の理論は，輻射補正を考えないと $\phi=0$ の原点でポテンシャルが最小値をとるが，量子補正を入れることで有効ポテンシャルの最小値が $\phi\neq 0$ に変わることがある．これをコールマン・ワインバーグ (CW) 機構という．

まず相互作用定数の繰り込みを行うが，φ が質量 m に比べて大きな領域でも使える定式化を与える．このため 1 ループ有効作用 $\Gamma^{(1)}[\varphi]$ に現れる (7.25) の運動量積分を $\alpha = m^2 + 3\lambda\varphi^2$ とおいて，次のように変形する．

$$\int^{|p|=\Lambda} \frac{d^4p}{(2\pi)^4} \log\left(p^2+\alpha\right) \to \int \frac{d^4p}{(2\pi)^4} \left[\log\left(p^2+\alpha\right) - \log p^2\right]$$
$$= \frac{1}{16\pi^2} \int_0^{\Lambda^2} ds\, s\, (\log(s+\alpha) - \log s)$$
$$= \frac{1}{16\pi^2} \left[\alpha\Lambda^2 + \frac{\alpha^2}{2}\log\left(\frac{\alpha}{\Lambda^2+\alpha}\right)\right] \quad (7.32)$$

1 行目の変形では，4 次発散する定数項をひいた．これは真空エネルギー（宇宙項）の発散に対応する．1 項目は質量項に対する 2 次発散を与える．これは質量項のゼロ点に関係して紫外理論との接続でのみ決まるものであり，紫外切断よりも低い有効理論で議論すべき問題ではないので落とす．すると有効ポテンシャルは，$\Lambda^2 \gg (m^2 + 3\lambda\varphi^2)$ の極限で

$$V_{eff}[\varphi] = \frac{m^2}{2}\varphi^2 + \frac{\lambda\varphi^4}{4} + \hbar\frac{(m^2+3\lambda\varphi^2)^2}{64\pi^2}\log\left(\frac{m^2+3\lambda\varphi^2}{\Lambda^2}\right) \quad (7.33)$$

となる．このポテンシャルには，紫外切断 Λ があらわに入っており，ポテンシャル $V_{eff}[\varphi]$ の振舞いは三つのパラメータ m, λ, Λ で決まっている．しかし，実際に低エネルギー現象を場の理論で記述するためには，$V_{eff}[\varphi]$ が Λ にあらわに依存するのは望しくない．そこで代わりに，別の低エネルギーのスケール μ を導入して，そのスケールでの質量

$$m(\mu)^2 \equiv \left.\frac{d^2 V_{eff}[\varphi]}{d\varphi^2}\right|_{\varphi=\mu} \quad (7.34)$$

と相互作用定数

$$\lambda(\mu) \equiv \frac{1}{6}\left.\frac{d^4 V_{eff}[\varphi]}{d\varphi^4}\right|_{\varphi=\mu} \quad (7.35)$$

を定義する．(m, λ, Λ) を $(m(\mu), \lambda(\mu), \mu)$ で逆に解き，それを V_{eff} に代入す

ると，有効ポテンシャルは低エネルギーだけで決まるパラメータで記述できる．この操作を「繰り込み」とよぶ．ただし μ は任意に選べるスケールで，それに応じて $(m(\mu), \lambda(\mu))$ を変化させると同じ理論を記述する．この意味で独立なパラメータは今の場合，二つだけである．このことは後で繰り込み群と一緒にまた説明する．

具体的な計算として，質量項のないスカラー場の理論 $m = 0$ を考えよう [7]．式 (7.28) でみたように，2次発散項を落とせるならば質量項は乗法的な輻射補正を受け，$m_R = 0$ も成立する．このような理論のことを，(あらわに次元をもつ物理量である質量項がないので) 古典的なスケール不変性をもつ理論とよぶ．このとき，有効ポテンシャルは

$$V_{eff}[\varphi] = \frac{\lambda \varphi^4}{4} + \hbar \frac{(3\lambda \varphi^2)^2}{64\pi^2} \log\left(\frac{3\lambda \varphi^2}{\Lambda^2}\right)$$
$$= \frac{\lambda \varphi^4}{4}\left[1 + \hbar \frac{9\lambda}{16\pi^2} \log \frac{\varphi^2}{\tilde{\Lambda}^2}\right] \quad (7.36)$$

となる．ただし $\tilde{\Lambda}^2 = \Lambda^2/3\lambda$ とおいた．この理論は (λ, Λ) の二つのパラメータで支配されている [8]．(λ, Λ) の代わりに，エネルギースケール μ とそのスケールでの相互作用定数 $\lambda(\mu)$

$$\lambda(\mu) \equiv \frac{1}{6} \frac{d^4 V_{eff}(\phi)}{d\phi^4}\bigg|_{\phi=\mu} = \lambda\left(1 + \hbar \frac{9\lambda}{16\pi^2}\left(\log \frac{\mu^2}{\Lambda^2} + \frac{25}{6}\right)\right) \quad (7.37)$$

を使って $V_{eff}[\varphi]$ を書き換えると

$$V_{eff}(\varphi) = \frac{\lambda(\mu)\varphi^4}{4}\left[1 + \hbar \frac{9\lambda(\mu)}{16\pi^2}\left(\log \frac{\varphi^2}{\mu^2} - \frac{25}{6}\right)\right] \quad (7.38)$$

となる．ただし λ の高次項は落として，四角括弧の中の λ を $\lambda(\mu)$ に置き換えた．この形の有効ポテンシャルをコールマン・ワインバーグ (CW) [9] の有効ポテンシャルという．

四角括弧の2項目は，スカラー場自身の1ループ積分の寄与である．一般にスカラー場が他の場と結合していると，この係数はその結合定数にもよって変わる．(例えば，スカラー QED だと後で計算するように (7.65) となる．) そこ

---

[7] 後でみるように，これは物理的な粒子の質量を禁止しているわけではない．
[8] 質量項を 0 とおいたため，パラメータの数は 3 から 2 に減少した．
[9] S. Coleman and E. Weinberg, Phys. Rev. D 7 (1973) 1888.

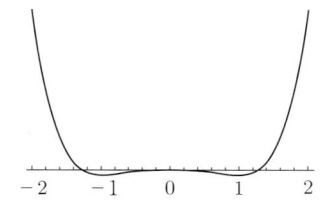

図 7.4 量子補正を加えた ϕ^4 理論の有効ポテンシャル．係数 $B > 0$ のときの振舞い．

でこれを一般化して

$$V_{eff}(\varphi) = \frac{\lambda(\mu)\varphi^4}{4} + B\varphi^4 \left(\log \frac{\varphi^2}{\mu^2} - \frac{25}{6} \right) \tag{7.39}$$

と書いておこう[10]．有効ポテンシャルは，$(\lambda(\mu), B, \mu)$ の三つの変数で書かれている．ただし前節でも説明したように，μ は自由に選べるスケールでそれに応じて $(\lambda(\mu), B)$ を変えると同じ理論になるため，独立なパラメータは二つである．実スカラー場だけしか理論にない場合は $B = \hbar(9/64\pi^2)\lambda(\mu)^2$ と二つが関係していて独立な自由度は一つしかない．

古典ポテンシャルは $V = \lambda\varphi^4/4$ という下に凸のゆったりとした形状をしており，その最低値は $\varphi = 0$ で与えられる．一方，量子補正を入れた CW 型の有効ポテンシャルは $B > 0$ のとき，図 7.4 のような形をしており $v = \langle\varphi\rangle \neq 0$ で極小値をもつ[11]．真空の条件 $V'_{eff}(\langle\varphi\rangle) = 0$ を解くと，

$$\langle\varphi\rangle^2 = \mu^2 \exp\left(\frac{44B - 3\lambda(\mu)}{12B} \right) \tag{7.40}$$

となる．そこで特に $\mu^2 = \langle\varphi\rangle^2$ と選ぶと，$\lambda(\langle\varphi\rangle) = 44B/3$ と関係づいて，有効ポテンシャルは

$$V_{eff}(\varphi) = B\varphi^4 \left(\log \frac{\varphi^2}{\langle\varphi\rangle^2} - \frac{1}{2} \right) \tag{7.41}$$

---

[10] 係数 B は結合定数のベータ関数とよばれる物理量に関係することが後ほどわかる．
[11] ルジャンドル変換の一般論から有効ポテンシャルは常に下に凸であることが証明できる．これは図 7.4 のようなポテンシャルが生成されても，例えば $(a|v\rangle + b| - v\rangle)/\sqrt{a^2 + b^2}$ という配位の重ね合わせ状態をつくることで，場の大きさの平均値はその中間値であり，なおかつエネルギーが等しい状態をつくることができるからである．有効ポテンシャルを議論するときにこのような状態を考えないことにすれば，凸性の問題は回避される．

と簡単に書ける．場を極小値の周りに展開して

$$\varphi = \langle\varphi\rangle + h \tag{7.42}$$

と書くと，極小値の周りの場の揺らぎ h がその真空の周りでの粒子と解釈される．$\langle\varphi\rangle$ は定数なので，h の運動項は ϕ と同じである．一方，有効ポテンシャルに (7.42) を代入して展開すると

$$V_{eff}(\varphi) = \text{const.} + 8B\langle\varphi\rangle^2 \frac{h^2}{2} + \frac{20B}{3}\langle\varphi\rangle h^3 + \frac{44B}{3}\frac{h^4}{4} + \cdots \tag{7.43}$$

となる．この表示での独立なパラメータは，有効ポテンシャルの極小値を与えるスケール $\langle\varphi\rangle$ とポテンシャル全体の係数 B の二つであり，B の代わりに極小値での相互作用定数 $\lambda(\langle\varphi\rangle) = (44/3)B$ をとることもできる．また真空周りの揺らぎに対する質量は，

$$m_h^2 = 8B\langle\varphi\rangle^2 = \beta\langle\varphi\rangle^2 \tag{7.44}$$

で与えられる．β はベータ関数とよばれる相互作用定数のエネルギー変化を記述する量であり，後で 7.9 節の式 (7.98) で定義される．ここでは CW 機構で真空が決まる場合，スカラー粒子の質量の 2 乗はベータ関数に比例することを覚えておいてほしい．ベータ関数は 1 ループ以上の量子補正で現れる量であり，通常の理論では一般にそれほど大きな値をとれない．このため CW 機構でのスカラー粒子（ヒッグス粒子に対応する）は必ず軽くなる．質量と真空期待値でポテンシャルを書き直すと

$$V_{eff}(\varphi) = \text{const.} + m_h^2 \frac{h^2}{2} + \frac{5m_h^2}{6\langle\varphi\rangle} h^3 + \frac{11m_h^2}{6\langle\varphi\rangle^2}\frac{h^4}{4} \tag{7.45}$$

と書ける．これから，CW 機構によりスカラー場が真空期待値 $\langle\varphi\rangle$ をもつと，その周りで質量 m_h をもつ励起状態（粒子）が現れ，質量と真空期待値で与えられる 3 点，4 点相互作用をもつことがわかる[12]．

実スカラー場だけの理論の場合，$B = \hbar(9/64\pi^2)\lambda(\mu)^2 > 0$ を満たし，$\langle\varphi\rangle \neq 0$ でポテンシャルの極小値をもつように思われるが，それは正しくない．これは

---

[12] 8.2 節で，$-a\varphi^2 + b\varphi^4$ のポテンシャルで同様の計算を行うが，それと比べると，3 点結合は 5/3 倍，4 点結合は 11/3 倍になっている．将来，ヒッグス粒子のポテンシャルのより詳細な情報がわかり 3 点結合が測定できれば，このような区別もできるようになるかも知れない．

関係式 $\lambda(\langle\varphi\rangle) = 44B$ の左辺と右辺で $\hbar$ の次数が異なっており，両者をバランスさせるためには一つの相互作用だけでは不十分なためである．このことは，7.9 節で繰り込み群で改善された有効ポテンシャルを用いて再度議論する．

CW ポテンシャルは，技術的に興味深いというだけでなく，場の量子論とは何なのかという概念的な問題とも関係している．もともとの古典的な ϕ^4 模型を記述するのは次元のない相互作用定数 λ のみで，あらわに次元のある物理量をもっていなかった．係数 B を独立変数と思うにはそれ以外の相互作用が必要だが，7.7 節でみるようなスカラー量子電磁力学や 8.5 節でのフェルミ場との湯川相互作用など，どれも次元のない結合定数である．このような古典的なスケール不変性をもつ理論から出発しても，量子補正を計算することで有効ポテンシャルに極小な点が現れ，一つのエネルギースケールがダイナミカルに現れる．つまり次元をもたない理論から，量子補正を取り入れた結果，次元をもつ物理量が出現したことになる．このことを次元変質 (dimensional transmutation) という．これは，場の量子論を定義するためには，古典作用だけではなく紫外切断が必要だったことに関係している．

同じように次元をもった物理量が現れる現象として，非可換ゲージ理論が知られている．強い相互作用を記述する $SU(3)$ ゲージ理論 (QCD) は，高エネルギーでは相互作用がとても弱いが，量子補正により低エネルギー[13]で強く相互作用し，その結果，クォーク（カラー電荷）が閉じ込められて有限の質量をもつハドロンが生成される．ハドロン質量の大きさを決めているのが，相互作用が強くなり摂動計算が適用できなくなるエネルギースケール（QCD スケール）であり，これもまた次元変質現象である．素粒子物理学で未解決の問題の一つに，電弱対称性の破れるエネルギースケールの起源がある．これまで様々な模型が提案されてきたが，どのように電弱対称性が破れたのかに対する答えはまだ誰も知らない．

もう一つの関係する重要な問題は，場の量子論が低エネルギーの物理量だけで記述されている点である．有効作用を計算すると，式 (7.36) のように紫外切断に依存した形をしている．これは場の量子論が紫外切断のような高いエネルギースケールをもつ理論と不可分な関係にあることを示唆しているように思われる．しかし，素粒子の標準模型は全て繰り込み可能な場の量子論で表され，

---

[13] ここで低エネルギーといっているのは，200 MeV から 1 GeV 程度のエネルギーであり，ハドロンの質量のエネルギースケールのことである．

低エネルギー[14]の物理量だけを使って記述できる．つまり高エネルギーの物理とは独立して自己完結している．標準模型を超えた理論を構築するためには，低エネルギーの振舞いから高エネルギーへ向かうかすかな手がかりを探さないとならない．スカラー場の 2 次発散の問題や宇宙項の 4 次発散の問題は，そのかすかな手がかりを与えているように思われる．

7.6 *タッドポールを使った有効作用の計算方法

これまでの方法は 1 ループの計算は簡単だが，高次ループへ拡張することが困難である．ファインマン図を使って計算する場合でも図 7.3 のような多点のファインマン図を無限に計算しないとならない．この節では，無限個のグラフを計算せずに有効作用を求める簡潔な方法を紹介する[15]．引き続きユークリッド化した理論で考える．

図 7.3 のファインマン図は，有効作用を (7.6) のように $\varphi = 0$ の周りで展開したときの 1 ループの Γ_N に対応する．これは古典的なポテンシャルが $\phi = 0$ で最小値をもち，（CW 機構を考えなければ）タッドポール（1 点関数 $\langle \phi \rangle$ のこと）のない真空周りの展開である．この代わりに場を $\phi = \omega$ という中途半端な点の周りで展開してみよう．つまり $\phi \to \phi - \omega$ と積分変数を置き換える．すると古典ポテンシャルの最小点は $\langle \phi \rangle = \omega$ で与えられる．(7.6) の有効作用は，変数 φ が $(\varphi - \omega)$ に置き換わり

$$\Gamma[\varphi] = \sum_N \frac{1}{N!} \int \prod_i d^4 x_i (\varphi(x_1) - \omega) \cdots (\varphi(x_N) - \omega) \Gamma_N(x_1, \cdots, x_N; \omega) \tag{7.46}$$

となる．有効ポテンシャル $V_{eff}(\varphi)$ は $\Gamma[\varphi]$ で φ を定数項におくと得られる．$\Gamma_N(\cdots; \omega)$ は変数を $\phi \to \phi - \omega$ と置き換えた理論での N 点関数である．この式を ω で微分して $\varphi = \omega$ とおくと

---
[14] ハドロン質量以外に，標準模型には電弱対称性が破れるエネルギースケールがあり，100 GeV 程度の値をもつ．ここで低エネルギーといっているのは，これらのエネルギースケールを指す．
[15] この節と次節では，この教科書ではほとんど詳細にふれなかったファインマン図を用いた摂動計算の詳細を使っている．本質的には 1.15 節の計算と全く同じであるが，慣れていない方はとばして読んでも問題ない．また本節の計算方法は，S. Y. Lee and A. M. Sciaccaluga, Nucl. Phys. B 96 (1975) 435 が原論文で，M. Sher, Physics Report 179 (1989) 273 のレビューにも解説がある．

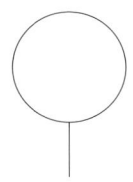

図 **7.5** タッドポールを使ったやり方での，1 ループ有効ポテンシャルに寄与するグラフ．

$$\frac{d\Gamma[\varphi]}{d\omega}\Big|_{\varphi=\omega} = -\int d^4x \Gamma_1(x;\omega) \tag{7.47}$$

となる．よって有効ポテンシャル $V_{eff}[\varphi]$ は，1 点関数 $\Gamma_1(x;\omega)$ を $\omega \in [0,\varphi]$ で積分して符号を変えると求まる．

このやり方を式 (7.23) の作用に適用しよう．ポテンシャルは

$$\begin{aligned}V(\phi-\omega) &= \frac{m^2}{2}(\phi-\omega)^2 + \frac{\lambda}{4}(\phi-\omega)^4 \\ &= \alpha + \beta\phi + \frac{1}{2}(m^2+3\lambda\omega^2)\phi^2 - \lambda\omega\phi^3 + \gamma\phi^4\end{aligned} \tag{7.48}$$

に変わる．α,β,γ は定数であるが，以下では必要がないのであらわには書かない．この理論は，質量 $m^2+3\lambda\omega^2$ をもち ϕ^3 型の相互作用をもつ．1 ループの 1 点関数は，ϕ^3 相互作用を用いた図 7.5 で与えられる．3 点相互作用定数が $(-\lambda\omega)$ で与えられ，外線 ϕ との縮約の取り方の数で係数 3 がでるため，この 1 点関数は

$$\int d^4x \Gamma_1(x;\omega) = \int \frac{d^4p}{(2\pi)^4} \frac{(-3\lambda\omega)}{p^2+m^2+3\lambda\omega^2} \tag{7.49}$$

となる．よって

$$\begin{aligned}V_{eff}^{(1)}(\varphi) &= \int_0^\varphi d\omega \int \frac{d^4p}{(2\pi)^4} \frac{3\lambda\omega}{p^2+m^2+3\lambda\omega^2} \\ &= \frac{1}{2}\int \frac{d^4p}{(2\pi)^4}\left[\log(p^2+m^2+3\lambda\varphi^2) - \log(p^2+m^2)\right]\end{aligned} \tag{7.50}$$

となり，式 (7.25) と一致する．

このやり方が偉力を発揮するのは高次ループの計算である．例えば，2 ループの有効ポテンシャルを計算するには，図 7.6 の三つのグラフを計算すればよ

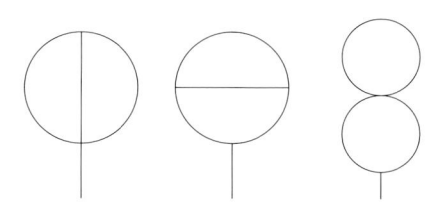

図 **7.6**　2 ループ有効ポテンシャルに寄与するグラフ．

い（計算は脚注 15 の原論文を参照）．

7.7　*スカラー量子電磁力学

CW 機構が働いてポテンシャルが $\langle \varphi \rangle \neq 0$ で極小値をもつためには，係数 B が，λ 以外の相互作用で $B > 0$ になる必要がある．この節では，そのような可能性として，質量項をもたない複素スカラー場 ϕ と相互作用する $U(1)$ ゲージ理論（スカラー量子電磁力学）を考え，その理論での有効ポテンシャルを計算する．計算手法は前節のタッドポール法を使用する．

ラグランジアンは

$$\mathcal{L} = -\frac{F^2}{4} + |D_\mu \phi|^2 + \lambda(\phi^\dagger \phi)^2 \tag{7.51}$$

とする．複素スカラー場は二つの実スカラー場に

$$\phi = \frac{1}{\sqrt{2}}(\phi_1 + i\phi_2) \tag{7.52}$$

と分解され，相互作用項は $\lambda(\phi_1^2 + \phi_2^2)^2/4$ となる．また共変微分は $D_\mu \phi = (\partial_\mu - ieA_\mu)\phi$ である．

有効ポテンシャル $\Gamma_{eff}[\varphi]$ はこれら二つの実スカラー場の関数だが，必ず $(\varphi_1^2 + \varphi_2^2)$ の関数になっている．そこで，$\langle \phi_1 \rangle$ にだけ期待値をもたせて φ_1 方向の有効ポテンシャルを求めれば十分である．$\phi_1 \to \phi_1 + \omega$ として作用を展開すると，$\lambda(\phi^\dagger \phi)^2$ 項から，

$$\frac{1}{2}(3\lambda\omega^2 \phi_1^2 + \lambda\omega^2 \phi_2^2) + \lambda\omega(\phi_1^3 + \phi_1\phi_2^2) + \cdots \tag{7.53}$$

が得られる．これから ϕ_1, ϕ_2 はそれぞれ質量 $3\lambda\omega^2, \lambda\omega^2$ と 3 点結合をもつ．残りの項は，場の 0,1,4 次項であり，タッドポールを使った 1 ループ計算には

効かない．

$e^2 A_\mu^2 |\phi|^2$ 項からは

$$\frac{1}{2} e^2 \omega^2 A_\mu^2 + e^2 A_\mu^2 \omega \phi_1 \tag{7.54}$$

が得られ，ゲージ場が質量 $e^2\omega^2$ を獲得し，またゲージ場と ϕ_1 の3点結合が発生する．このようにスカラー場が真空期待値をもち，その結果ゲージ場に質量が与えられる機構をヒッグス機構とよぶ．これ以外に $|D_\mu \phi|^2$ 項から

$$-e\omega A_\mu \partial^\mu \phi_2 \tag{7.55}$$

という混合が現れる．この結果，ゲージ粒子の伝搬関数は ϕ_2 と混ざってしまう．これと関係して大事なことは，ゲージ粒子の伝搬関数はゲージ不変性をもっており，6.9節のようなゲージ固定が必要となることである．

この二つの問題を同時に解決するため，6.9節とは異なるゲージをとる．(6.82)式の G の中の $\partial_\mu A^\mu$ の代わりに $\partial_\mu A^\mu + \xi e\omega \phi_2$ ととってみよう[16]．するとゲージ固定項が

$$-\frac{1}{2\xi} \int d^4 x (\partial_\mu A^\mu + \xi e\omega \phi_2)^2 \tag{7.57}$$

に変わる．このようなゲージの取り方を R_ξ ゲージという[17]．(7.57) から現れる交差項はちょうど (7.55) を相殺し，ゲージ場と ϕ_2 の伝搬関数の混合が消える．また ϕ_2 の質量項 $-\xi e^2 \omega^2 \phi_2^2/2$ も現れる．ゲージ場の作用は（ミンコフスキー計量で）

$$\frac{1}{2} \int d^k x A^\mu(k) \left[(k^2 - e^2 \omega^2) \delta_\mu^\nu - \left(1 - \frac{1}{\xi}\right) k_\mu k^\nu \right] A_\nu(-k) \tag{7.58}$$

となる．これからゲージ場の伝搬関数を求めると，

$$\frac{-i}{k^2 - e^2\omega^2} \left(\eta^{\mu\lambda} - (1-\xi) \frac{k^\mu k^\lambda}{k^2 - \xi e^2 \omega^2} \right) \tag{7.59}$$

となる．

---

[16] 注意すべき点は，ゲージ変換 $\delta A_\mu = \partial_\mu \theta$, $\delta \phi = ie\theta\phi$ に対して，この新しい G は

$$\delta G = (\Box + \xi e^2 \omega \phi_1)\theta \tag{7.56}$$

と変換し，$\xi = 0$ でない限りは，$\det(\delta G/\delta \theta)$ が場 ϕ_1 に依存することである．これを正しく扱うためには，6.11節の非可換ゲージ理論での取扱いと同様に，ゴースト場を導入する必要がある．すると $\xi e^2 \omega \bar{c} c \phi_1$ というゴースト場とスカラー場の3点結合が導入され，ϕ_1 の1点関数にゴーストのループも寄与する．これを避けるためには $\xi = 0$ ゲージをとればよい．

[17] K. Fujikawa, B. W. Lee and A. I. Sanda, Phys. Rev. D 5 (1972) 2923.

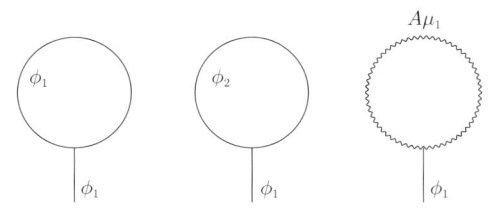

図 **7.7** 真空期待値をずらしたスカラー量子電磁力学での 1 ループ有効ポテンシャルに寄与するグラフ

以上の準備をもとに有効ポテンシャルを計算しよう．脚注 16 に説明したように $\xi = 0$ ととることで，余分なゴーストの寄与を考える必要がなくなり，図 7.7 の三つのグラフを計算すればよい．スカラー場 ϕ_1, ϕ_2 は $3\lambda\omega^2, \lambda\omega^2$ の質量と式 (7.53) の 3 点結合をもち，前節と同様の計算で

$$\frac{1}{2} \int \frac{d^4p}{(2\pi)^4} \left[\log(p^2 + m^2 + 3\lambda\varphi^2) + \log(p^2 + m^2 + \lambda\varphi^2) \right] \quad (7.60)$$

となる．ゲージ場のループの寄与は，$\xi = 0$ の（ユークリッドでの）伝搬関数を使うと

$$\int_0^\varphi d\omega \int \frac{d^4p}{(2\pi)^4} \frac{-3e^2\omega}{p^2 + e^2\omega^2} = \frac{3}{2} \int \frac{d^4p}{(2\pi)^4} \log(p^2 + e^2\omega^2) \quad (7.61)$$

となる．係数 3 は $\xi = 0$ の伝搬関数が $(\delta^{\mu\nu} - k^\mu k^\nu / k^2)$ に比例し，これを (μ, ν) についての 4×4 行列とみなしたときトレースが 3 となることからくる．これらを 7.5 節と同様に評価して係数 B を求めると，

$$B = \hbar \left(\frac{(9+1)\lambda^2 + 3e^4}{64\pi^2} \right) = \hbar \left(\frac{10\lambda^2 + 3e^4}{64\pi^2} \right) \quad (7.62)$$

となる．

最後にフェルミ場の寄与を計算しよう．ディラック場が

$$S_f = \bar{\Psi}(i\gamma_\mu \partial_\mu + y\phi)\Psi \quad (7.63)$$

という作用をもつとする．$\phi \to \phi + \omega$ と置き換えると，フェルミ場は質量 $y\omega$ をもつ．またディラック場の自由度は 4 なので [18] フェルミ場の寄与は，フェ

---

[18] ガンマ行列のトレースから 4 がでるといってもよい: $\mathrm{Tr}(\gamma_\mu p^\mu + m) = 4m$.

ルミ粒子のループからマイナス符号が余分にでること [19] に注意すると

$$-\int_0^\varphi d\omega \int \frac{d^4p}{(2\pi)^4} \frac{-4y^2\omega}{p^2+y^2\omega^2} \tag{7.64}$$

となる．これを (7.62) の B と合わせると係数 B は

$$B = \hbar\left(\frac{10\lambda^2+3e^4}{64\pi^2}-4y^4\right) \tag{7.65}$$

となる．フェルミ場は係数 B に対して負の寄与を与える．

7.8 波動関数の繰り込みと Lee 模型

これまで場 $\varphi(x)$ が座標 x に依存しないときの有効ポテンシャル $V_{eff}[\varphi]$ を計算し，その結果，古典的なポテンシャルへの量子補正として有効ポテンシャルが求められた．これから (7.28) と (7.30) で質量と相互作用定数の繰り込みを行った．7.7 節のスカラー QED でも同様にできる．このような繰り込みの操作は，場の規格化条件に対しても行う必要がある．これを波動関数繰り込みとよぶ．この節では，Lee 模型とよばれる簡単な解ける模型を解説し，波動関数繰り込みの物理的な意味を理解しよう．

有効ポテンシャルの計算では，場 $\varphi(x)$ が座標 x に依存しないと仮定して，計算を行った．一般には場は x の関数でよく，その場合，ポテンシャルのみならず運動項も量子補正を受ける．特に伝搬関数を与える $(\partial\phi)^2$ 項の変化は重要である．運動量表示で，古典的な運動項への量子補正が

$$\int \frac{d^4k}{(2\pi)^4}\frac{k^2\phi^2}{2} \to \int \frac{d^4k}{(2\pi)^4}\frac{K(k^2)\phi^2}{2}$$
$$K(k^2) = Z^{-1}k^2 + \mathcal{O}(k^4) \tag{7.66}$$

と展開されたとする [20]．量子補正を含めた運動項 $K(k^2)$ を k^2 で冪展開し，k^2 の係数を特に Z^{-1} と定義した．この作用をもとに（質量項も含めて）場の 2 次の項から伝搬関数を求めると

---

[19] このマイナス符号はフェルミ場の積分をすると，c 数のガウス積分とは逆符号の有効作用がでることから来る．脚注 17 を参照．

[20] 有効作用という意味では φ を使うべきだが，ここでは相互作用の効果を取り入れた量子的な作用を，自由場の作用と比べるため表記 ϕ を使う．

$$\langle T\phi(x)\phi(y)\rangle \approx \int \frac{d^4k}{(2\pi)^4} \frac{iZ}{k^2+m^2} e^{-ik(x-y)} \tag{7.67}$$

となる．この式は，k^2 の高次項を落とす近似のもとで正しい．そこで新たに

$$\phi \equiv Z^{1/2}\phi_R \tag{7.68}$$

で繰り込まれた場 ϕ_R を定義すると，ϕ_R のグリーン関数の 1 粒子状態の伝搬関数の係数から Z が消えてあたかも自由場と同じ係数になる．この Z のことを波動関数繰り込みという．有効作用を求めるという本題からはずれるが，以下で簡単に波動関数繰り込みの物理的な意味をみてみよう．

まず相互作用のない自由場を復習しておく．実スカラー場は式 (3.23) のように展開され，真空状態に場の演算子 ϕ をかけると 1 粒子状態

$$|\mathbf{k}\rangle = \hat{a}_{\mathbf{k}}^{\dagger}|0\rangle \tag{7.69}$$

が生成されて

$$\phi(x)|0\rangle = \int \frac{d^3k}{(2\pi)^3} u_k(x)|\mathbf{k}\rangle \tag{7.70}$$

となる．この事実を使うことでグリーン関数 $G(x,y)$ が式 (3.29) を経て式 (3.31) のように求められた．

相互作用があると，場 ϕ は 1 粒子状態以外の状態も生成することが可能となり，これが波動関数繰り込みを引き起こす．このことを直感的に理解するために，厳密に解ける相互作用場の理論として Lee 模型[21]をみてみよう．Lee 模型は，パイ粒子 π と陽子 p，中性子 n の相互作用 $p \leftrightarrow n+\pi^+$ をモデル化したもので，三つの場 V, N, ϕ からなる．V と N は質量が重く常に静止した状態にいるとするならば，これらのエネルギーは，運動項が無視でき，静止質量だけで記述される．ϕ は質量 m をもつ実スカラー場で記述されるとしよう[22]．各粒子の運動量 k をもつ消滅演算子を $\hat{V}_k, \hat{N}_k, \hat{a}_k$ と書き，$[\hat{V}_p, \hat{V}_k^{\dagger}] = \delta^3(p-k)$ などの交換関係をもつとする．ハミルトニアンは自由項 H_0 と相互作用項 H_I の和で与えられ，自由項は

---

[21] 原論文は T. D. Lee, Phys. Rev. 95 (1954) 1329 だが，高橋康「物性研究者のための場の量子論 1」(新物理学シリーズ 16) (培風館，1974) にこの模型の詳細な解説がある．これは，物性系を例にとりながら場の量子論をビジュアルに解説したよい本である．

[22] ϕ は実場であり，$n \leftrightarrow p+\pi^-$ が取り入れていない模型になっている．

$$H_0 = \int d^3k (m_V \hat{V}_k^\dagger \hat{V}_k + m_N \hat{N}_k^\dagger \hat{N}_k + \omega_k \hat{a}_k^\dagger \hat{a}_k)$$
$$\omega_k = \sqrt{k^2 + m^2} \tag{7.71}$$

であり，相互作用項は

$$H_I = g \int d^3k \, d^3p \, (u_{\mathbf{k}} \hat{V}_p^\dagger \hat{N}_{p-k} a_k + u_{\mathbf{k}}^* \hat{V}_p \hat{N}_{p-k}^\dagger \hat{a}_k^\dagger) \tag{7.72}$$

で与えられるとする．ただし $u_{\mathbf{k}} = e^{i\mathbf{k}\cdot\mathbf{x}}/\sqrt{2\omega_k (2\pi)^3}$ とした．

ハミルトニアン $H = H_0 + H_I$ の固有状態を求めよう．どの粒子もない真空状態 $|0\rangle$ は，エネルギー 0 をもつ固有状態である．次に 1 粒子状態 $|N(p)\rangle = \hat{N}_p^\dagger |0\rangle$ も固有値 m_N の固有状態であることはすぐにわかる．しかし 1 粒子状態 $|V(p)\rangle = \hat{V}_p^\dagger |0\rangle$ は H の固有状態にはなっていない．これは，$V \leftrightarrow N + \phi$ の相互作用により，N と ϕ の 2 粒子状態と混合するためである．そこで固有状態として，係数 $f(\mathbf{k})$ と規格化定数 Z を導入し，

$$|\tilde{V}(p)\rangle = Z^{1/2} \left(|V(p)\rangle + g \int d^3k \, f(\mathbf{k}) \hat{a}_k^\dagger |N(p-k)\rangle \right) \tag{7.73}$$

とおき，固有方程式

$$H|\tilde{V}(p)\rangle = \tilde{m}_V |\tilde{V}(p)\rangle \tag{7.74}$$

を解いてみよう．すると，$|V(p)\rangle$ と $\hat{a}_k^\dagger |N(p-k)\rangle$ の線形結合となり，$\hat{a}_k^\dagger |N(p-k)\rangle$ に比例する項が左右一致することから $f(\mathbf{k})$ が

$$f(\mathbf{k}) = \frac{u_k^*}{\tilde{m}_V - m_N - \omega_k} \tag{7.75}$$

となり，また $|V(p)\rangle$ が両辺一致することから固有値 $\tilde{m}_V$ が

$$\tilde{m}_V = m_V + g^2 \int d^3k \frac{|u_k|^2}{\tilde{m}_V - m_N - \omega_k} \tag{7.76}$$

と求まる．これは V 粒子の 1 粒子状態が $N+\phi$ の 2 粒子状態と混合することによる質量の繰り込みを表している．さらに $|\tilde{V}(p)\rangle$ の規格化条件から

$$Z^{-1} = 1 + g^2 \int d^3k \frac{|u_k|^2}{(\tilde{m}_V - m_N - \omega_k)^2} \geq 1 \tag{7.77}$$

が決まる．これから波動関数繰り込み Z は，常に条件 $0 < Z \leq 1$ を満たすことがわかる．式 (7.73) は，ϕ で生成される状態 $|\tilde{V}(p)\rangle$ の中で 1 粒子状態の確率が Z であることを意味しており，これは式 (7.67) で 1 粒子状態の寄与が Z であることに対応している．これが波動関数繰り込みの物理的な意味である．k 積分の範囲を $[\mu, \Lambda]$ とすると，Z は相互作用定数 g，繰り込み点 μ，紫外切断 Λ の関数 $Z(g, \mu, \Lambda)$ となる．

7.9　*繰り込み群で改善された有効ポテンシャル

この節では，繰り込み群という概念を導入し，繰り込み群で改善された有効ポテンシャルを求める．これは 1 ループの輻射補正の結果を使って，(leading log 項とよばれる) 高次ループの輻射補正の足し上げを部分的に行うことに対応する．

再度 ϕ^4 理論に戻ろう．n 点のグリーン関数を式 (7.68) で定義した繰り込まれた場で書くと

$$\langle \phi(x_1) \cdots \phi(x_n) \rangle = Z^{n/2} \langle \phi_R(x_1) \cdots \phi_R(x_n) \rangle \tag{7.78}$$

となる．1 点関数も同様に

$$\varphi(x) = \langle \phi(x) \rangle = Z^{1/2} \varphi_R(x) \tag{7.79}$$

と定義する．式 (7.6) の有効作用の展開は

$$\Gamma[\varphi] = \sum_n \frac{1}{n!} \int \prod_i d^4 x_i \, \varphi_R(x_1) \cdots \varphi_R(x_n) \Gamma_{R,n}(x_1, \cdots, x_n) \tag{7.80}$$

となる．有効作用の n 次項を繰り込んだものとして

$$\Gamma_{R,n}(x_1, \cdots, x_n) = Z^{n/2} \Gamma_n(x_1, \cdots, x_n) \tag{7.81}$$

を定義した．$\Gamma_n(x_1, \cdots, x_n)$ は，式 (7.36) のように，紫外切断 Λ と裸の相互作用定数 λ によっているが繰り込み点 μ そのものにはよっていない．これを繰り込み点 μ とそこでの相互作用定数 $\lambda(\mu)$ で書いたのが，式 (7.38) であるが，繰り込み点の選び方は自由で，μ とともに $\lambda(\mu)$ を変化させれば，全体は繰り込み点 μ にはよらない．そこで

が成立する．繰り込まれた有効作用 $\Gamma_{R,n}$ はやはり，繰り込み点 μ とそこでの相互作用定数 $\lambda(\mu)$ の関数として書かれている．このことから，式 (7.82) は

$$\left(\mu\frac{\partial}{\partial\mu} + \beta(\lambda)\frac{\partial}{\partial\lambda} - n\gamma(\lambda)\right)\Gamma_{R,n}(x_1,\cdots,x_n) = 0 \tag{7.83}$$

と書き換えられる．以下では繰り込み点 μ で定義された $\lambda(\mu)$ を，記号の簡単化のために λ と略記する．また β 関数と γ 関数を

$$\beta(\lambda) = \mu\frac{d}{d\mu}\lambda(\mu), \quad \gamma(\lambda) = \frac{\mu}{2}\frac{d}{d\mu}\ln Z \tag{7.84}$$

と定義した．β 関数は繰り込まれた相互作用定数が繰り込み点とともにどのように変化するかを表す関数，γ 関数は波動関数繰り込みの繰り込み点依存性を表す．β 関数や γ 関数は，繰り込み点 μ で定義された相互作用定数 $\lambda(\mu)$ の関数である[23]．式 (7.83) を式 (7.80) に代入すると

$$\left(\mu\frac{\partial}{\partial\mu} + \beta(\lambda)\frac{\partial}{\partial\lambda} - \gamma(\lambda)\int d^4x\,\varphi_R(x)\frac{\delta}{\delta\varphi_R(x)}\right)\Gamma[\varphi_R] = 0 \tag{7.85}$$

となる．今後 φ_R も簡単のために φ と書く．この方程式を繰り込み群方程式（RG 方程式）という．特に $\varphi(x)$ が場所 x によらない定数の場合に制限すると，有効ポテンシャル $V_{eff}[\varphi]$ に対する RG 方程式

$$\left(\mu\frac{\partial}{\partial\mu} + \beta(\lambda)\frac{\partial}{\partial\lambda} - \gamma(\lambda)\varphi\frac{\partial}{\partial\varphi}\right)V_{eff}[\varphi] = 0 \tag{7.86}$$

が得られる．有効ポテンシャルは繰り込み点 μ とそこで定義された λ, φ の関数になっていて，この式は，μ を変化させ同時に λ, φ も係数 β, γ に従って変化させたときに有効ポテンシャルが不変であることを意味する．β 関数や γ 関数は，相互作用定数や波動関数繰り込みを摂動的に計算することで求めること

---

[23] 繰り込み点 μ で定義された相互作用定数とは，そのエネルギー近傍での物理を量子補正を入れずに計算したときに実験結果を最適に近似できる値と解釈できる．そこで，エネルギースケール μ での摂動計算は $\lambda(\mu)$ で行うと考えるのが，もっとも効率がよい．通常の摂動計算では，例えば $\mu = 0$ で定義された相互作用定数 $\lambda(0)$ を使って量子補正を求め，これを大きなエネルギースケールまで外挿する．これが繰り込み群を使った摂動計算と通常の摂動計算との大きな違いである．

ができる．以下では，これらの関数が与えられたとして，この方程式を解くことで有効ポテンシャルの振舞いをみてみよう．

スカラー場 φ は質量次元をもつ．繰り込み点 μ の代わりに

$$t = \ln(\varphi/\mu) \tag{7.87}$$

という変数を定義しよう．φ を固定すると $\mu(\partial/\partial\mu) = -(\partial/\partial t)$，$\mu$ を固定すると $\varphi(\partial/\partial\varphi) = (\partial/\partial t)$ の関係がある．また質量項のない ϕ^4 理論の場合，有効ポテンシャルは次元解析から

$$V_{eff}(\varphi) = Y(t,\lambda)\frac{\varphi^4}{4} \tag{7.88}$$

と書くことができる[24]．この有効ポテンシャルの形に RG 方程式 (7.86) を代入する．次の関係式

$$\mu\frac{\partial}{\partial\mu}(Y(t,\lambda)\varphi^4) = -\frac{\partial Y}{\partial t}\varphi^4, \varphi\frac{\partial}{\partial\varphi}(Y(t,\lambda)\varphi^4) = \left(\frac{\partial Y}{\partial t} + 4Y\right)\varphi^4$$

を使い，

$$\tilde{\beta} = \frac{\beta}{1+\gamma}, \quad \tilde{\gamma} = \frac{\gamma}{1+\gamma} \tag{7.89}$$

を定義すると，

$$\left(-\frac{\partial}{\partial t} + \tilde{\beta}(\lambda)\frac{\partial}{\partial\lambda} - 4\tilde{\gamma}(\lambda)\right)Y(t,\lambda) = 0 \tag{7.90}$$

が導かれる．この方程式の解釈として，有名な Coleman の流体とのアナロジーを紹介しよう[25]．まずこれと似た方程式

$$\left(\frac{\partial}{\partial t} + v(x)\frac{\partial}{\partial\lambda} - L(x)\right)\rho(t,x) = 0 \tag{7.91}$$

を考えよう．この方程式は，速度場 $v(x)$ をもつ流体中に生息するバクテリア

---

[24] 摂動計算すると，紫外切断を無限大にして消える φ^6/Λ^2 などの項も現れる．ここではこのような高次の項は $\Lambda \to \infty$ として落としている．

[25] S. Coleman, Aspects of Symmetry (Cambridge University Press, 1985) の第 3 章 Dilatation を参照．この本は Coleman の Erice 夏の学校での講義録が収録されており，どの章も素晴らしい解説になっている．M. Peskin and D. Schroeder, An Introduction to Quantum Field Theory (Westview Press, 1995) の第 12 章にも解説がある．

の密度に対する発展方程式と理解できる．$L(x)$ は場所 x でのバクテリアの繁殖率を表す．繁殖がなくてもバクテリアが流体に流されることで，バクテリア密度 $\rho(t,x)$ は時間 t とともに変化する．時刻 t で場所 x にいるバクテリアが，時刻 0 でいた場所を $\tilde{x}(t,x)$ と書くと，後ろ向きにバクテリアの運動を解くことになるので速度が逆符号になり，

$$\frac{d\tilde{x}(t,x)}{dt} = -v(\tilde{x}), \quad \tilde{x}(0,x) = x \tag{7.92}$$

となる．これを使うと，バクテリアの発展方程式 (7.91) は

$$\rho(t,x) = \rho_0(\tilde{x}(t,x)) \exp\left(\int_0^t dt' \, L(\tilde{x}(t',x))\right) \tag{7.93}$$

と解ける．ρ_0 は任意関数であるが，$t=0$ の初期条件 $\rho(0,x) = \rho_0(\tilde{x}(0,x))$ により決まる．

$Y(t,\lambda)$ に対する RG 方程式 (7.90) は，置換え $v \to -\tilde{\beta}$, $L \to -4\tilde{\gamma}$ をすると，

$$\frac{d\tilde{\lambda}(t,\lambda)}{dt} = \tilde{\beta}(\tilde{\lambda}), \quad \tilde{\lambda}(0,\lambda) = \lambda \tag{7.94}$$

を使って

$$Y(t,\lambda) = \tilde{\lambda}(t,\lambda) \exp\left(-4\int_0^t dt \tilde{\gamma}(\tilde{\lambda}(t,\lambda))\right) \tag{7.95}$$

と解ける．$\tilde{\lambda}(t,\lambda)$ は走る相互作用定数 (running couling constant) とよばれる [26]．この結果，有効ポテンシャルは

$$V_{eff}(\varphi) = \frac{\tilde{\lambda}(t,\lambda)}{4} \exp\left(-4\int_0^t dt \tilde{\gamma}(\tilde{\lambda}(t,\lambda))\right) \varphi^4 \tag{7.96}$$

と求められる．これをみると，古典的な ϕ^4 理論のポテンシャルと比べて，相互作用定数 λ が走る相互作用定数 $\tilde{\lambda}$ に置き換わり，さらに波動関数繰り込みにより φ の規格化が補正を受けていることがわかる．

これと 1 ループの有効ポテンシャル (7.39) との関係をみてみよう．ϕ^4 理論では波動関数繰り込み γ は 2 ループからのみ現れるので，ここでは簡単の

---

[26] 相互作用定数という名前がついているが，エネルギースケール t とともに変化しており，定数ではない．

ため $\gamma = 0$ とおこう. すると $\tilde{\beta} = \beta$ となる. また走る相互作用定数 $\tilde{\lambda}$ は式 (7.94) の微分方程式を満たしている. β 関数はエネルギースケール t に依存しているが, $t \sim 0$ 近傍で定数として近似するとこの RG 方程式は簡単に, $\tilde{\lambda}(t) \sim \tilde{\lambda}(0) + \beta(0)t$ と解ける. よって有効ポテンシャルは

$$V_{eff}(\varphi) = \frac{\tilde{\lambda}(0)}{4}\varphi^4 + \frac{\beta(0)}{4}\ln\left(\frac{\varphi}{\mu}\right)\varphi^4 \tag{7.97}$$

で与えられる. 1 ループの有効ポテンシャル (7.39) と比べると

$$B = \frac{\beta(0)}{8}, \quad \lambda(\mu) = \tilde{\lambda}(0) + \frac{25}{12}\beta(0) \tag{7.98}$$

の関係が得られる [27]. すなわち 1 ループ有効ポテンシャルに現れる $\varphi^4 \ln(\varphi^2/\mu^2)$ の係数 B は, 相互作用定数 λ のエネルギー依存性を表す β 関数で決まっている. 以下では, β 関数が定数との近似をやめ, 式 (7.94) の微分方程式を解いて走る相互作用定数の振舞いを求めてみよう.

まず ϕ^4 理論を考える. 計算された β 関数は式 (7.36) から $\beta(0) = 9\hbar\lambda^2/8\pi^2$ である. 1 ループでは $\gamma = 0$ と知られており, エネルギースケール t での β 関数は $\beta(t) = 9\hbar\tilde{\lambda}(t)^2/8\pi^2$ となる. これから式 (7.94) は

$$\tilde{\lambda}(t) = \frac{\lambda}{1 - \frac{9\hbar}{8\pi^2}t} \tag{7.99}$$

と解ける. よって有効ポテンシャルは $\tilde{\lambda}\varphi^4/4$ と求まる. この走る相互作用定数は $t = \ln(\varphi/\mu)$ の単調増加関数で, $t = 8\pi^2/9\hbar$ を満たすエネルギースケールで発散する. 相互作用が 1 のオーダーを超える領域では摂動展開が使えないので, この有効ポテンシャルが正しい領域は, そこよりも下のエネルギースケールに限定される. 7.5 節でみたように, β 関数 $\beta = 8B$ が正のときには通常の摂動計算に従うならば, 図 7.4 のように有効ポテンシャルは $\varphi \neq 0$ で最小値をもつ. しかし, 繰り込み群で改善した有効ポテンシャルは, $\tilde{\lambda}(t)$ の単調増加性からこのような性質はもたない. つまりスカラー場だけしかない場合には, コールマン・ワインバーグ (CW) 機構は起こらないことがわかる.

なぜこのような違いが起こったのかを理解するため, 繰り込み群で改善され

---

[27] 細かいことだが, 走る相互作用定数の $\varphi^2 = \mu^2$ での値は, 繰り込み点 μ^2 で繰り込まれた相互作用定数の値 (これは $\varphi = \mu$ でのポテンシャルの 4 階微分で定義される) と $\beta(0)$ に比例する定数だけ定義がずれていることに注意.

た有効ポテンシャル (7.97) から，どのような条件で CW 機構が起こるのかをみてみよう．仮に有効ポテンシャルに $\langle\varphi\rangle \neq 0$ で最小値があったとしよう．すると，$\mu^2 = \langle\varphi\rangle^2$ で繰り込まれた相互作用定数は，式 (7.40) からわかるように係数 B と $\lambda(\langle\varphi\rangle) = 44B/3$ で関係する．その結果，(7.98) の二つめの式は

$$\tilde{\lambda}(0) = -\frac{3}{22}\lambda(\langle\varphi\rangle) = -2B < 0 \tag{7.100}$$

となる．(7.44) でみたように m_h^2 が B に比例するので，係数 $B > 0$ が CW 機構のためには必要だったが，さらに条件 (7.100) より CW 機構が起こってポテンシャルが最小値をとる場所での走る相互作用定数 $\tilde{\lambda}(0)$ が負になっている必要がある[28]．ϕ^4 理論だと相互作用定数 λ が赤外領域で小さくなるが，同時に β 関数も λ^2 に比例して小さくなり，走る相互作用定数が 0 を切ることができず，(7.100) の条件式を満たすことができない．これがスカラー場しかない理論では CW 機構が起こらない理由である．

この問題を回避するためには，β 関数に λ 以外の相互作用の寄与があり，その結果 $B > 0$ が満たされていればよいことがわかる．スカラー量子電磁力学の β 関数 ($\beta = 8B$) は，(7.65) で与えられる．$B > 0$ であるためには，電荷 e の寄与がフェルミ場の湯川相互作用 y の寄与よりも十分大きければよいことがわかる．すると走る結合定数は赤外に向かって 0 に近づく．その近傍でも，e の寄与がある限り $\tilde{\lambda}$ は小さくなり 0 を切って負になる．このため，スカラー量子電磁力学は，CW 機構が働くもっとも簡単な模型になっている．ただし y が大きくなると CW 機構は働かない．素粒子の標準模型ではトップクォークの湯川結合が大きく，これが標準模型だけだとヒッグス粒子に対して CW 機構が働かない原因である．

7.10 まとめ

この章では，スカラー場の有効ポテンシャルを計算する種々の手法を導入した．特に 7.3 節と 7.4 節では，1 ループでの計算を具体的に実行して輻射補正によりポテンシャルの補正を計算した．また 7.5 節では，質量項をもたない理論を考えて，輻射補正により場の原点以外の場所で有効ポテンシャルが最小値をとる可能性をみた．これを CW 機構という．7.6 節では，有効ポテンシャル

---
[28] もちろんそこで繰り込まれた 4 点相互作用 $\lambda(\langle\varphi\rangle)$ は正である．この違いは脚注 27 で述べたことに由来する．

の計算方法としてタッドポールを使ったテクニックを紹介し，その手法を使って，次の 7.7 節でスカラー量子電磁力学の有効ポテンシャルを計算した．7.8 節では，有効ポテンシャルではみることのできなかった波動関数繰り込みについて議論した．特に Lee 模型とよばれる解ける模型を解析することで，波動関数繰り込みが場の演算子が 1 粒子状態をつくる確率と関係することをみた．最後に 7.9 節で，繰り込み群で改善された有効ポテンシャルを導入した．

第8章

電弱理論とヒッグスの場の理論

　この章では素粒子物理学の標準模型を簡単に紹介しよう．ただし本書では，その背後の場の量子論的な基礎付けに限定し，より現象論的な解説は，KEK 物理学シリーズの「素粒子物理学」の第 4 章を参照していただきたい．標準模型は，大きく分けて，物質を構成するフェルミ粒子たち，物質の相互作用を決めているゲージ粒子，そして物質に質量を与えるヒッグス粒子，の 3 種類に分類される．標準模型という名称は，1970 年代に様々な模型が提案され，その中で真に自然を記述する模型として最後まで生き残ったものとしてその名前がつけられた．しかし，それから 50 年近くがたち，標準模型は様々な高エネルギー加速器実験で詳細に，そして驚くべき精度で検証されてきた．その意味で，標準模型は，もはや標準的な模型というよりは，素粒子物理学の核となる理論である[1]．この章では，簡単に標準模型を説明する．特に，場の理論としてもっとも興味深いのがヒッグスセクターである．ヒッグス粒子が真空期待値をもち，ゲージ対称性が自発的に破れる．するとゲージ粒子が質量を獲得し，同時に左右のカイラリティをもつ異なる粒子が結び合って一つの物質（例えば電子）となる．この章の主な目的は，このヒッグス機構を場の理論的な観点から解説することである．

8.1 標準模型

　素粒子の標準模型は，三つのセクターから構成される．クオークや電子などのレプトンを記述する物質セクター，物質の間の相互作用を記述するゲージセクター，そして真空の構造を決めるヒッグスセクターの三つである．

　まず物質セクターからみてみる．私たちを含め宇宙で「物質」とよばれるものは，クオークとレプトンに分類される．これらの粒子は，全く同じ量子数（電

---

[1] Standard model の代わりに Core theory と名称を変えようといっているのは，強い相互作用の漸近的自由性を発見した Frank Wilczek である．ここでは，通例に従って標準模型という名称を用いる．

荷）をもち，質量のみが異なる世代とよばれる構造をもつ．世代は第一から第三まであることが知られている．各世代，ゲージ相互作用は全て共通なので以下ではしばらく第一世代のみ考える．

物質 =

	第一世代	第二世代	第三世代
クオーク	u_L, u_R	c_L, c_R	t_L, t_R
	d_L, d_R	s_L, s_R	b_L, b_R
レプトン	e_L, e_R	μ_L, μ_R	τ_L, τ_R
	ν_e	ν_μ	ν_τ

これらの粒子は全てフェルミ粒子である．クオークが集まって陽子や中性子，パイ粒子などをつくる．この表を縦にみると，各世代に含まれる粒子の種類を表す．例えば第一世代は，u と d の2種類のクオークおよび電子 e と電子ニュートリノ ν_e の2種類のレプトンから構成されていることがわかる．さらに u, d クオークと電子 e は L, R の2種類ある．5.6節でみたように，フェルミオンの基本要素は，ワイル粒子である．クオークは，左巻き右巻き両方のカイラリティをもつ粒子が存在し，それらが組み合わさって質量をもつディラック粒子になっている．一方，レプトンは電子についてはクオークと同じように左右両方のカイラリティをもつ粒子が存在し，ディラック粒子を構成していることが知られている．クオークやレプトンに質量を与えているのが，ヒッグス場の凝縮である．これについては後の節で議論する．表に各粒子の質量のだいたいの値をまとめておいた[2]．クオークは単独ではとりだせないため，その質量を正確に定義することができないので注意が必要である．相対性理論では質量とエネルギーは等しく，粒子の質量の起源は一通りではない．例えば原子核の質量は，原子核を構成している核子の質量と束縛エネルギーの和で与えられる．このように粒子が強く相互作用すると質量も相互作用による補正を受ける．クオークは強く相互作用する粒子であり，強い相互作用のゲージ粒子，グルーオンの大きな影響が予想される．特に u, d クオークの質量はまだわからないことが多い．

---

[2] 素粒子の性質についての詳細は Paricle Data Group のウェブサイトから得ることができる．URL は http://pdg.lbl.gov である．

$$物質 = \begin{array}{|c|c|c|c|} \hline & 第一世代 & 第二世代 & 第三世代 \\ \hline \text{クオーク} & u = 2 \text{ MeV} & c = 1.3 \text{ GeV} & t = 173 \text{ GeV} \\ & d = 5 \text{ MeV} & s = 95 \text{ MeV} & b = 4.5 \text{ GeV} \\ \hline \text{レプトン} & e = 0.5 \text{ MeV} & \mu = 113 \text{ MeV} & \tau = 1777 \text{ MeV} \\ & \nu_e & \nu_\mu & \nu_\tau \\ \hline \end{array}$$

ニュートリノには左巻きしか発見されていない．しかし異なる世代の混合が発見され，質量をもつことがわかってきた．現在わかっているのは質量の2乗の差だけであり，絶対値については 0.2 eV 以下ということしかわかっていない．質量をもつということは相棒となる右巻きニュートリノが存在しないとならない．右巻きニュートリノは存在するとしても標準模型のゲージ相互作用をもたない完全に中性な粒子である．このため左右を混ぜるディラック質量以外に，5.8 節で説明したマヨラナ質量をもち，その結果左巻きニュートリノが他の粒子と比べてたいへん小さな質量となっている可能性が考えられている．ニュートリノがマヨラナ質量をもつかどうかは，現代の素粒子論の大きな謎の一つである．

標準模型の次の重要な性質は，物質たちが様々な電荷をもち，ゲージ相互作用をすることである．標準模型のゲージ相互作用は非可換ゲージ理論で記述され，2種類存在する．$SU(3)_C$ 対称性で表される強い相互作用と $SU(2)_L \times U(1)_Y$ 対称性で表される電弱相互作用である．

強い相互作用は，クオークにのみ作用する．強い相互作用が作用する電荷のことを色電荷とよび，それぞれのクオークは異なった色電荷をもつ3種類，例えば $u_{L,i}$ ($i = 1, 2, 3$) があることが知られている．光の三原色になぞらえて，この3種類を赤，青，緑とよぶこともある．この力を媒介するゲージ粒子はグルーオンとよばれ，$SU(3)$ ゲージ対称性に付随するゲージ粒子である．添字の C は色 (color) 電荷を意味する．クオークの間に強い引力をつくり，その結果，クオークは束縛されて色電荷が相殺されて中性なハドロン（陽子や中性子，パイ粒子などのクオークから構成される束縛状態）をつくる．強い相互作用は，色電荷の閉じ込めやカイラル対称性の自発的破れなど，場の量子論としても興味深い現象の宝庫である．

電弱相互作用は，クオーク，レプトン全ての粒子に作用し，非可換リー群 $SU(2)$ とアーベル型の可換リー群 $U(1)$ に対する対称性に付随したゲージ相互作用をもつ．この意味では，標準模型のゲージ対称性は，$SU(3), SU(2), U(1)$ の三つの異なるゲージ群をもつといってもよいが，後者の二つはまとめて電弱対称

表 8.1 標準模型の粒子の電荷一覧（第一世代）.

	$SU(3)$	$SU(2)_L$	$U(1)_Y$
$Q = \begin{pmatrix} u \\ d \end{pmatrix}_L$	3	2	1/6
$u_R = (U_L)^c$	3	1	2/3
$d_R = (D_L)^c$	3	1	$-1/3$
$L = \begin{pmatrix} \nu_e \\ e \end{pmatrix}_L$	1	2	$-1/2$
$e_R = (E_L)^c$	1	1	-1

性とよばれる．$SU(2)$ 対称性は左巻きの粒子のみに働き，$(u_L, d_L), (e_L, \nu_L)$ はそれぞれ $SU(2)$ の二重項とよばれる．一方，右巻き粒子 u_R, d_R, e_R は，$SU(2)$ 対称性の電荷をもたない．ゲージ対称性の意味では，左巻きの u, d クオークが本来仲間であって，左巻き粒子 u_L と右巻き粒子 u_R は，もとは全く異なる粒子とみなすべきである．後で説明するように，$SU(2)_L$ 対称性はヒッグス場の凝縮により自発的に対称性が破れている．この結果，左右の粒子 $u_L + u_R$ がペアを組んで一つのディラック粒子 u クオークのように振る舞っている．電子についても同様で，左巻き電子 e_L と右巻き電子 e_R を合わせて電子 $e = e_L + e_R$ とよぶが，本来，e_L と e_R は異なる粒子であり，同一視すべきではない[3]．$U(1)_Y$ はハイパー電荷とよばれていて，全ての粒子がこのゲージ粒子による力を受ける．電弱対称性 $SU(2)_L \times U(1)_Y$ は，ヒッグス粒子が凝縮することで自発的に破れ，現在の真空状態で顕わに実現されている対称性は，電磁気学のアーベル型対称性 $U(1)_{EM}$ だけである．

表 8.1 に標準模型の粒子たちの電荷をまとめた．クオークは $SU(3)_C$ の三重項になっていて，色電荷をもつ．左巻き粒子 Q と L は $SU(2)_L$ 二重項として $SU(2)_L$ 相互作用をもつ．$SU(3)_C, SU(2)_L$ の項にある 1 とは，これらの粒子が一重項 (singlet) で $SU(3)$ や $SU(2)$ 対称性に付随する電荷をもたないことを意味する．つまり，残りの右巻き粒子 u_R, d_R, e_R は $SU(2)_L$ 相互作用をもたない．5.6 節でみたように，右巻きのワイル粒子は，左巻きのワイル粒子の荷電共役な粒子と書くことができるので，ここでは標準模型の右巻き粒子を，左巻き粒子 U_L, D_L, E_L の荷電共役として表した．U_L と u_L，D_L と d_L，E_L

---

[3] この意味で，ディラック粒子とは，左巻きの夫と右巻きの妻からなる夫婦のようなものである．ニュートリノには相棒がいないと思われていたのだが，別居した妻がいるようだ，というのが最近のニュートリノ振動実験からわかってきた事実である．

と e_L は全く異なる粒子である．$U(1)_Y$ の項にある数字は，$U(1)$ リー代数に対する電荷を意味しており，様々な分数電荷 Q_Y が割り当てられていることがわかる．

これらの電荷を使うと，標準模型の物質のゲージ相互作用は

$$\mathcal{L} = \sum_I \bar{\Psi}_I i\gamma^\mu D_\mu \Psi_I \tag{8.1}$$

と書かれる．I は表 8.1 の全ての粒子を表す．共変微分 D_μ は，今の場合三つのゲージ対称性 $SU(3)_C \times SU(2)_L \times U(1)_Y$ に応じて三つのゲージ場をもつ．$SU(3)$ リー代数は 8 つの生成元 $\lambda^a/2$ ($a = 1, \cdots, 8$) をもつので，そのゲージ場（グルーオン）を G_μ^a と書く．ゲルマン行列 λ^a は 3 行 3 列の行列で $SU(3)$ リー代数の交換関係を満たす．$SU(2)$ リー代数は 3 つの生成元 $\tau^i/2$ ($i = 1, 2, 3$) をもち，そのゲージ場を W_μ^i と書く．τ^i はパウリ行列であるが，スピンと混同しないため τ^i と表示する．最後に $U(1)$ ゲージ場を B_μ と書く．共変微分は，その微分が作用する粒子がどのような電荷をもつかによって異なる．一般的な書き方をすると

$$D_\mu = \partial_\mu + ig_s \sum_a G_\mu^a \frac{\lambda^a}{2} + ig \sum_i W_\mu^i \frac{\tau_i}{2} + ig' Q_Y B_\mu \tag{8.2}$$

と書ける[4]．ただし $SU(3), SU(2)$ に対して電荷をもたない粒子（一重項）は，それに対応した項はない．またハイパー電荷は各粒子ごとに表 8.1 の Q_Y をもつ．

8.2 標準模型とヒッグス場

この節と次節では，ヒッグス場を導入し，ヒッグス場が真空期待値をもつことでゲージ対称性が自発的に破れるヒッグス機構について解説する．この節ではまずヒッグス場のポテンシャルを導入する．

前の節でみたように，標準模型は $SU(3) \times SU(2) \times U(1)$ のゲージ対称性をもつ非可換ゲージ理論であり，その対称性に付随したゲージ粒子は質量をもたないはずである．しかし，質量が 0 で遠方まで力を及ぼす相互作用は，電磁相

---
[4] ゲージ場の定義として，ここでのようにゲージ結合定数 g_s, g, g' が共変微分に現れるやり方と，ゲージ場を $gA_\mu \to A_\mu$ と再定義してゲージ場の運動項を $F_{\mu\nu}F^{\mu\nu}/4g^2$ とするやり方の 2 通りがある．もちろん両者は等価である．

互作用のみしか知られていない．

　強い相互作用は，100 MeV 程度の低エネルギーで相互作用の強さがとても強くなり，色電荷の閉じ込めを引き起こす．その結果，クォークも閉じ込められて陽子などのハドロンになり，単独では外に現れない．強い相互作用を担うゲージ粒子であるグルーオンも色電荷をもっており，やはり単独で観測されることはない．

　一方で，弱い相互作用に付随するゲージ粒子 W, Z は 100 GeV 程度の質量をもつことが知られている．この弱い相互作用のゲージ粒子に質量を与える機構を担っているのがヒッグス場である．この節ではヒッグス場の果たす役割を解説する．ヒッグス場の理論は Ginzburg-Landau 理論と同じである．2.8 節でみたように，BCS 超伝導の場合には電子がつくるクーパー対の場を Φ と書き，ポテンシャルを計算すると式 (2.135) のようになった．ここでは場 Φ を一般化して，ヒッグス場 H を導入する．ヒッグス場の起源についてはここでは考えず，基本的なスカラー場 H が最初から存在していたとする．

　$SU(2)_L \times U(1)_Y$ の電弱ゲージ対称性をもつ標準模型では，ヒッグス場は，$SU(2)_L$ の二重項

$$H = \begin{pmatrix} \phi^+ \\ \phi^0 \end{pmatrix} \tag{8.3}$$

でハイパー電荷 $Q_Y = 1/2$ をもつとする．$+, 0$ の上付き添字は，（後でわかることだが）これらの成分が通常の電磁気の電荷 $1, 0$ をもつことを意味する．また $\phi^{+,0}$ は複素スカラー場である．H を荷電共役変換した

$$H^c \equiv i\tau_y H^* = \begin{pmatrix} (\phi^0)^* \\ -(\phi^+)^* \end{pmatrix} \tag{8.4}$$

という場を使うこともある．これは H とは逆のハイパー電荷 $Q_Y = -1/2$ をもつが，$SU(2)$ 対称性に関しては，H と同じ変換をする[5]．

　ヒッグス場が次のようなポテンシャル

$$V(H) = \lambda(H^\dagger H - \frac{\mu^2}{2\lambda})^2 = -\mu^2 H^\dagger H + \lambda(H^\dagger H)^2 + \text{const.} \tag{8.5}$$

---

[5] $SU(2)$ の変換を $H \to e^{i\tau^i \theta^i/2} H$ としたとき，H^c も同じ変換をすることを示せばよい．簡単なので各自確認せよ．これは $SU(2)$ 群の特殊性である．

8.2 標準模型とヒッグス場 | 251

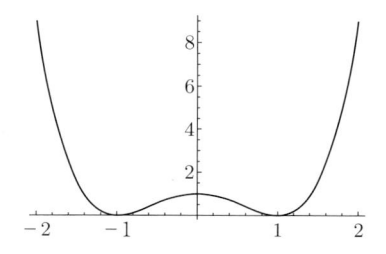

図 8.1 ヒッグス場のポテンシャル: 横軸は $\sqrt{H^\dagger H}$ で, $\sqrt{\mu^2/2\lambda}$ を単位として目盛りをふった.

をもっているとしよう[6]. このポテンシャルは $SU(2) \times U(1)$ の変換

$$H \to e^{\pm i\tau^i \theta^i/2} e^{i\theta} H, \quad H^\dagger \to H^\dagger e^{-i\theta} e^{-i\theta^a \tau^a/2} \tag{8.6}$$

に対する不変性をもつ. 図 8.1 から明らかなように, $V(H)$ は $H^\dagger H = \mu^2/2\lambda$ に極値をもつ. この極値条件を満たす H として

$$\langle H \rangle = \begin{pmatrix} 0 \\ \langle \phi^0 \rangle \end{pmatrix} \equiv \frac{1}{\sqrt{2}} \begin{pmatrix} 0 \\ v \end{pmatrix} \tag{8.7}$$

をとろう. ただし $v = \sqrt{\mu^2/\lambda}$ と定義した. この選び方はポテンシャルが $SU(2) \times U(1)$ 変換の不変性をもつことから, 一般性を失わない. つまり $H^\dagger H = \mu^2/2\lambda$ を満たすどのような H も, この取り方と上記の $SU(2) \times U(1)$ により結びついている. 場をこの真空期待値の周りに

$$H = \frac{1}{\sqrt{2}} \begin{pmatrix} 0 \\ v+h \end{pmatrix} e^{i\varphi/v} \tag{8.8}$$

と展開する. h, φ は実スカラー場を表し, $1/\sqrt{2}$ は, 実スカラー場の運動項が正しく規格化されるために, 導入した. これをポテンシャルに代入すると,

$$V = \lambda \left(\frac{h^2}{2} + h\sqrt{\frac{\mu^2}{\lambda}} \right)^2 = \lambda \frac{h^4}{4} + \sqrt{\mu^2 \lambda} h^3 + \mu^2 h^2 \tag{8.9}$$

となる. このポテンシャル項は φ を含んでいない. この位相方向の自由度の

---
[6] μ^2 を逆符号で定義することも多いが, ここでは $\mu^2 > 0$ でゼロでない極小値 $\langle H \rangle$ が与えられるような係数として定義する.

ことを（特にゲージ場と相互作用していない場合に）南部ゴールドストーン粒子とよぶ[7]．ポテンシャルをもたないことからわかるように質量も 0 である[8]．電弱理論のように局所的な対称性があり南部ゴールドストーン粒子の方向への場の変位がゲージ変換で生成される場合，質量 0 の南部ゴールドストーン粒子はゲージ場に吸収されて物理的な自由度には対応しない．これをヒッグス機構という．もっとも簡単な見方は，$\varphi = 0$ となるようなゲージ（ユニタリーゲージ）をとることである．すると $SU(2)_L \times U(1)_Y$ ゲージ変換の自由度は（あとで述べる $U(1)_{EM}$ のゲージ自由度を除いて）固定され，物理的な自由度としては h 方向のみを考えればよい．h 方向の変位に対応する粒子の質量は $m_h^2 = 2\mu^2 = 2\lambda v^2$，4 点相互作用定数が λ で与えられる．この自由度 h をヒッグス粒子とよぶ．質量と真空期待値 v を使うと

$$V = \frac{m_h^2}{2v^2}\frac{h^4}{4} + \frac{m_h^2}{2v}h^3 + m_h^2\frac{h^2}{2} \tag{8.10}$$

となる．ヒッグス粒子の質量 $m_h = 125$ GeV と真空期待値 $v = 256$ GeV を与えると，3 点および 4 点結合が決まる．この関係式はポテンシャルが 2 次と 4 次で構成されている場合であり，CW 機構の場合には，異なる関係式 (7.45) で与えられる．このため将来の加速器実験でヒッグス粒子の自己相互作用を調べることは，ヒッグス場が真空期待値をもつ機構にも関係し，とても重要である（228 ページの脚注 12 参照）．

H のポテンシャル (8.5) 式は，$H^\dagger H$ で書かれていることから明らかなように $SU(2)_L \times U(1)_Y$ のゲージ対称性をもっている．このゲージ対称性以外に，ヒッグスポテンシャルは大局的対称性 $SO(4)$ をもっていることがわかる．$SU(2)_L$ の二重項 H とその荷電共役 H^c を横に並べて

$$\mathcal{H} \equiv (H^c, H) = \begin{pmatrix} (\phi^0)^* & \phi^+ \\ -(\phi^+)^* & \phi^0 \end{pmatrix} \tag{8.11}$$

という行列を定義する．すると，

$$h_0 \equiv \frac{1}{2}\mathrm{Tr}\,\mathcal{H}^\dagger\mathcal{H} = |\phi^+|^2 + |\phi^0|^2 = H^\dagger H \tag{8.12}$$

---

[7] ゲージ理論の場合，この粒子はゲージ場に吸収されてしまうので，以下ではこれを位相場とよぶことにする．
[8] 質量が 0 なのはゲージ場に結合していない場合のみで，ゲージ場に結合するとゲージの取り方で質量が変わる．

と書けるので，$V(H^\dagger H)$ は $\text{Tr}\,\mathcal{H}^\dagger \mathcal{H}$ の関数である．$SU(2)_L$ 変換 U_L は $\mathcal{H}$ 行列に対して左から作用し，これは $SU(2)_L$ ゲージ変換と同じである．一方，右から作用する変換を $U_R^\dagger$ と書くと，これはハイパー電荷 $1/2$ の H と $-1/2$ の H^c の成分を混ぜる変換になっている．U_L, U_R に対して行列 $\mathcal{H}$ は

$$\mathcal{H} \to U_L\,\mathcal{H}\,U_R^\dagger \tag{8.13}$$

と変換し，h_0 はこれらの変換で不変である．よってポテンシャルは $SU(2)_L \times SU(2)_R = SO(4)$ の対称性をもつ．これはヒッグス粒子のポテンシャルが偶然にもっていた対称性である．ヒッグス場が $\langle \phi_0 \rangle = v/\sqrt{2}$ という真空期待値をもつと，

$$\langle \mathcal{H} \rangle = \frac{v}{\sqrt{2}} \mathbf{1}_{2\times 2} \tag{8.14}$$

となる．これを不変にする変換は $U = U_L = U_R$ に限定され，$SU(2)_L \times SU(2)_R$ 対称性は対角的な $SU(2)$ 不変性に壊れる．この不変性のことを Custodial 対称性という．物質場も含めたときには，この対称性はアイソスピン対称性がよい近似のもとで正しい．これについては，8.5 節で議論する．

8.3　対称性の自発的破れとヒッグス機構

　前節で導入したヒッグス場が真空期待値をもつと，電弱対称性が自発的に破れる．この節では，この標準模型におけるヒッグス機構を説明する．

　ポテンシャルが (8.5) のような形をもつと，ヒッグス場がゼロでない値 v に期待値をもつ．図 8.1 の横軸は，$\sqrt{H^\dagger H}$ であるが，ヒッグス場が真空期待値をもつとゲージ対称性が自発的に破れ，破れた対称性に付随するゲージ場が質量を獲得する．これは BCS 理論で，電荷 2 をもつクーパー対の場 Φ が真空期待値をもつことで，電磁対称性が自発的に破れて電磁場が質量を獲得し，その結果マイスナー効果が起こったのと同じである．以下では標準模型において，ヒッグス場が真空期待値をもつと，ゲージ場が質量獲得することを簡単な古典的議論でみてみよう．ヒッグス場の共変微分は $Q_Y = 1/2$ なので

$$D_\mu H = \left(\partial_\mu + ig \sum_i W_\mu^i \frac{\tau_i}{2} + ig' B_Y/2 \right) H \tag{8.15}$$

で与えられる．ヒッグス場が式 (8.7) のような真空期待値をもったとすると，

共変微分の中で h, φ によらない部分は

$$D_\mu \begin{pmatrix} 0 \\ \frac{v}{\sqrt{2}} \end{pmatrix} = i \begin{pmatrix} \frac{g}{2}W_\mu^3 + \frac{g'}{2}B_\mu & \frac{g}{2}(W_\mu^1 - iW_\mu^2) \\ \frac{g}{2}(W_\mu^1 + iW_\mu^2) & -\frac{g}{2}W_\mu^3 + \frac{g'}{2}B_\mu \end{pmatrix} \begin{pmatrix} 0 \\ \frac{v}{\sqrt{2}} \end{pmatrix} \quad (8.16)$$

となり，運動項 $|D_\mu H|^2$ には

$$|D_\mu \langle H \rangle|^2 = \frac{g^2 v^2}{4} W_\mu^- W_\mu^+ + \frac{v^2(g^2 + g'^2)}{8}(Z_\mu)^2 \quad (8.17)$$

という項が含まれる．ただし

$$W_\mu^\pm = \frac{1}{\sqrt{2}}(W_\mu^1 - iW_\mu^2) \quad (8.18)$$

で $W^\pm$ 場を定義し，さらに W^3 と B を組み替えて

$$\begin{pmatrix} A_\mu \\ Z_\mu \end{pmatrix} = \frac{1}{\sqrt{g^2 + g'^2}} \begin{pmatrix} g & g' \\ -g' & g \end{pmatrix} \begin{pmatrix} B_\mu \\ W_\mu^3 \end{pmatrix}$$
$$\equiv \begin{pmatrix} \cos\theta_W & \sin\theta_W \\ -\sin\theta_W & \cos\theta_W \end{pmatrix} \begin{pmatrix} B_\mu \\ W_\mu^3 \end{pmatrix} \quad (8.19)$$

で（運動項が規格化された）ゲージ場 (A, Z) を定義した．θ_W をワインバーグ角という．式 (8.17) からわかるように，ヒッグス場の運動項から，ゲージ場 W_μ と Z_μ に対する

$$m_W^2 = \frac{g^2 v^2}{4}, \quad m_Z^2 = \frac{g^2 + g'^2}{4} v^2 \quad (8.20)$$

という質量項が誘起された．これはマイスナー効果と同じである．これらのゲージ場の質量比は

$$\frac{m_W^2}{m_Z^2} = \frac{g^2}{g^2 + g'^2} = \cos^2\theta_W < 1 \quad (8.21)$$

で与えられる．残りの一つのゲージ場 A には質量項が現れず，これが電磁場に対応する．A に付随するゲージ変換は，ゲージ場 A が共変微分 (8.16) の $(1,1)$ 成分に来ていることからもわかるように，$SU(2)$ 二重項の上成分の位相回転を生成する．よって $\langle H \rangle$ に作用しても何も変えない．つまり A はヒッグス場の真空期待値を不変に保つ変換に付随したゲージ場である．一般の $SU(2)_L$ リー

代数の表現 T^i とハイパー電荷 Q_Y をもつ場に対する共変微分

$$D_\mu = \partial_\mu + i\left(g\sum_i W^i_\mu T^i + g'Q_Y B_\mu\right) \tag{8.22}$$

の括弧の中を新たに定義したゲージ場で書き換えると

$$\frac{g}{\sqrt{2}}\left((T^1 - iT^2)W^+_\mu + (T^1 + iT^2)W^-_\mu\right) + \alpha A_\mu + \beta Z_\mu \tag{8.23}$$

$$\alpha = gT^3 s_W + g'Q_Y c_W = \frac{gg'}{\sqrt{g^2 + g'^2}}(T^3 + Q_Y)$$

$$\beta = gT^3 c_W - g'Q_Y s_W = \frac{g^2}{\sqrt{g^2 + g'^2}}(T^3 - Q_Y \tan^2\theta_W) \tag{8.24}$$

となる.ただし $c_W = \cos\theta_W$, $s_W = \sin\theta_W$ と書いた.電荷 e を

$$e = \frac{gg'}{\sqrt{g^2 + g'^2}} = g\sin\theta_W \tag{8.25}$$

と定義し,電荷演算子を

$$Q = T^3 + Q_Y \tag{8.26}$$

とすると表 8.1 から,u_L の電荷が $1/2 + 1/6 = 2/3$ であり,u_R と等しくなることがわかる.d_L の電荷は $-1/2 + 1/6 = -1/3$,他も同様である.これは通常の電磁場に結合する電荷である.ヒッグス場に対しては

$$T^3 + Q_Y = \frac{\tau^3}{2} + \frac{\mathbf{1}_{2\times 2}}{2} = \begin{pmatrix} 1 & 0 \\ 0 & 0 \end{pmatrix} \tag{8.27}$$

となり,確かに式 (8.7) で与えられるヒッグスの真空状態 $\langle H \rangle$ を不変にしている.この意味で,電弱理論のゲージ対称性 $SU(2)_L \times U(1)_Y$ は,ヒッグス場が真空期待値をもつことで電磁場理論のゲージ対称性 $U(1)_{EM}$ にまで破れている.このように,理論そのものは対称性をもっているにもかかわらず,真空状態が対称性を破り,その結果ゲージ場が質量を獲得することをゲージ対称性の自発的な破れとよぶ.残ったゲージ場(電磁場 A_μ)と物質(フェルミ粒子)の相互作用は

$$\mathcal{L}_{EM} = eA^\mu J_\mu^{em}, \quad J_\mu^{em} = \sum_I \bar{\Psi}_I \gamma_\mu Q \Psi_I \tag{8.28}$$

という相互作用をする．

Z_μ ボソンに結合している係数を Q を使って書き換えると

$$\frac{g}{\cos\theta_W}(T^3 - Q\sin^2\theta_W) \tag{8.29}$$

とも書ける．これから Z ボソンと物質との相互作用は

$$\mathcal{L}_{nc} = \frac{g}{\cos\theta_W} Z^\mu J_\mu^{nc}, \quad J_\mu^{nc} = \sum_I \bar{\Psi}_I \gamma_\mu (T^3 - Q s_W^2) \Psi_I \tag{8.30}$$

で与えられる．J_μ^{em} を電磁カレント，J_μ^{nc} を中性カレントという．電弱理論についてのより詳細は本シリーズ「素粒子物理学」第 4 章を参照していただきたい．

8.4 *電磁場の質量とゲージ不変性

これまで古典的な見方で対称性の破れに伴ってゲージ場が質量を獲得するヒッグス機構をみた．この節ではゲージ場が質量をもつ機構を，複素スカラー場が $U(1)$ ゲージ場と結合している場合について，より場の理論的に説明しよう．このやり方の利点は，ゲージ場が質量を獲得する機構として，何が本質的なのか，つまり必ずしもヒッグス場のような基本的なスカラー場の存在によらない場合にも拡張できることである．その例として，1+1 次元の量子電磁力学でゲージ場が質量を獲得する機構を示す．

通常，ゲージ不変性があるとゲージ場は質量項をもてないとされる．これは A_μ^2 項がゲージ変換で不変ではあり得ないためである．しかし Schwinger が指摘したように[9]，ゲージ不変性は必ずしも電磁場の質量を禁止しない．これは以下の理由による．ゲージ場の伝搬関数は，ゲージを決めると式 (6.88) で与えられる．$\xi = 0$ のランダウゲージだと

$$D_F^{(0)\mu\nu}(p) = \frac{-i}{k^2} P^{\mu\nu}, \quad P^{\mu\nu} = \left(\eta^{\mu\nu} - \frac{k^\mu k^\nu}{k^2}\right) \tag{8.31}$$

---

[9] J. Schwinger, "Gauge Invariance and Mass", Phys. Rev. 125 (1962) 397 とその続きの PR 128 (1962) 2425. これと本質的に同じことが P. W. Anderson により BCS 超伝導において指摘されている: Phys. Rev. 112 (1958) 1900.

8.4 *電磁場の質量とゲージ不変性

である．$P^{\mu\nu}$ は $P^{\mu\lambda}P^{\nu}_{\lambda} = P^{\mu\nu}$ を満たす．相互作用があると 2 点グリーン関数は図 7.1 のように 1PI 図の和で与えられるが，ゲージ場 A_μ と物質場との結合は保存するカレント J^μ を使って $A_\mu J^\mu$ で与えられることから，1PI 図の寄与を $ie^2\Pi^{\mu\nu}(k)$ と書くと [10]，カレントの保存から $k_\mu \Pi^{\mu\nu} = 0$ を満たす．そこで

$$\Pi^{\mu\nu}(k) = \left(k^2\eta^{\mu\nu} - k^\mu k^\nu\right)\Pi(k^2) = k^2 P^{\mu\nu}\Pi(k^2) \tag{8.32}$$

と書くことができる．これから 1PI 図を足し上げて相互作用があるときの伝搬関数を計算すると

$$\begin{aligned}D_F^{\mu\nu}(p) &= D_F^{(0)\mu\nu}(p) + D_F^{(0)\mu\rho}(p)ie^2\Pi_{\rho\lambda}(p)D_F^{(0)\lambda\nu}(p)\\&\quad + D_F^{(0)\mu\rho}(p)ie^2\Pi_{\rho\lambda}(p)D_F^{(0)\lambda\sigma}(p)ie^2\Pi_{\sigma\delta}(p)D_F^{(0)\delta\nu}(p) + \cdots\\&= -\frac{i}{k^2}\left(P + e^2\Pi P^3 + (e^2\Pi)^2 P^5 + \cdots\right)^{\mu\nu}\\&= \frac{iP^{\mu\nu}}{k^2}\frac{1}{1 - e^2\Pi(k^2)}\end{aligned}\tag{8.33}$$

となる．ここまでゲージ不変性はどこでも壊していない．しかし，もし 1PI 関数が $\Pi(k^2) = v^2/k^2$ のような赤外での特異性をもつと，D_F は

$$\frac{1}{k^2(1 - v^2 e^2/k^2)} = \frac{1}{k^2 - v^2 e^2} \tag{8.34}$$

となり，ゲージ場が質量 $m = |ev|$ を獲得する．

ヒッグス機構ではまさにこの現象が起こっている．複素スカラー場 ϕ が真空期待値 v をもち，その周りで二つの実スカラー場 $h(x), \theta(x)$ に

$$\phi = \frac{v + h}{\sqrt{2}} e^{i\theta/v} \tag{8.35}$$

と展開すると，複素スカラー場の運動項 $|(\partial_\mu - ieA_\mu)\phi|^2/2$ には

$$|(\partial_\mu\theta - evA_\mu)|^2/2 = (\partial_\mu\theta)^2/2 - ev\partial_\mu\theta A^\mu + (ev)^2 A_\mu^2/2 \tag{8.36}$$

という項が含まれる．ゲージ場に結合している保存カレントは $J^\mu = -ev(\partial_\mu\theta - $

---

[10] $\Pi^{\mu\nu}(k)$ は電磁場と相互作用している物質のカレントの相関関数 $\langle J^\mu(x)J^\nu(y)\rangle$ で書かれるため，その物質の電荷の 2 乗に比例している．

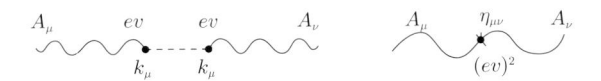

図 8.2 左は複素スカラー場との混合によるゲージ場の 1PI 図への寄与．右図は A_μ^2 項を摂動として扱ったもの．

evA_μ) で与えられる．式 (8.36) の 2 項目がゲージ場と真空期待値の周りの位相場 θ との結合，3 項目はゲージ場の質量項である．これらの項があると，ゲージ場の伝搬関数の 1PI 図に 図 8.2 の二つのグラフが寄与して

$$ie^2\Pi^{\mu\nu} = e^2v^2\left(-i\frac{k^\mu k^\nu}{k^2} + i\eta^{\mu\nu}\right) = ie^2v^2 P^{\mu\nu} \tag{8.37}$$

となり，$\Pi(k^2) = v^2/k^2$ を与える．1 項目の分子 $k^\mu k^\nu$ は A_μ と位相場 θ が微分結合しているため，分母の k^2 は位相場の伝搬関数から来ている．この 1PI 図を足し上げることで，電磁場の伝搬関数の極が k^2 からずれて，ゲージ場はゲージ不変に質量を獲得する．ゲージ不変性は，ゲージ変換に伴って場 θ を並進することで保たれている．

電磁場が質量をもつもう一つの例は，5.10 節で考えた 1+1 次元の量子電磁力学である．式 (5.105) でみたように，電磁場はスカラー場 ϕ と微分結合していて，この結合を $A_\mu J^\mu$ と書くと，

$$J^\mu = -\frac{e}{\sqrt{\pi}}\epsilon^{\mu\lambda}\partial_\lambda\phi \tag{8.38}$$

で与えられる．すると電磁場の伝搬関数への 1PI の寄与はカレント J^μ の相関関数で与えられて，

$$\Pi^{\mu\nu}(k) = \frac{e^2}{\pi}\epsilon^{\mu\lambda}\epsilon^{\nu\sigma}k_\lambda k_\sigma\langle\phi(k)\phi(-k)\rangle = \frac{e^2}{\pi}(k^2\eta^{\mu\nu} - k^\mu k^\nu)\frac{1}{k^2} \tag{8.39}$$

となる．よって $\Pi(k^2) = e^2/\pi$ で，ゲージ場は質量 $m = e/\sqrt{\pi}$ を獲得する．この質量は式 (5.107) のスカラーが獲得した質量と同じであり，実際，電磁場と質量のないスカラー場が混合して，一つの質量 m の場を構成している．1+1 次元では電磁場は伝搬する自由度をもたないので，両者は同じ自由度を違う見方でみているだけである．式 (8.38) のカレントに ϵ テンソルが含まれるおかげで，カレントは自動的に保存している．このためゲージ不変性はスカラー場との結合だけで成り立っていて，ゲージ対称性が自発的に破れてゲージ場の質量

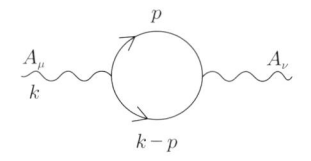

図 **8.3** フェルミ粒子による輻射補正によるゲージ場の 1PI 図への寄与.

が生成されたわけではない．式 (8.36) のゲージ不変性が ϕ のシフトで保証されていたのとは大きく異なる．この電磁場の質量獲得を，スカラー場 ϕ を使わずにみてみよう．図 8.3 にあるように，ゲージ場の伝搬関数は質量 0 のフェルミ粒子が内線に寄与して輻射補正を受ける．1PI 図への寄与はカレント $\bar{\Psi}\gamma^\mu\Psi$ の相関関数で与えられ，

$$\int \frac{d^2p}{(2\pi)^2} \frac{\text{Tr}(\gamma^\mu(p-k)^\lambda \gamma_\lambda \gamma^\nu p^\sigma \gamma_\sigma)}{p^2(p-k)^2} \tag{8.40}$$

となる．ここではこの計算は省略するが，ファインマンのパラメータ積分を使うと評価できて，(8.39) と同じ結果が得られる．この積分は分子に運動量が二つと d^2p 積分，分母には運動量が四つあり，全体で質量次元をもたない．一方でゲージ不変性から $\eta^{\mu\nu}k^2 - k^\mu k^\nu$ の項がでることが保証されるので，全体で質量次元を 0 にするためには残りの p 積分は $1/k^2$ に比例するはずである．このような赤外での振舞いは 1+1 次元系の特徴である．$1/k^2$ のポールがでると，一般論からゲージ場は質量を獲得する．つまり 1+1 次元量子電磁力学では，フェルミオンの集団運動が赤外で強くなることで，長距離力だったクーロン力が短距離で遮蔽される．この意味でプラズマ中でクーロン力が遮蔽される機構に似ている．

8.5 フェルミ場の質量生成

ヒッグス場が凝縮することで，ヒッグス場自身とゲージ場が質量を獲得する機構をみた．この節では，フェルミ粒子（物質場）がどのようにして質量を獲得するかを，再び標準模型に戻ってみてみよう．

表 8.1 の電荷より，標準模型のゲージ対称性を保つ相互作用として

$$Y_u \bar{Q} u_R H^c + Y_d \bar{Q} d_R H + Y_e \bar{L} e_R H + \text{エルミート共役} \tag{8.41}$$

が考えられる．H の荷電共役 H^c は $SU(2)_L$ の二重項で，H とは逆符号の

$U(1)_Y$ 電荷をもつ. これを湯川相互作用といい, ヒッグス場と二つのフェルミ場の 3 点相互作用を記述する. Y_u, Y_d, Y_e は, up quark, down quark 及び電子に対する湯川結合定数である. u, d クオークの湯川相互作用は, 式 (8.13) で定義した $\mathcal{H}$ を使い, さらにカイラリティ R のクオークをあたかも二重項であるかのように $Q_R = (u_R, d_R)^t$ と書くと

$$(Y_u + Y_d)\bar{Q}\mathcal{H}Q_R + (Y_u - Y_d)\bar{Q}\mathcal{H}\tau_3 Q_R \tag{8.42}$$

と書き換えることができる. τ_3 は対角成分に $1, -1$ の値をもつパウリ行列である. もし $Y_u = Y_d$ ならば 2 項目が消える. このとき, (8.13) の変換とともに

$$Q_L \to U_L Q_L, \quad Q_R \to U_R Q_R \tag{8.43}$$

の変換をクオークに作用させると, クオークの湯川相互作用 (8.42) は不変になる. U_L 対称性は $SU(2)_L$ ゲージ対称性なので作用は常に不変だが, U_R 変換は, ここでみたように異なる $U(1)_Y$ 電荷をもつカイラリティ右巻きの u, d クオーク (または H と H^c) を混合している. そこで $SU(2)_R$ 対称性の破れは, $U(1)_Y$ ゲージ相互作用によっても引き起こされる. ヒッグス場が真空期待値をもつと, (8.13) の対称性は対角的な $SU(2)$ の Custodial 対称性に壊れるが, Custodial 対称性は up タイプと down タイプの粒子の対称性の破れが無視できる近似において正しい. トップクオークはボトムクオークに比べて大きな質量, つまり異なる湯川結合をもつ. これが Custodial 対称性の破れの大きな原因の一つである.

ヒッグス場が真空期待値 (8.7) をもつと, H の下成分に $v/\sqrt{2}$, H^c の上成分に $v/\sqrt{2}$ が与えられる. その結果, 二つの異なるフェルミ場を混合する項

$$\frac{Y_u v}{\sqrt{2}} \bar{u}_L u_R + \frac{Y_d v}{\sqrt{2}} \bar{d}_L d_R + \frac{Y_e v}{\sqrt{2}} \bar{e}_L e_R + \text{エルミート共役} \tag{8.44}$$

が現れる. これがアップクオーク, ダウンクオーク, そして電子にディラック型の質量を与える. BCS 理論では, 式 (2.134) で複合場 Φ が真空期待値をもつことで上下のスピンをもつ電子とホールが結合して準粒子になり, その結果, 準粒子の励起スペクトルにギャップが生じた. この意味で, 標準模型でのフェルミ場の質量獲得機構は, BCS 理論での準粒子のギャップ獲得機構と同じである[11]. つまり質量 0 の二つのワイルフェルミオンがヒッグス場の凝縮で結合

---

[11] BCS 理論の場合 $\langle \hat{\psi}_\uparrow \hat{\psi}_\downarrow \rangle$ が真空期待値をもち, $\hat{\psi}_\uparrow^\dagger \hat{\psi}_\downarrow^\dagger$ 型のマヨラナ質量が生成された. 標準模型はディラック型の質量項なので正確には少し違う.

して，質量を獲得する．もし仮に全ての物質の質量がここでみたように一つのヒッグス場の真空期待値に関係しているとしたら，異なる世代の間にトップクォークの 173 GeV から 電子の 0.5 MeV までの 10^5 倍以上の大きな質量差は，湯川結合に大きな階層性がなければならないことを意味する．このような階層性がなぜ発生したのかはまだ全くわかっていない．さらに，異なる世代を湯川結合が結び付けていることが知られている．これは世代の問題とよばれ，湯川結合の階層性とともに，素粒子物理学の謎の一つである．詳しくは本シリーズの第 1 巻「素粒子物理学」を参照してもらいたい．

8.6　ヒッグス粒子の発見の意義（お話）

　最後は式の全くないお話でこの本を終える．2012 年 7 月 14 日，ついにヒッグス粒子がみつかった．1970 年代に素粒子の標準模型がつくられてから 40 年以上がたち，やっと電弱対称性を破る場の片鱗がみえたことになる．ここで再度，ヒッグス場がみつかったことの意義を考えよう．電弱対称性が自発的に破れてゲージ場が質量をもつことは 70 年代から知られていた．8.4 節で調べたように，これはゲージ場がスカラー場（位相場）と微分結合していることを意味している．この意味で電弱理論には，ゲージ場と物質場以外に何らかのスカラー的な自由度があることは間接的に知られていた．ならば新たにヒッグス場がみつかったことの意義はどこにあるのか．この昔から知られていた位相場だけでゲージ場が質量をもつには十分ではないか？

　位相場だけでヒッグス場のない電弱対称性の破れは，高エネルギーまで理論を拡張すると確率の保存（ユニタリティ）に矛盾する理論になってしまうことが知られている．このことの説明は，少々込み入っているので，以下では言葉だけで説明する[12]．ゲージ場に吸収された位相場は，式 (8.8) の φ に対応する．一方，今回みつかったヒッグス場は，h である．ゲージ場に質量を与えるための目的には，H の自由度の中で φ だけ存在していればよい．つまり，ヒッグスポテンシャルの谷に沿った方向だけがダイナミカルな自由度で，ポテンシャルの山を登る垂直方向の自由度は必要ない．これは式 (8.10) で $m_h \to \infty$ とすることに対応し，このような理論を（ゲージ化された）非線形シグマ模型とよぶ．しかし 4 次元の非線形シグマ模型は紫外発散が強く，繰り込みができないこともまた知られている．つまり，この模型だけだと理論が整合的にならな

---

[12] 詳細は，巻末参考文献の Peskin の教科書，第 21 章をみていただきたい．

いのである．このことは，質量を獲得することで現れたゲージ場の縦波成分の性質を使っても言い換えることができる．8.4 節でみたように，ゲージ場の縦波成分は位相場との微分結合から生じている．これから，質量をもったゲージ粒子（W や Z ボソン）の縦波成分の散乱は，位相場（南部ゴールドストーン場）の散乱振幅と高エネルギーで等価になることが証明できる[13]．このことを使うと，縦波成分の高エネルギーでの散乱振幅が発散し，理論のユニタリティ（確率保存）を壊してしまうことがわかる．これは大変困ったことであり，理論を救うためには，次の二つの選択肢のどちらかしかない．

- ヒッグス場 h を導入する
- 強く相互作用する理論を考える

一つめのやり方をとるならば，ヒッグス粒子は高いエネルギーでの整合性のためどうしても必要である．しかしそのためには，図 8.1 のような人為的なポテンシャルを導入する必要がある．このようなポテンシャルの起源を説明することができない限り，人為的なヒッグス粒子を導入するのは望しくない．そこで LHC でヒッグス粒子が発見されるまで，多くの研究者が，ヒッグス場を導入せずにこの問題を解決する二つめの方法を模索してきた．

　2012 年 7 月 14 日，ヒッグス粒子は発見された[14]．これまでヒッグス粒子の様々な性質が明らかにされ，確かにこの粒子が標準模型で予言されてきた粒子 h であること，この粒子の真空期待値が物質に質量を与えていること，などがわかってきた．これから LHC[15] は 13 TeV へとアップグレードされ，さらに多くの性質が明らかにされる．これは標準模型の検証であり，同時にここまで正しかったのか，という驚きでもある．そのような驚きを多くの素粒子物理学の研究者がもつのは，ヒッグス粒子がスカラー粒子だからである．スカラー粒子は物質場を構成しているクオークなどのフェルミ粒子ともっとも異なる点

---

[13] これを等価定理という．J. M. Cornwall, D. N. Levin and G. Tiktopoulos, Phys. Rev. D 10 (1974) 1145 および Benjamin W. Lee, C. Quigg and H. B. Thacker, Phys. Rev. D 16 (1977) 1519.

[14] LHC でのヒッグス粒子の発見にまつわる解説は数多く出版されている．ここでは，私の書いた一般向けの短い解説を挙げておきたい．池内了編「はじまりを探る」（東京大学出版会，2014）の第 2 章参照．

[15] LHC は 2015 年に 13 TeV のエネルギーに増強されて，年末には物理的な結果が出始める予定である．その後，さらに 14 TeV，そしてルミノシティとよばれる加速器の性能があがり，ヒッグス機構の詳細の解明と標準模型を超えた物理の探索をめざす．また日本では ILC（線形加速器）の建設をめざしており，将来稼働すると，ヒッグス機構の背後にある物理の探求に一歩近づくこととなる．

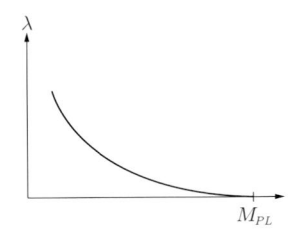

図 8.4 ヒッグスの 4 点自己相互作用のエネルギー依存性．横軸がエネルギーで縦軸が相互作用定数．高いエネルギーへ向かってゆっくりと 0 になっていく．トップクォークの質量の詳細に依存するが，ある値をとると，図のようにプランクエネルギー M_{PL} で 0 になるようにみえる．

は，ポテンシャル V が許され，ゼロでない真空期待値をもつことができる点である．そしてこのポテンシャルの起源が全くわかっていないことによる．

　起源がわからないだけではない．ヒッグス場のポテンシャル V は，2 次の項 $-\mu^2|H|^2$ と 4 次の項 $\lambda|H|^4$ をもち，真空期待値は $\langle H \rangle = \sqrt{\mu^2/\lambda}$ で与えられる．このため μ^2 は電弱対称性の破れ 100 GeV 程度であることが要請される．しかし，もし電弱理論がより高いエネルギースケールの理論（例えば 10^{16} GeV の大統一理論など）と関係していたとすると，この μ^2 の値は，その高いスケールに引きずられて同じくらいの大きさになってしまうことが知られている．これは階層性問題，もしくは自然さの問題として知られている．この問題を解くために超対称性とよばれるボソンとフェルミオンを結び付ける巨大な対称性が導入され，超対称性に関係する粒子は必ず LHC でみつかるだろうと予想された．LHC はヒッグス粒子の発見のみならず，超対称粒子探索に大きな期待がかけられていたが，多くの人の予想に反してこれらの粒子はみつからず，その質量に対して強い制限がつけられた．このことは，これまでの考え方が何か間違っていた可能性を示唆している．

　もう一つの問題は，ヒッグス場のポテンシャルの 4 次の項にまつわる話である．ヒッグス場の質量は電弱対称性の破れのスケール $v = 246$ GeV に比例 ($m_h = \sqrt{2\lambda}v$) して比例係数は 4 次のポテンシャル項の係数で決まる．このことから $m_h = 125.5$ GeV の情報は，4 次の自己相互作用 λ の情報を与えてくれる．一方，7.9 節でみたように，相互作用定数はエネルギースケールによって変化する．これは走る相互作用定数 (running coupling constant) とよばれている．標準模型に現れるヒッグス粒子以外の情報は全てが詳細に知られてい

るので[16]，これらを使ってヒッグスの4次相互作用がエネルギーとともにどのように変化するかを計算することができる．これを図示したのが，図8.4である．不思議なことに，高いエネルギーへ向かって少しずつ減少し，あるエネルギースケールで0になっているようにみえる．この振舞いはトップクオークの質量に敏感に依存するが，$m_t = 171$ TeV という値をとると[17]，図8.4のようにプランクスケール M_{PL} で0になるようにみえる．もしこれを真剣に受け止めるのであれば，電弱理論はより高いエネルギーの理論と直接つながっていて，その結果として，電弱理論の様々な性質が決まっている可能性がでてくる．LHCの結果が判明した後，このような可能性が真剣に検討されるようになってきている．

これは一つの解釈にすぎない．これから実験が進み，ヒッグス場の性質がより詳しくわかってくると，ヒッグス場のポテンシャル V について様々な知見が得られるようになるだろう．それと同時に素粒子物理学も，LHC以前の見方から大きく変革せざるを得ないだろう．2014年12月，まさにこれから13 TeVにアップグレードされたLHC実験が始まろうという今，素粒子標準模型周辺の現状をまとめるならば次のようになるだろう．

- 標準模型は予想された以上の精度で正しい．
  1. 標準模型以外の兆候がLHCなどの加速器実験で一切みえない．
  2. ヒッグス粒子の質量は意外に軽く，ポテンシャルは緩やか[18]．
  3. 標準模型のパラメータを決める原理の欠如．特に湯川結合．
- それと同時に，標準模型では解けない問題の明確化
  1. ニュートリノ振動
  2. 宇宙のバリオン非対称性の起源
  3. 暗黒物質の正体

---

[16] もちろん，標準模型以外の粒子があれば，この振舞いは変わる．高エネルギー加速器実験で詳細がわかっているのはTeV以下のエネルギー領域なので，これ以上の高いエネルギースケールで新たな粒子を導入してこの振舞いを変えようという多くの試みがなされている．この意味でも，ヒッグス粒子の性質を詳細に調べることは，私たちの知らない世界への窓口となることが期待される．

[17] この値は，現在知られているトップクオーク質量 $m_t = 173$ TeV よりも多少低い．この小さな差が何か重要な意味をもっているのかどうか，今後の高エネルギー物理学の発展ともかかわり，とても興味深い．

[18] ヒッグスの真空期待値は 246 GeV であり，その値でポテンシャルは最小値をもつ．一方，ヒッグス場の質量 $m_h = 125$ GeV は，その最小値の周りの曲率を表す．ポテンシャルの曲率がそこでの場の値より小さいことから，ヒッグスのポテンシャルは緩やか，といってよい．このことがヒッグスポテンシャルの安定性と関係する．

4. 暗黒エネルギーと宇宙項問題
- 宇宙論からの情報の飛躍的増加
  宇宙背景輻射から素粒子物理への強い制限など

標準模型で解けない問題については本書では一切ふれることができなかったが，これらについては，本シリーズの「素粒子物理学」や「宇宙物理学」の教科書をぜひ読んでいただきたい．大事なことは，はっきりわかる問題と全く解けない問題がますます明確に分離してきたことである．このことは，解けない問題はこれまでの考え方の継承だけでは解くことができず，全く新しい考え方で臨む必要があることを示唆する．これまでの経験よりも新しい考え方が必要とされており，柔軟性と独創性にあふれた若者が活躍できる時代がやってきたのかも知れない．

ヒッグスポテンシャルの起源や暗黒エネルギーの正体などは，場の量子論そのものに新たな概念の導入を強く要求している．この教科書ではふれることができなかったが，非平衡場の量子論は今後，これらの問題に技術的なこと以上に概念的に本質的な役割を果たす可能性も高い．特に，宇宙初期のダイナミクスに関係するバリオン数非対称性の理解，原始のインフレーション膨張と関係するであろう現在の暗黒エネルギーの問題，これらは間違いなく平衡系の場の量子論だけでは解けない問題である．また超弦理論で示唆される考え方がどう現実世界に反映しているのか，これまでの模型構築のやり方にとらわれない新しい見方が必要とされている．超対称性は理論をつくるうえではやはりどうしても必要だろう．しかしこれまでのような低いエネルギースケールで破れる超対称性ではなく，プランクスケールのような高いエネルギースケールで破れながらもヒッグス粒子のポテンシャルを安定化するような機構を探す必要がある．これについては，現在，多くの研究者が様々なアイディアを提案しているが，未だこれといった解決策はない．こういったことのためにも，他人とは違った視点とやり方をもって，問題の解決へ挑んでほしい．他人が知っていることを知らなくても，他人が知らないことを知っていることの方が重要である．

この教科書では，素粒子物理学をめざす若者が少しでも多体系として物性物理学に現れる考え方の基礎を理解できるよう，様々な話題を盛り込んだ．これは，これまでに解けない問題を解くためには，南部陽一郎博士が超伝導にヒントを得て自発的対称性の破れに導かれたように，また K. Wilson 博士が臨界現象にヒントを得てウイルソン流の繰り込み群の概念に導かれたように，これまでの相対論的な場の量子論の外にヒントを得ることが重要と考えるからであ

る．この教科書では書けなかったが，非平衡場の量子論や位相的絶縁体など，物性物理学にはまだ素粒子物理に関係しそうな話題が豊富にある．この教科書に書かれていることを足がかりにして，より多彩な場の量子論の世界へ目指す若者に本書が少しでも役に立てることを願っている．

参考文献

　場の理論の教科書には良書がたくさんあり，どれでも自分に合ったものを読むのがよい．また序文でも強調したように，場の量子論は決して一冊の教科書を読んで理解できるものではなく，自分が興味をもった物理的な対象を理解するために必要な道具を泥縄式に勉強していく他ない．ぜひいろいろな教科書を手元において，自分の気に入ったものを読破するのがよいと思う．以下では私がこれまでに出会った本で，特にお薦めできる本をいくつかリストする．これら以外にも優れた本がたくさんあるが，私自身が読んでいないので，ここでは紹介しない．また紹介した本のいくつかは絶版のようだが[1]，図書館や古本屋で探してほしい．

場の理論を多体系の量子力学として捉えた本としては以下を挙げる．

高橋康「物性研究者のための場の量子論 1 および 2」培風館
私が場の理論を最初に学ぼうとして挫折したとき，場の理論とはやさしいものなのだとはっきりと教えてくれた本．どんな難しい場の理論の概念も，量子力学に立ち戻って理解することの重要性を伝えてくれている．

崎田文二，吉川圭二「径路積分による多自由度の量子力学」岩波書店
やはり場の理論の非摂動的な考え方を，常に調和振動子に戻って考えることの重要性を教えてくれる．経路積分における境界条件の取り方や演算子の順序など，通常は中途半端にすませてしまうことを丁寧に扱っている．前半は量子力学で読みやすいが，後半になると難しくなる．著者お二人とも鬼籍に入られているが，場の量子論を深く理解されていたお二人であり，また弦理論のパイオニアでもあった．

---

[1] 日本では優れた本がすぐに絶版になってしまうのがとても残念だ．

Feynmann Statistical Mechanics: Westview Press
統計力学の教科書だが，多体系に対するファインマン独特の視点が散りばめられていて，場の理論への入門書としても最高の本．超流動や超伝導は内容が古くなってしまったが，直感的にこれらの物理現象を説明してあり，今でも間違いなく最良の入門書．学部の 3 年生でも十分読める．

場の量子論全般に関しては多くの良書があるが，ここでは次の 2 冊を挙げる．

ナイア「現代的な視点からの場の量子論　基礎編 および 発展編」丸善出版
基礎編では，系統的にファインマン図の導出や輻射補正の計算，様々な物理過程の散乱振幅の計算が丁寧に解説されている．初学者にも向いている．発展編はかなり難しいが，必要な時に該当箇所を読むと，しっかりと著者が自分で考えたことが書かれていてとても参考になる[2]．基礎編，発展編とも，通常の教科書には書かれていない事柄が著者独自の視点で書かれている．

九後汰一郎「ゲージ場の量子論 I，II」培風館
第 2 巻の対称性の自発的破れの章がとても優れている．非線形表現がここまでしっかりと書かれている教科書は他にない．この本の特徴はゲージ場の BRST 対称性や繰り込み，量子異常についての数学的な構造の解説であろう．場の量子論の教科書としては，ダイナミクスよりもキネマティクスの視点が強調されすぎているようにも感じるが，著者の独自性が全面にでている名著．

ゲージ理論に関係する和書では，次の 1 冊だけ挙げておく．

藤川和男「ゲージ場の理論」（岩波講座現代の物理学 20）
ゲージ場の量子化や漸近自由性，量子異常などが簡潔にまとめられていて，和洋書の中でもゲージ場の理論に関する最良の教科書で，私の好きな本の一つ．あまり厚くない本の中に，ゲージ場の量子化のみならず重力理論，量子異常など関係する多くの必要なことが書かれている．ただ初学者には難しいかもしれない．

---

[2] これは当たり前と思われるかもしれないが，多くの教科書で，著者があまり悩まずに他の教科書に書かれていることをそのまま持って来たような場合がある．このような教科書は独自の視点がなくあまり面白くない．

洋書では

M. Peskin and D. Schroeder, An Introduction To Quantum Field Theory (Frontiers in Physics), Addison Wesley
場の量子論を系統的に学ぶにはもっとも標準的な本で初学者にも適しているが，とにかく分厚い．素粒子標準模型の基礎を理解するために書かれた本なので，内容は現象論志向である．2ループの計算や標準模型の摂動計算などが丁寧に書かれていて，この本を読破すれば，素粒子論の研究者として必要な場の量子論はマスターできる．また記述が正確で間違いも少ない．素粒子を研究するものにとっては必携だろう．

P. Ramond, Field Theory : A Modern Primer, Westview Press
私が好きな本の一つで，個人的には Peskin よりもこちらの方が優れていると思う．なによりも Peskin の本よりも軽い．その分，記述も簡潔ですっきりしており，必要な技法や概念が手際よくまとめられている．ただ最初に読むには説明が少なく無味乾燥に思えるかもしれない．
また，この続刊で
Journey beyond the Standard Model, Westview Press (2004)
はタイトルの通り，素粒子の標準模型における摂動計算の詳細と，標準模型を超えた模型構築のための指南書となっていて，やはり個人的には好きな本の一つ．現象論を目指した本でありながら，場の量子論に対する記述の堅実さはさすがこの著者だと感心する．2冊合わせても Peskin と同じくらいの重さである[3]．

T. Cheng and L. Li, Gauge theory of elementary particles, OUP Oxford
学生の時に読み，その後，とても役に立った本の一つ．古い本だが今でも十分に使える．場の理論の輻射計算や繰り込み群の考え方が最初の3章で簡潔にまとめられている．後半は，素粒子の標準模型や大統一理論，トポロジー的な考え方など豊富な内容が書かれている．難しい章もあるが，各章が独立して書かれていて，初学者にも取っ付きやすい．

---

[3] Peskin がハードカバーで 1205 g，Ramond はソフトカバーで 549 g と 609 g，2冊足しても 1158 g で少々軽い．

A. M. Polyakov, Gauge fields and Strings, CRC press
この本は，独自の視点で素粒子物理を切り開いてきたポリアコフのアイディアノートで，ゲージ場の理論のダイナミクスについて彼独自の視点から書かれた他の追随を全く許さない教科書．特に場の理論を非摂動的に定式化するという観点から，格子ゲージ理論やトポロジー的概念の重要な事柄が詰め込まれている．後半では，弦理論が，やはりポリアコフ独自の視点から書かれている．もう出版から 20 年以上たつが，今でもその斬新さは色あせていない．しかし初学者が一人で読んでもほとんど何を言っているかわからないだろう．気の合った仲間とわいわい読むか，または気の向いた時に読みたい章を眺めるのがよい．

最後に物性関係の本で私の好きな和書をいくつか挙げる：
（ファインマンの統計物理学はすでに解説済みなので省くが最良の入門書．）

パインズ「固体における素励起」吉岡書店
フェルミ流体とその応答について書かれた名著．

中嶋貞雄「超伝導」（新物理学シリーズ）裳華房
超伝導について BCS 理論から GL 理論とその揺らぎまでコンパクトに書かれた名著．

中嶋貞雄，豊沢豊，阿部龍蔵「物性 II - 素励起の物理」岩波書店
パインズの本と似ているが，場の理論的な技法についても詳しい．このシリーズの統計物理学は，古典的名著であり今もって新しい．必携の一冊である．

真隅泰三「素励起による凝縮系物理学」培風館
多少，記述に不正確な点もあるが，直感的に書かれていてわかりやすい．学生の時に，上記の「物性 II」を読んでわからなくなったときの助けになった．良い本だと思う [4]．

アンダーソン「凝縮系物理学の基本概念」吉岡書店
P. W. Anderson, Basic notions of condensed matter physics, Ad-

---

[4] 多少の不正確さがあってもワクワクする本と，符号や係数まで含めて間違いもなく堅実な本，前者は楽しいが後者は役に立つ．真隅先生の本は前者である．Peskin の本は後者といえる．

vanced books classics

対称性の破れに伴う位相励起とフェルミ流体の剛性を中心に，凝縮系物理学の重要な概念が書かれている．全てを理解するのは困難だが，アイディアがつまっている．

ウンルー効果，ブラックホールや曲がった時空の場の量子論は
N. Birrell and P. C. W. Davies, Quantum Fields in Curved Space (Cambridge Monographs on Mathematical Physics)
定番中の定番．この本以外には考えられない．

索　引

数字
1PI 図　215, 216, 258
1 の分解　4
1 粒子既約 (1PI)　215
1 ループ有効作用　221
2 次発散　225
4 元ベクトル　103

ギリシャ文字
β 関数　239
γ 関数　239

B
Baker-Campbell-Hausdorff の関係式　11
BCS 理論　86, 260

C
Custodial 対称性　253, 260

F
Faddeev-Popov　205, 206, 213

G
Ginzburg-Landau の有効ハミルトニアン　93
Ginzburg-Landau 理論　91, 250
GL パラメータ　98
Gross-Pitaevski 方程式　70

H
Heisenberg-Weyl 代数　12

K
Kubo-Martin-Schwinger 関係式　48

L
Lee 模型　235, 236
London 方程式　95

N
N 点グリーン関数　116

Q
QCD スケール　229

R
RG 方程式　239
Rindler 座標系　130, 131

S
Schwinger-Keldysh 形式　46
Schwinger 効果　43, 139
Slater 行列式　75
S 行列　123

T
tortoise 座標　152
T 積　5, 37

U
Unruh-DeWitt 検出器　135

W
Wick 回転　220
Wightman グリーン関数　46, 110
WKB 近似　28
WKB 波動関数　142

Y
Yang-Mills 場　212

あ行

アノマリー　177
アハラノフ・ボーム効果　200
アブリコソフ渦糸　98
アーベル型のゲージ変換　195
鞍点近似　220

位相場　72, 95, 261
色電荷　247
色電荷の閉じ込め　247, 250

ウイグナー表示　9
ウイグナー分布関数　8
ウイックの定理　39, 45
ウイルソンライン　208, 210
ウイルソンループ　178, 200, 211
渦糸　72, 97
運動量表示　4
ウンルー温度　135
ウンルー効果　110, 129

永久電流　96, 98
エネルギーギャップ　89, 93
エネルギー運動量テンソル　150
エネルギー運動量テンソルの保存則　193
エネルギー流　150

音波　59

か行

階層性問題　223, 263
カイラリティ　170
カイラリティ演算子　163, 177
カイラル異常（アノマリー）　168, 177, 181
ガウスの法則　198, 199
過剰完全（overcomplete）　8, 51
加速運動　109, 129
加速運動する鏡　144
荷電共役変換　172
加法的繰り込み　223
絡み合った状態　22
慣性系　131, 133
ガンマ行列　162

幾何学的量子化　55
ギャップ方程式　90
凝縮場　93–95
共変ゲージ　205
共変微分　195
局所的な対称性　194, 196

クーパー対　86
クライン・ゴルドン内積　106, 132
クライン・ゴルドン方程式　105, 111
グラスマン数　183
繰り込まれた質量　223
繰り込み　224, 226
繰り込み群　238, 239
繰り込み点　238, 239
グリーン関数　36
クーロンゲージ　203, 204
クーロンポテンシャル　204

経路順序積　210
経路積分　32
ゲージ固定　202, 203, 213
ゲージ固定項　206
ゲージ場　189
ゲージ変換　94, 160
ゲルマン行列　249

高次 WKB 近似　29
格子振動　57
交流ジョセフソン電流　100
ゴースト　212
ゴースト場　213, 233
古典極限　35
古典的なスケール不変性　226
コヒーレンス長　98
コヒーレント状態　6, 48, 50, 60, 67
コールマン・ワインバーグ機構　225, 242
コールマン・ワインバーグの有効ポテンシャル　226
混合状態　23

さ行

最高重み状態　50
最小結合の原理　195

索引

座標表示　3
散乱問題　26

紫外切断　224, 238
時間順序積　5, 37, 38
時間推進演算子　42, 44
時間反順序積　45
時間変化する調和振動子　25
次元変質　229
事象の地平面　130
自然さの問題　223, 263
自然単位系　105, 124
シーソー機構　175
磁束の量子化　98
質量の繰り込み　237
磁場中の並進演算子　12
自発的対称性の破れ　73, 86, 92
磁場の侵入長　96
集団運動　80, 90, 182
シュレーディンガー表示　5, 41
シュワルツシルト解　151
準粒子　87
乗法的繰り込み　223
乗法的な輻射補正　226
ジョセフソン効果　97
シンプレクティック構造　2

スカラー量子電磁力学　232
スクイーズド状態　16
スクイーズ変換　15
スピンコヒーレント状態　50

生成母関数　40, 116, 117, 215
世代の問題　261
ゼータ関数正則化　181
摂動展開　119, 219
遷移振幅　33, 42, 115
前加熱 (preheating)　18
先進グリーン関数　111

相関関数　35
相互作用定数の繰り込み　225
相互作用表示　41

た行

大局的な対称性　193
対称性の自発的破れ　253
タッドポール　119, 230
断熱近似　25, 28
断熱真空　31
断熱パラメータ　141

遅延グリーン関数　111
中性カレント　256
頂点関数　122
超伝導　85
超流動　68
直流ジョセフソン電流　99

強い相互作用　247
ツリー図　121, 219

ディラック質量　164, 175, 247
ディラックの海　168, 179
ディラック方程式　162
ディリクレ型境界条件　36
電磁カレント　256
電弱対称性　248
電弱対称性の破れ　229
伝搬関数　111

透過係数 T　26
朝永 Luttinger 模型　85

な行

南部ゴールドストーン粒子　97, 252

ニュートリノ　175, 247

ネーターカレント　190, 193
ネーター電荷　193, 199
ネーターの第一定理　193
ネーターの定理　191
熱平衡状態　47

は行

ハイゼンベルグ表示　4, 41
ハイパー電荷　248, 250
パウリ排他律　75, 167

走る相互作用定数　241, 263
裸の質量　223
裸の相互作用定数　238
波動関数繰り込み　224, 235
パフィアン　184
パリティ変換　171
ハール測度　51
反射係数 R　26

非可換ゲージ対称性　208
非線形シグマ模型　261
非線形シュレーディンガー方程式　71
左 Rindler 系　131
非断熱的遷移　25, 28
ヒッグス機構　86, 97, 233, 252, 253, 257
ヒッグス場　95, 250
ヒッグス場の凝縮　248
ヒッグス粒子　223, 245, 252
非定常系の量子力学　43
標準模型　245
非連結グラフ　41, 216

ファインマン・グリーン関数　39, 111, 116
ファインマンゲージ　207
ファインマン図　121
ファインマン伝搬関数　205
負エネルギー解　107
フェルミ運動量　77
フェルミエネルギー　77
フェルミ演算子　76
フェルミ真空　77
フェルミ面　77, 90
フォノン　59
伏見分布関数　13
ブースト　165
ブラックホール　151
プランクエネルギー　125
プランク質量　126
プランク単位系　126

平均場近似　89
閉時間経路形式　46
ベータ関数　228

ヘリシティ　170
偏極ベクトル　204

ポアソン括弧　2
ホーキング輻射　151
ボゴリューボフの分散関係　67, 72, 74
ボゴリューボフ変換　20, 66, 87, 134, 143, 149, 157
ボーズ・アインシュタイン凝縮　62
ボーズ凝縮　73
ボソン化　82
ホライズン　130
ボルテックス（渦糸）解　72

ま行

マイスナー効果　86, 94, 254
マヨラナ質量　247
マヨラナ質量項　175
マヨラナ条件　173
マヨラナ粒子　171, 173
右 Rindler 系　131
右巻きニュートリノ　176, 247
密度演算子　81
密度行列　22, 47

や行

有効作用　215
有効ポテンシャル　215, 234
湯川相互作用　260
ユークリッド・グリーン関数　220
ユニタリーゲージ　252

横波条件　204

ら行

ランダウゲージ　207

粒子生成　21, 25, 30
量子的に絡み合った状態　134
量子電磁力学　199
臨界温度　93
臨界磁場　98
臨界速度　69

ルジャンドル変換　216, 227
ループ図　122, 219
ループ数　219
ループ展開　217

連結グラフ　41, 216

ロトンギャップ　69
ローレンツ因子　104
ローレンツ対称性　103
ローレンツ変換　109, 165
ロンスキアン　26

わ行

ワイル表示　162
ワイル粒子　169, 246, 248
ワインバーグ角　254

Memorandum

Memorandum

Memorandum

Memorandum

[著者紹介]

磯　暁　（いそ　さとし）

1963 年 生まれ
1991 年 東京大学大学院理学系研究科物理学専攻博士課程修了
現　在　高エネルギー加速器研究機構素粒子原子核研究所・教授
　　　　総合研究大学院大学高エネルギー加速器科学研究科・教授
　　　　理学博士
主　著　『現代的な視点からの場の量子論 基礎編，発展編』（全 2 巻）（阿部泰裕と共訳）（丸善出版，2012）．
　　　　『「はじまり」を探る』（池内 了 編，分担執筆）（東京大学出版会，2014）．

KEK 物理学シリーズ第 4 巻 現代物理学の基礎としての 場の量子論 *Quantum Field Theory*	監　修　高エネルギー加速器研究機構 著　者　磯　暁　ⓒ 2015 発行者　南條光章 発行所　**共立出版株式会社** 〒112–0006 東京都文京区小日向 4 丁目 6 番 19 号 電話 (03) 3947–2511（代表） 振替口座 00110–2–57035 URL http://www.kyoritsu-pub.co.jp/
2015 年 6 月 25 日　初版 1 刷発行 2016 年 1 月 25 日　初版 2 刷発行	印　刷 製　本　藤原印刷株式会社
検印廃止 NDC 421.3, 429.6 ISBN 978–4–320–03487–7	一般社団法人 自然科学書協会 会員 Printed in Japan

JCOPY ＜出版者著作権管理機構委託出版物＞
本書の無断複製は著作権法上での例外を除き禁じられています．複製される場合は，そのつど事前に，出版者著作権管理機構（TEL：03-3513-6969，FAX：03-3513-6979，e-mail：info@jcopy.or.jp）の許諾を得てください．

基本法則から読み解く 物理学最前線

須藤彰三・岡 真 [監修]

本シリーズは大学初年度で学ぶ程度の物理の知識をもとに，基本法則から始めて，物理概念の発展を追いながら最新の研究成果を読み解きます。それぞれのテーマは研究成果が生まれる現場に立ち会って，新しい概念を創りだした最前線の研究者が丁寧に解説します。

【各巻：A5判・並製】

1 スピン流とトポロジカル絶縁体 ― 量子物性とスピントロニクスの発展

齊藤英治・村上修一著　スピン流／スピン流の物性現象／スピンホール効果と逆スピンホール効果／ゲージ場とベリー曲率／他 ・・・・・・・・・・・・ 172頁・本体2,000円（税別）

2 マルチフェロイクス ― 物質中の電磁気学の新展開

有馬孝尚著　マルチフェロイクスの面白さ／マクスウェル方程式と電気磁気効果／物質中の磁気双極子／電気磁気効果の熱・統計力学／他・・・・ 160頁・本体2,000円（税別）

3 クォーク・グルーオン・プラズマの物理 ― 実験室で再現する宇宙の始まり

秋葉康之著　宇宙初期の超高温物質を作る／クォークとグルーオン／相対論的運動学と散乱断面積／クォークとグルーオン間の力学／他・・・・・・ 196頁・本体2,000円（税別）

4 大規模構造の宇宙論 ― 宇宙に生まれた絶妙な多様性

松原隆彦著　はじめに／一様等方宇宙／密度ゆらぎの進化／密度ゆらぎの統計と観測量／大規模構造と非線形摂動論／統合摂動論の応用／他・・・ 194頁・本体2,000円（税別）

5 フラーレン・ナノチューブ・グラフェンの科学 ― ナノカーボンの世界

齋藤理一郎著　ナノカーボンの世界／ナノカーボンの発見／ナノカーボンの形／ナノカーボンの合成／ナノカーボンの応用／他・・・・・・・・・・・・・ 178頁・本体2,000円（税別）

6 惑星形成の物理 ― 太陽系と系外惑星系の形成論入門

井田 茂・中本泰史著　系外惑星と「惑星分布生成モデル」／惑星系の物理の特徴／惑星形成プロセス／惑星分布生成モデル／他・・・・・・・・・・・・・ 144頁・本体2,000円（税別）

※※※※※※※※※※※※※※※※※※ 以下続刊 ※※※※※※※※※※※※※※※※※※

（価格は変更される場合がございます）

共立出版　http://www.kyoritsu-pub.co.jp/

https://www.facebook.com/kyoritsu.pub